# 化学与社会

主　编◎项昭保
副主编◎蒋彦可　陈振华
参　编◎杨海林　邓理丹
　　　　高　雪　刘星宇

重庆大学出版社

**图书在版编目（CIP）数据**

化学与社会 / 项昭保主编. --重庆：重庆大学出
版社，2024.4
ISBN 978-7-5689-4457-1

Ⅰ. ①化… Ⅱ. ①项… Ⅲ. ①化学—关系—社会生活
—高等学校—教材 Ⅳ.①O6-05

中国国家版本馆CIP数据核字（2024）第075026号

# 化学与社会

主编 项昭保

副主编 蒋彦可 陈振华

参编 杨海林 邓理丹 高 雪 刘星宇

策划编辑：鲁 黎

责任编辑：陈 力 版式设计：鲁 黎

责任校对：邹 忌 责任印制：张 策

\*

重庆大学出版社出版发行

出版人：陈晓阳

社址：重庆市沙坪坝区大学城西路21号

邮编：401331

电话：（023）88617190 88617185（中小学）

传真：（023）88617186 88617166

网址：http://www.cqup.com.cn

邮箱：fxk@cqup.com.cn（营销中心）

全国新华书店经销

重庆升光电力印务有限公司印刷

\*

开本：787mm×1092mm 1/16 印张：17 字数：324千

2024年4月第1版 2024年4月第1次印刷

印数：1—2 000

ISBN 978-7-5689-4457-1 定价：58.00元

# 前　言

　　化学与我们的生活息息相关，自古以来人们利用化学知识促进了社会文明不断进步。可以说，从人类学会使用火，就开始了最早的化学实践活动。我们的祖先钻木取火，利用火烘烤食物、寒夜取暖、驱赶猛兽，就是充分利用了燃烧时的发光发热现象。化学科学的不断发展，促进了社会生产力的发展；而社会的进步，又推动化学科学的前进；两者互相促进，良性循环。时至今日，我们幸福美好的生活、健康的身体、便捷的交通和交流、国家的科技进步、强大的生产力、稳固的国防……这些都离不开化学。

　　然而有些所谓的环保主义者认为化学是破坏人类环境和生命健康的杀手，似乎有化学就不会有"绿色"。在日常生活中，某些强调"绿色食品"的广告中出现"本产品绝不含有任何化学物质"这类缺乏常识的错误，这既是化学常识缺乏的体现，也反映出对化学的误解和偏见。化学本身无对错，要看于人类有利还是有害，全在于人类如何使用。我们不能仅根据极少数人滥用某些有害化学品就否定了化学对社会进步的巨大贡献，更应该扬长避短，科学合理地利用化学、发展化学，使其更好地造福社会。

　　为更好地普及化学知识，加深普通民众对化学知识的了解和理解，我们编写了这本《化学与社会》。本书主要以各个领域的化学物质为主线普及化学知识。全书分为8章，内容涉及绪论、化学与生命、化学与健康、化学与食品、化学与能源、化学与材料、化学与环境、化学与文物保护等，并在每章末尾设有"大师风采"板块，着重介绍了与本章内容相关的科学家，且侧重我国科学家，增强读者的民族自豪感和自信心，也让读者受到精神感召，并自觉落实到学习、工作中，更好地学好本领、报效祖国。

《化学与社会》的内容具有以下特点：

·新颖：对传统内容进行了全面更新，且内容很好地融入民族自信、家国情怀。

·全面：对大众接触到的诸多领域化学物质都有介绍，拓宽了读者的化学眼界。

·科普化：以化学物质为主线，弱化化学原理和公式的推导，使得内容科普化，有利于全民阅读。

·趣味化：增加了生活中的案例及其相关化学原理，激发了读者的阅读兴趣，可读性强。

本书由江西科技师范大学项昭保担任主编，重庆工商大学蒋彦可、江西科技师范大学陈振华担任副主编，重庆工商大学的杨海林、邓理丹、高雪和重庆师范大学刘星宇参编。具体编写情况如下：项昭保（第1章，第4章），陈振华、刘星宇（第2章），高雪（第3章），邓理丹（第5章），蒋彦可（第6章），杨海林（第7章，第8章）。全书由项昭保和陈振华统稿。

本书的出版得到了重庆大学出版社的大力帮助，以及重庆工商大学的王星敏、傅敏、王瑞琪和江西科技师范大学的周斌、彭亮等老师的支持，他们对本书的编写提出了许多宝贵意见。在本书编写过程中，参阅了大量国内外相关文献，从中摘取了部分内容，对此，向这些文献的原作者深表谢意！

由于编者水平有限，书中疏漏之处在所难免，恳请同行专家和读者不吝指正，以便我们再版时修订。

编者

2023 年 12 月

# 目　录

# 第 1 章 绪 论

　　人类赖以生存的世界乃至人体本身都是由物质组成的，物质是不断运动和变化的，而化学是在原子和分子的微观层面来研究物质的组成、结构、性质及其变化规律和变化过程中能量关系的科学。化学与人们的生活具体有什么联系？化学在社会中到底充当了什么样的角色？化学工作者为社会发展作出了哪些贡献？今后的化学向哪些方向发展？这都是普通民众关心的热门话题，了解这些有助于提高公民科学素养。

## 1.1　化学是 21 世纪的中心科学

　　化学是一门既古老又年轻的科学，从某种意义上说，化学是人类文明进步的标杆。利用火是古人类文明的标志之一，燃烧是人类最早掌握的化学反应；烧制陶器诞生了人类的早期文明；金属冶炼技术的进步，使人类从青铜时代迈入铁器时代，从奴隶社会步入封建社会；酿酒、陶瓷、冶金、玻璃、染色等工艺都是古代实用化学的结果。造纸术、火药、指南针和印刷术被并称为我国古代科学技术的四大发明，是我国劳动人民对世界科学文化的发展所作出的卓越贡献，其中火药和造纸术就与化学密切相关。

19 世纪初，英国化学家道尔顿提出近代原子学说，使当时的化学知识和理论得到了合理的解释，成为说明化学现象的统一理论。紧接着，意大利科学家阿伏伽德罗提出了"分子"的概念。自从用原子—分子论来研究化学，化学才真正被确立为一门科学。1869 年，俄国化学家门捷列夫提出元素周期律，德国化学家李比希和维勒发展了有机结构理论，这些都使化学成为一门系统的科学，也为现代化学的发展奠定了基础。

进入 20 世纪以后，由于受到自然科学及其他学科发展的影响，并广泛地应用了当代科学的理论、技术和方法，化学在认识物质的组成、结构、合成和测试等方面都有了长足的进展，如聚酰胺纤维的合成使高分子的概念得到广泛的确认，各种高分子材料合成和应用，为现代工农业、交通运输、医疗卫生、军事技术，以及人们衣食住行各方面，提供了多种性能优异且成本较低的重要材料，成为现代物质文明的重要标志。

在 21 世纪的今天，科学技术高速发展，许多领域和化学关系密切（图 1.1），还衍生出许多交叉学科，如生物化学、农业化学、地球化学、土壤化学、海洋化学、大气化学、材料化学、环境化学、食品化学、宇宙化学、放射化学、光化学、激光化学、药物化学、能源化学，等等。因此，化学被誉为"21 世纪的中心科学"。

图 1.1　化学与许多学科密切相关

## 1.2　化学的社会功能

化学自古就对人类的生活和生产产生了巨大的影响。从小处说，人们的衣食住行用都离不开化学；往大处讲，人类的生存环境和社会的发展与化学息息相关。

（1）衣

各种各样的面料大大丰富了人们的衣橱，尼龙的出现更使纺织品的面貌焕然一新。它是合成纤维的重大突破，同时也是高分子化学的重要里程碑，1938 年由美国杜邦公司研发成功，1958 年我国辽宁省锦州化工厂试制成功并成功纺成纤维，从此拉开了中国合成纤维工业的序幕，因诞生在锦州化工厂，故我国统称为"锦纶"，主要品种为尼龙 6 和尼龙 66。尼龙 6 的原料为己内酰胺；尼龙 66 的原料是己二酸和己二胺。大量用于制造服装面料的涤纶是合成纤维的一个重要品种，是我国聚酯纤维的商品名称，化学名称为聚对苯二甲酸乙二醇酯。现广泛用于内衣制造的面料莱卡是一种人造弹性纤维，极富弹性且不易变形，并可掺入任何面料，为改变服装的设计款式和提高舒适度作出了重大贡献。当前，利用新的生物技术、纳米技术和微波技术，科学家正在研发各种超级织物，未来可能出现防蚊虫服装、免清洗服装等。

图 1.2　锦纶面料

图 1.3　涤纶面料

（2）食

要装满粮袋子、丰富菜篮子，关键之一是发展化肥和农药生产。创立了中国人自己的制碱工艺——侯氏制碱法的我国著名化学家侯德榜院士为我国化肥工业的发展作出了巨大贡献。在 21 世纪，我们要生产的是绿色化肥和农药，要求高效、低毒、调节作物生长，抑制有害生物，并且不会长期存留，对人体健康和生态平衡没有负作用。加工制造出色香味俱全的食品离不开各种食品添加剂，如甜味剂、防腐剂、抗氧化剂、调味剂等，它们是从天然产物中提取出或人工合成出的化学物质。各种饮用酒、食用醋是经粮食等原料发生一系列化学变化制得的。

图 1.4　白酒

图 1.5　食醋

（3）住

现代建筑所用的水泥、石灰、油漆、玻璃和塑料等材料都是化学产品。水泥是粉状水硬性无机胶凝材料，加水搅拌后在空气中或水中硬化，并将砂、石等材料牢固地胶结在一起。水泥熟料的主要矿物成分是硅酸三钙、硅酸二钙、铁铝酸四钙和铝酸三钙，用它胶结碎石制成的混凝土，硬化后不但强度较高，而且还能抵抗淡水或含盐水的侵蚀。生石灰（氧化钙）浸在水中成熟石灰（氢氧化钙），熟石灰涂在墙上干后形成洁白坚硬的碳酸钙。化学煅烧陶土可制成漂亮的瓷砖。这些化学物质构成了现代建筑，具体如图 1.6 所示。

图 1.6　重庆解放碑及部分周边建筑

（4）行和用

现在交通工具不仅需要汽油、柴油做动力，还需要各种燃油添加剂、防冻剂以及润滑剂，这些都是石油化工产品。汽车车身外壳大部分采用金属材料，如钢板、镁铝合金等。人们需要的药品、洗涤剂、美容化妆品等日化用品也都是化学制剂。传统篮球的原材料皮革和现代篮球原材料超细纤维、合成皮、合成橡胶等都是化学品。现代人离不开的手机，其材料全是化学物质，如图 1.7 所示。液晶显示器中最主要的物质液晶，是一种规则性排列的有机化合物。可见人类的衣食住行用都离不开化学，人们生活在化学产品的世界里。

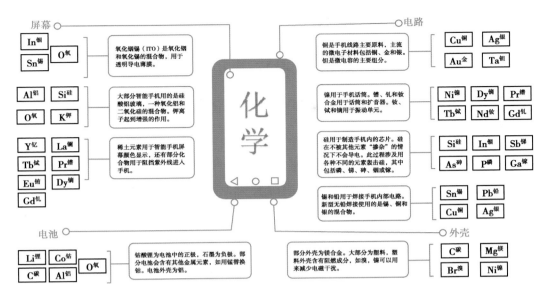

图 1.7　手机中的化学

（5）社会发展

再从社会发展来看，化学对实现农业、工业、国防和科学技术现代化具有重要的作用。在中国要解决"三农"问题，就要解决农业大幅度增产问题，要促使农、林、牧、副、渔各行业的全面发展，这在很大程度上依赖化学学科的成就。在工业现代化和国防现代化方面，急需研制各种性能优异的金属材料、非金属材料和高分子材料。在煤、石油、天然气、可燃冰等能源开发、炼制和综合利用中包含着极为丰富的化学知识，并已形成了煤化学、石油化学等能源化学领域。导弹的生产、人造卫星和神舟系列宇宙飞船的发射、运载火箭和航空母舰的制造，都需要很多具有特殊性能的化学产品，如高能燃料、高能电池、高敏胶片、耐高温、耐辐射的化学材料等。

如今全世界都很关心的环境保护、新能源开发利用、新材料的研制、生命奥秘的探索等都与化学密切相关。如工业废气、废水和废渣越来越威胁环境；温室效应、臭氧层破坏和酸雨已成为当今三大环境问题，正在威胁着人类的生存和发展；各种生活垃圾、电子垃圾越来越多，也对人类生存环境带来极大影响……这些也都是化学工作者亟待解决的问题。各种疾病发病机制的研究、癌症、糖尿病、艾滋病等都是对化学工作者的又一挑战。

总之，化学是一门中心性、实用性和创造性的科学，与国民经济各个部门、尖端科学技术各个领域以及人们生活的各个方面都有密切联系，如图 1.8 所示。每一位生活在 21 世纪的公民，都应有基本的化学知识，了解化学在生命健康、食品、药品、化妆品、

# 化学与社会

能源、材料、环境等领域的应用，了解化学相关的热门新发展，这既是社会发展的需要，也是提高公民科学素养的需要。

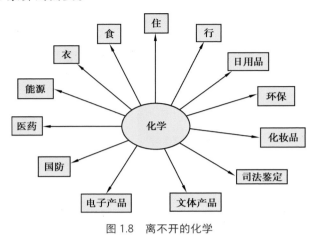

图 1.8　离不开的化学

 **大师风采**

## 侯氏制碱法创始人侯德榜

　　侯德榜（1890.8.9—1974.8.26），男，福建闽侯人，博士，著名科学家，杰出化学家，侯氏制碱法的创始人，世界制碱业的权威，中国重化学工业的开拓者，中国科学院学部委员。

　　1913 年，清华学堂毕业后被保送入美国麻省理工学院化工科学习，1921 年获博士学位。侯德榜的博士论文《铁盐鞣革》被《美国制革化学师协会会刊》特予连载，全文发表，成为制革界至今广为引用的经典文献之一。

　　1921 年，侯德榜接受永利制碱公司总经理范旭东的邀聘，离美回国，承担起续建碱厂的技术重任。在制碱技术和市场被外国公司严密垄断下，永利用重金买到一份"索尔维法"的简略资料。侯德榜埋头钻研这份简略资料，带领广大职工长期艰苦努力，解决了一系列技术难题，于 1926 年取得成功，生产出优质纯碱。同年 8 月，在美国费城万国博览会上，永利的红三角牌纯碱被授予了金质奖章，真正打破了洋碱的垄断。掌握了制碱法的奥秘，本可以高价出售其专利而大发其财，但是侯德榜主张把这一奥秘公布于众，让世界各国人民共享这一科技成果，他用英文撰写了《纯碱制造》一书，1933 年在纽约出版，在学术界和工业界产生了深远影响。

　　1934 年，永利公司决定建设兼产合成氨、硝酸、硫酸、硫酸铵的南京铔厂，侯德榜全面负责筹建，建成的这座重化工联合企业，技术上达到了当时的国际水平。南京铔厂和永利碱厂一起，奠定了中国基本化学工业的基础，也培养出了一大批化工科技人才。

　　1938 年，永利公司筹办四川碱厂，由于四川的条件不适于沿用氨碱法，侯德榜经过了 500 多次试验，分析了 2 000 多个样品，才将试验做成功。这个制碱新方法就是"侯氏制碱法"，其优越性大大超过了国外通用的索尔维制碱法，从而开创了世界制碱工业的新纪元。

　　1955 年起侯德榜受聘为中国科学院技术科学部委员。为发展小化肥工业，侯德榜倡议用碳化法制取碳酸氢铵，他亲自带队到上海化工研究院，与技术人员一起，使碳化法氮肥生产新流程获得成功，对我国农业生产作出了不可磨灭的贡献。在他的建议和指导下，科研人员对联合制碱新工艺继续进行补充试验，1962 年实现了工业化，该方法成为中国生产纯碱和化肥的主要方法之一。

　　侯德榜为世界化学工业事业所作出的杰出贡献受到各国人民的尊敬和爱戴，他打破了索尔维集团 70 多年对制碱技术的垄断，发明了世界制碱领域最先进的技术，并为祖国的化工事业奋斗终生，被人们称为"国宝"。

# 第 2 章 化学与生命

什么是生命？19世纪下半叶，恩格斯对生命下了一个定义：生命是蛋白体的存在方式，这个存在方式的基本因素在于和它周围的外部自然界不断的新陈代谢，而且这种新陈代谢一旦停止，生命就随之停止，结果便是蛋白质的分解。恩格斯的生命定义在一定程度上揭示了生命的物质基础，即具有新陈代谢功能的蛋白体。美国国家航空航天局（NASA）在星际探索和搜索生命时对生命所下的定义是：生命是能够经历达尔文进化的一种自我维持的化学系统。这一漫长的生命形成和演化经历了化学演化→生物演化（生物小分子→生物大分子→简单生命体系）→物种演化（复杂高等生物形成）的基本锁链。生命活动的基础是生物体内物质分子运动，有学者认为可以"把生命理解成化学"。虽然，生命过程不能还原为简单的化学过程，但研究生命过程的化学机理，从分子层次上来了解生命问题的本质，揭示生命运动的规律，将会帮助人类更好地认识生命。

## 2.1　生命的起源——"化学进化说"

生命的起源是一个亘古未解之谜，地球上的生命是何时出现的？最初的原始生命是如何产生的？简单生命又是如何演变为当今丰富多彩的生物界？有史以来，人类就在不停地寻找答案，19 世纪达尔文《物种起源》一书的问世，使生物科学发生了前所未有的大变革。20 世纪 30 年代苏联生物化学家奥巴林出版了《地球上生命的起源》一书，为人类揭示生命起源这一千古之谜带来了曙光，这就是"化学进化说"。

### 2.1.1　生命起源的化学进化过程

生命起源的化学进化过程即由非生命物质经过一系列复杂的变化，逐步变成原始生命的过程。它发生在地球形成后的十多亿年间。原始生命就是由非生命物质通过极其复杂、漫长的过程一步一步演变而形成的。目前认为，生命起源的化学进化过程包括以下 4 个阶段。

（1）第一阶段：从无机小分子生成有机小分子

从无机小分子到生物小分子的演变是起源中的未解难题之一，关于地球早期状态及其对生命起源的意义，最早的推测是由诺贝尔化学奖获得者，美国化学家 H.C. 尤里提出的，他着重指出作为能量来源的紫外光，能使甲烷、氨和水在还原的大气中产生有机物。1953年，尤里指导的研究生米勒在实验室内首次模拟原始地球在电闪雷鸣下将原始大气合成小分子有机物的过程，成功得到了 20 种小分子有机化合物，其中有 11 种氨基酸。首次完成了对生命起源研究非常有意义的实验。米勒等人设计的火花放电装置如图 2.1 所示。

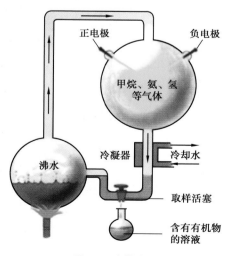

图 2.1　米勒实验

继米勒的工作后，不少学者利用多种能源（如火花放电、紫外线、冲击波、电子束或加热）模拟原始地球大气成分，均先后合成了各种氨基酸，以及组成生物高分子的其他重要原料，如嘌呤、嘧啶、核糖、脱氧核糖、核苷酸、脂肪酸等。由此可以看出：在原始地球条件下，原始大气成分在大自然不断产生的含有极高能量的宇宙射线、强烈的紫外线和频繁的闪电等的能量作用下，完全可以完成从无机物向简单有机物的转化。

由于在火山爆发的同时，地壳不断地隆起或下陷，形成了山峰或低地，当地表温度下降后，散布在原始大气里的、达到饱和状态的水蒸气遇冷形成雨水下降，流到低地就形成了原始海洋。氨基酸等小分子有机物经雨水作用最后汇集在原始海洋中，日久天长，不断积累，使原始海洋中含有了丰富的氨基酸、核苷酸、单糖等有机物，为生命的诞生准备了必要的物质条件。

**拓展知识 1：米勒实验**

首先将 200 mL 水加到 500 mL 的烧瓶中，抽出空气，然后模拟原始大气成分通入甲烷、氨、氢等混合气体。将入口玻璃管熔化封闭，然后将烧瓶内的水煮沸，使水蒸气驱动混合气体在玻璃管内流动，进入容积为 5 L 的烧瓶中，并在其中连续进行火花放电 7 天，模拟原始地球条件下的闪电现象。再经冷凝器冷却后，产生的物质沉积在 U 形管中，结果得到 20 种小分子有机化合物。其中有 11 种氨基酸。在这 11 种氨基酸中，有 4 种氨基酸——甘氨酸、丙氨酸、天门冬氨酸和谷氨酸，为天然蛋白质中所含有。这个实验清楚地表明，生物学上重要的化合物可以在模拟原始地球状态下产生，从而推动了生命起源研究的发展。1959 年米勒又通过电火花放电实验得到了 9 种氨基酸、3 种含氧酸、3 种单羧酸、1 种二羧酸和 2 种亚醋酸；1972 年米勒继续通过电火花放电实验，从甲烷、氮和少量的氨混合物中，成功地合成了至少 33 种氨基酸，并首次指出碳质球粒陨石中的氨基酸可以在模拟原始大气环境的实验中合成。

（2）第二阶段：从有机小分子形成有机大分子

在原始还原性大气中生成的生物小分子（如氨基酸等）被雨水冲淋溶解于原始海洋中，这些生物小分子要进一步变为生物大分子（如氨基酸变为蛋白质），就必须脱水缩合；而在原始海洋中进行脱水缩合，就像要使泡在水中的葡萄变干那样困难，目前比较可信而又可用实验证明的主要有两种：①以色列科学家卡特恰尔斯基（A. Katchalsky）认为，原始海洋中的氨基酸是在某些特殊的黏土（原始地球和现在都有这样的黏土）上缩合成多肽的。他们在实验室内先使氨基酸与腺苷酸产生反应，生成"活化的"氨基酸，即"氨基酰腺苷酸"，后者在某些片层状黏土如蒙托土上，就能缩合成长短不一的多肽链。

②日本科学家赤崛四郎等提出一个能绕过"脱水缩合"这道难关的"聚甘氨酸理论"来说明多肽链的形成。他们认为，在原始大气中产生的甲醛与氨和氰发生反应，能生成一种名为"氨基乙酰氰"的有机物，这种物质能够聚合，然后水解，生成聚甘氨酸（即多个甘氨酸聚合在一起所形成的多肽链），最后经过侧基（—R）的变化而得到由各种氨基酸残基组成的蛋白质。

（3）第三阶段：从有机大分子组成能自我维持稳定和发展的多分子体系

以原始蛋白质和核酸为主要成分的高分子有机物，在原始海洋中经过漫长的积累、浓缩和凝集而形成"小滴"，这种"小滴"不溶于水，被称为团聚体或微粒体。它们漂浮在原始海洋中，与海水之间自然形成了一层最原始的界膜，使其与周围的原始海洋环境分隔开，从而构成具有一定形状的、独立的体系。这种独立的多分子体系能够从周围海洋中吸收物质来扩充和建造自己，同时又能将小滴里面的"废物"排出去，这样就具有了原始的物质交换作用而成为原始生命的萌芽，这是生命起源化学进化过程中的一个很重要的阶段。但这时还不具备生命，因为它还没有真正的新陈代谢和繁殖等生命的基本特征。

（4）第四阶段：从多分子体系演变为原始生命

具有多分子体系特点的"小滴"漂浮在原始海洋中，经历了更加漫长的时间，不断演变，特别是由于蛋白质和核酸这两大主要成分的相互作用，其中一些多分子体系的结构和功能不断地发展，最终形成了能把同化作用和异化作用统一于一体、具有原始的新陈代谢作用并能进行繁殖的原始生命。

这是生命起源过程中最复杂、最有决定意义的阶段，它直接涉及原始生命的出现，是一个飞跃和质变的阶段（图 2.2）。所以，这一阶段的演变过程是生命起源的关键。目前，人们还不能在实验室里验证这一过程。不过，我们可以推测，有些多分子体系经过长期不断的演变，特别是由于蛋白质和核酸这两大主要部分的相互作用，终于形成具有原始新陈代谢作用和能够进行繁殖的原始生命。20 世纪 80 年代初，美国科学家 T.R. 切赫发现具有生物催化活性的 RNA，即核酶。核酶具有双重的功能，既能携带遗传复制的信息，又能像蛋白质一样催化许多生化反应，切赫也因此获得 1989 年诺贝尔化学奖。根据化石记录，在 45 亿年前，即地球形成后的前 10 亿年内就出现了这种物质。

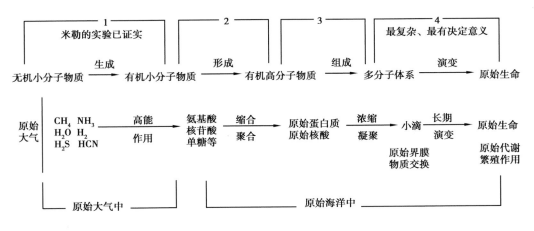

图 2.2　生命起源的化学进化过程

## 2.1.2 我国科学家在生命起源研究上的重大成就

（1）人工合成结晶牛胰岛素

作为一种蛋白质，胰岛素由 A、B 两条链，共 17 种 51 个氨基酸组成，结构式如图 2.3 所示。人工合成胰岛素，首先要将氨基酸按照一定的顺序连接起来，组成 A 链、B 链，然后再将 A、B 两条链连在一起。这在 20 世纪 50 年代是一项复杂而艰巨的工作，当时世界权威杂志 *Nature* 曾发表评论文章，认为人工合成胰岛素还有待于遥远的将来。

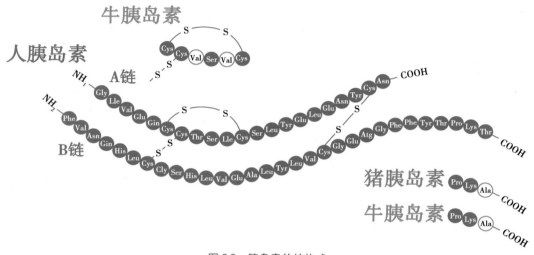

图 2.3　胰岛素的结构式

1958 年 12 月底，我国人工合成胰岛素课题正式激活。中国科学院生物化学与细胞生物学研究所会同中国科学院上海有机化学研究所、北京大学联合组成研究小组，在前人对胰岛素结构和多肽合成研究的基础上，开始探索用化学方法合成胰岛素。

研究过程分为 3 步：第一步，探索将天然胰岛素的 A、B 两条链，重新组合成为胰岛素的可能性。研究小组在 1959 年突破了这一关，重新组合的胰岛素结晶和天然胰岛素结晶的活力相同、形状一样。第二步，分别合成胰岛素的两条链，并用人工合成的 B 链同天然的 A 链接合生成半合成的牛胰岛素，这一步在 1964 年获得了成功。第三步，经过半合成考验的 A 链与 B 链相结合后，通过小鼠惊厥实验证明了纯化结晶的人工合成胰岛素确实具有和天然胰岛素相同的活性，这一步在 1965 年 9 月获得了成功。诺贝尔奖获得者、英国剑桥大学教授托德来信为这一伟大的工作向研究者致以最真诚的祝贺。人工牛胰岛素的合成，标志着人类在认识生命、探索生命奥秘的征途中迈出了关键性的一步，促进了生命科学的发展，开辟了人工合成蛋白质的时代。

（2）猪胰岛素的晶体结构测定

人工合成胰岛素的成功令世界对中国刮目相看。在 1966 年 4 月举行的人工合成胰岛素工作的鉴定会上，晶体学家、北京大学唐有祺教授提出了测定胰岛素晶体结构的设想。对当时相关研究基础薄弱的中国来说，这个设想可谓相当宏大。胰岛素是一种生物大分子，包含的原子数以百计，测定它们在空间中的位置谈何容易？所以，这方面成功的例子很少，一旦突破，就能得到国际科学界的关注。在 1965 年之前，已经至少出现过 3 项相关的诺贝尔奖，每项工作都耗费了科学家相当长的时间，例如：1964 年，英国的霍奇金教授因测定胆固醇、维生素 D、青霉素、维生素 $B_{12}$ 等重要物质的结构而获得诺贝尔化学奖，这些工作花了她和她的学生 20 多年的时间。

1967 年 5 月，猪胰岛素晶体结构测定工作正式开始，参加者包括北京大学化学系、生物系等单位的 30 多位教师和中国科学院物理所、生物物理所、生化所、有机所、计算技术所、福州物质结构研究所等单位的约 40 名研究人员。他们因陋就简，分头开展研究。在极端困难的情况下，培养出了大量猪胰岛素晶体，并制备和筛选出了两种适用的重原子衍生物样品——乙基氯化汞—胰岛素和醋酸铅—胰岛素，从而初步解决了结构测定工作的关键和瓶颈问题。研究团队通力合作，日夜奋战，终于在 1970 年国庆前夕，完成了猪胰岛素晶体粗分辨率（4 埃）的分析工作，确定了胰岛素分子的轮廓和组成胰岛素两条肽链的走向。接着，又于 1971 年 6 月，独立完成了中等分辨率（2.5 埃）的猪胰岛素晶体结构测定工作。1973 年 8 月，他们接着完成了更为精细和清晰的高分辨率（1.8 埃）的分析工作。这一成果在国际上产生了重大影响，对推动我国结构生物学的发展具有重要的作用。

（3）人工合成酵母丙氨酸转运核糖核酸

酵母丙氨酸转移核糖核酸（tRNA）具有完全的生物活性，既能接受丙氨酸，又能将所携带的丙氨酸掺入蛋白质的合成体系中，因此在蛋白质生物合成中有着重要作用。用合成方法改变 tRNA 的结构以观察对其功能的影响，是研究 tRNA 结构与功能的直接手段，在科学上特别是在生命起源研究上具有重大意义。

继 1965 年我国在世界上首次人工合成蛋白质——结晶牛胰岛素后，1968 年随即启动了人工合成核酸的工作。中国科学院组织数个研究所开始工作，1978 年初开始进行酵母丙氨酸转移核糖核酸人工合成的研究，历经无数次试验，利用化学和酶促相结合的方法，于 1981 年 11 月在世界上首次人工合成了 76 个核苷酸的整分子酵母丙氨酸 tRNA，分子量约为 26 000，比牛胰岛素的分子量约大 4 倍，分子结构也比胰岛素复杂得多。在世界上首次成功地人工合成化学结构与天然分子完全相同，并具有生物活性的核酸大分子——tRNA，标志着中国在该领域进入了世界先进行列。美、英、德、日、法等国家在报刊或科学杂志上纷纷予以报道，并给予了高度评价。

（4）提出"N- 磷酰化氨基酸是生命起源的种子"

长期以来，关于生命起源问题的研究，存在着两大学派。蛋白派认为蛋白是生命的起源，先有蛋白后有核酸；核酸派则认为先有核酸后有蛋白，这就是生命起源进化史上著名的"先有鸡还是先有蛋"的千古之谜。

清华大学生命有机磷化学实验室的赵玉芬院士和中国发明协会副会长曹培生开展合作研究，选择磷酸化氨基酸为研究对象，通过一系列实验，发现由双烷基磷酰基（DAP）和氨基酸（AA）组成的磷酰化氨基酸（DAP-AA）能在常温下自装配成寡肽，并且在有核苷存在时，DAP-AA 还能使核苷装配成寡核苷酸。在核酸和蛋白质合成中，DAP-AA 既作为能源，又作为磷酸基供体，并通过其媒介将蛋白质合成与核酸合成偶联起来。在这一循环体系中，DAP-AA 起着多种"原始酶"作用。他们于 1991 年共同提出了基于磷酰化氨基酸的核酸和蛋白质共起源的学说，在生命起源两大派别之外独辟蹊径，在世界上首次证明了磷和氨基酸的化合物——磷酰化氨基酸是生命起源过程中核酸和蛋白起源的共同种子，国内外一些专家认为，这一发现揭开了生命起源这个进化史上"先有鸡还是先有蛋"的千古之谜。

# 2.2 人体中的化学

地球上出现生命后，经过了漫长的岁月，随着生存环境的演变，低等生物逐渐向高等生物进化，在今天的地球上，生活着几百万种动物、植物和微生物。人体是地球上最复杂的生命体。从生物学上讲，人体由 60 兆个细胞组成，其中人脑中就有 1 000 亿个以上的神经细胞；人体骨髓每天要造出 2 000 亿个红细胞；肠内有 100 兆个以上的细菌；每个细胞中含有 1.8 米长的 DNA，全部细胞中的 DNA 加起来的总长度有 1 000 亿千米；人体全身的血管长度有 10 万千米，可绕地球两圈半；人体心脏在 80 年里可以跳动 25 亿次。这是多么庞大又有活力的组织结构啊！人体俨然就是一个小宇宙！实际上，化学与人体也密切相关。化学与人体，是一个既传统又新颖的话题。人体的生长发育、生命的维持，无不与错综复杂的化学物质和化学反应相联系。了解人体中的化学组成和化学反应十分有必要。

## 2.2.1　人体中的化学元素

自从 1871 年门捷列夫根据当时已发现的 63 种元素发现了元素周期律并编制了第一个元素周期表以来，经过科学家的不断努力，2015 年 12 月 30 日，国际纯粹与应用化学联合会（IUPAC）确认人工合成了 113 号、115 号、117 号和 118 号 4 个新元素，元素周期表第七周期被全部填满！

自然中的一切物质都是由化学元素组成，人体也不例外，在现已发现的 118 种化学元素中，人体中含有多少种呢？经过科学家的检测，在人体中发现过 81 种化学元素，但这些元素中只有不到 30 种是生命必需元素，它们的缺乏或过量都会导致人类患病，严重者甚至会导致死亡，对人类健康起着举足轻重的作用。表 2.1 列出了现代人的化学组成，表中化学元素符号右上角标有 * 的为生命必需元素。

表 2.1　现代人的化学组成

| 序号 | 元素 | 符号 | 含量 /g | 质量百分数 /% | 在人体组织中的分布状况 |
|---|---|---|---|---|---|
| 1 | 氧 | O* | 43 000 | 61 | 水、有机化合物的组成成分 |
| 2 | 碳 | C* | 16 000 | 23 | 有机化合物的组成成分 |
| 3 | 氢 | H* | 7 000 | 10 | 水、有机化合物的组成成分 |
| 4 | 氮 | N* | 1 800 | 2.6 | 有机化合物的组成成分 |
| 5 | 钙 | Ca* | 1 000 | 1.4 | 骨骼、牙、肌肉、体液 |
| 6 | 磷 | P* | 720 | 1.0 | 骨骼、牙、磷脂、磷蛋白 |
| 7 | 硫 | S* | 140 | 0.2 | 含硫氨基酸、头发、指甲、皮肤 |
| 8 | 钾 | K* | 140 | 0.2 | 细胞内液 |
| 9 | 钠 | Na* | 100 | 0.14 | 细胞外液、骨 |
| 10 | 氯 | Cl* | 95 | 0.12 | 脑脊液、胃肠道、细胞外液、骨 |
| 11 | 镁 | Mg* | 19 | 0.027 | 骨、牙、细胞内液、软组织 |
| 12 | 硅 | Si | 18 | 0.026 | 骨骼、软组织 |
| 13 | 铁 | Fe* | 4.2 | 0.006 | 肌肉、脾、肺、肝以血红蛋白和肌蛋白形式存在 |
| 14 | 氟 | F* | 2.6 | 0.003 7 | 牙、骨骼 |
| 15 | 锌 | Zn* | 2.3 | 0.003 3 | 肝、肾、心脏 |
| 16 | 铷 | Rb | 0.32 | 0.000 46 | 肺 |
| 17 | 锶 | Sr | 0.32 | 0.000 46 | 骨骼、牙齿 |
| 18 | 溴 | Br | 0.20 | 0.000 29 | 细胞内液 |
| 19 | 铅 | Pb | 0.12 | 0.000 17 | 骨骼、牙 |
| 20 | 铜 | Cu* | 0.072 | 0.000 10 | 肝、脑、心脏 |
| 21 | 铝 | Al | 0.061 | 0.000 09 | 肺、肾 |

续表

| 序号 | 元素 | 符号 | 含量 /g | 质量百分数 /% | 在人体组织中的分布状况 |
|------|------|------|---------|---------------|------------------------|
| 22 | 镉 | Cd | 0.050 | 0.000 07 | 肾 |
| 23 | 硼 | B | <0.048 | 0.000 07 | 骨骼 |
| 24 | 钡 | Ba | 0.022 | 0.000 03 | 肌肉、骨骼 |
| 25 | 硒 | Se* | 0.020 | 0.000 03 | 肺 |
| 26 | 锡 | Sn* | <0.017 | 0.000 02 | 各组织器官 |
| 27 | 碘 | I* | 0.018 | 0.000 02 | 甲状腺、血液 |
| 28 | 锰 | Mn* | 0.012 | 0.000 02 | 肝脏、胰脏 |
| 29 | 镍 | Ni* | 0.010 | 0.000 01 | 各组织器官 |
| 30 | 金 | Au | <0.010 | 0.000 01 | 血液 |
| 31 | 钼 | Mo* | <0.009 3 | 0.000 01 | 牙齿、骨骼 |
| 32 | 铬 | Cr* | <0.006 6 | 0.000 009 | 皮肤、肝、肺 |
| 33 | 铯 | Cs | 0.001 5 | 0.000 002 | 肌肉 |
| 34 | 钴 | Co* | 0.001 5 | 0.000 002 | 骨骼、肌肉、软组织 |
| 35 | 钒 | V | 0.000 7 | 0.000 001 | 牙、骨骼、软组织 |
| 36 | 铍 | Be | 0.000 36 | | 骨骼、肺 |

（1）人体含量最多的 4 种元素

人体的组成从生物学角度讲是由细胞构成的，但从化学组成分析，人体质量的 96.6% 仅是由氧、氢、碳和氮 4 种元素所组成，见表 2.1，这让我们不得不感叹这 4 种元素的神奇力量！那究竟是什么力量让这 4 种元素掌控了人体这个强大的小宇宙呢？正如前述，氧碳氢元素的含量占据前三位，原因是人体大部分是由水组成的，所以我们常说"没有水就没有生命"。如同空气可将瘪瘪的皮球撑得圆圆的，水也将每个细胞及整个人体的结构塑造成型。接着，生命中的一切活动便在水的温暖怀抱中进行。碳在生命元素中有着至高无上的地位，那是因为它强大的键合功能，一个碳原子有多达 4 个的键合"手臂"，这不仅赋予了碳自身之间可以形成单键，双键和三键以及成环的化学反应能力，而且还使它可以与其他众多元素有着同样灵活多变的键合方式，所以我们的生命也被称作碳基生命。至于排行第四的氮，则在人体的蛋白质（如酶）以及核酸（DNA 和 RNA）等重要的组分中肩负着无法取代的使命。它像一支魔法棒，将人体的结构激活，使人体具有了生命力，人体这个小宇宙便开始生生不息地演绎着自己的故事。

（2）其他常量元素

当然还有其他许多的生命必需元素在辅佐着这个小宇宙的运行，如钙、磷、钾、硫、钠、氯、镁等。其中钙构成机体骨骼、牙齿等硬组织，维持神经、肌肉的正常兴奋性和心脏的正常搏动，作为三磷酸腺苷酶、琥珀酸脱氢酶、脂肪酶及一些蛋白质分解酶等酶系统的激活剂，以及参与凝血过程、激素分泌、维持体液酸碱平衡以及细胞内胶质稳定性及毛细血管渗透压等。磷作为羟基磷灰石的主要成分之一同钙元素一起构成骨骼、牙齿等硬组织。机体内代谢过程的贮能和放能物质三磷酸腺苷和细胞内的主要缓冲剂磷酸氢盐中同样含有磷。氯化钾和氯化钠是人体体液中的良好电解质，可以调节体内水分与渗透压、维持血浆的酸碱平衡，参与能量代谢以及维持神经肌肉的正常功能。镁参加与代谢有关的酶的催化活动，能减少神经末梢释放乙酰胆碱，有抑制周围神经的功能。硫是蛋氨酸和半胱氨酸等组成部分，参与脂肪酸、氨基酸等代谢，有助于毛发、指甲和皮肤的刚性结构。以上这些元素在人体中含量高于 0.01%，称为常量元素。

（3）微量元素

还有一些生命必需元素在维持人体小宇宙的运行中发挥着重要作用，如铁元素参与 $O_2$、$CO_2$ 转运、交换和细胞呼吸过程，催化促进 β-胡萝卜素转化为维生素 A，催化促进嘌呤与胶原的合成，促进机体抗体生成、增加抵抗力，促进脂类在血液中的转运，促进药物在肝脏的解毒。锌元素参加人体内许多金属酶的组成，促进机体生长发育和组织再生，促进食欲。硒元素参与人体组织的代谢过程，有一定抗癌和抗氧化作用，一旦缺乏则会出现心肌病。这些在人体中含量低于 0.01% 的元素称为微量元素。每种微量元素都有其特殊的生理功能，尽管它们在人体内含量极小，但它们对维持人体中的一些决定性的新陈代谢却十分必要。一旦缺少了这些必需的微量元素，人体就会出现疾病，甚至危及生命。这些数量少但能量大的必需微量元素被称为"生命的火花"。

## 2.2.2　人体中的化合物

生命元素很多是以化合物的形式构成生命，维持着人体小宇宙的运行。在这些化合物中，既有人体体重占比最高的水，也有功能各异的蛋白质，承担遗传功能的脱氧核糖核酸（DNA），承担 DNA 和蛋白质桥梁作用的核糖核酸（RNA），促进新陈代谢作用的维生素，重要的能量物质糖类和脂肪，生物膜的重要组成类脂等。

（1）水

水在人体体重中的占比为 60% 左右，水对人类赖以生存的重要性仅次于氧气。1个绝食的人失去体内全部脂肪、半数蛋白质，还能勉强维持生命，但如果断水，失去体内含水量的 20%，很快就会死亡。没有水的存在，任何生命过程都无法进行。事实上，人体内只要损耗 5% 的水而未及时补充，皮肤就会萎缩、起皱、干燥；损耗 10% 的水就会出现烦躁、体温和脉搏增加、血压下降的现象；失去 20% 的水，很快就会死亡。所以，水是生命的摇篮。

**拓展阅读 2：水的生理功能**

水的生理功能包括：①水是细胞的重要组成部分：所有组织都含水，如血液含水高达 97%，肌肉 72%，脂肪 20%~35%，骨骼 25%，坚硬的牙齿也有 10% 的水分。②体内重要的溶剂：水溶解力强，许多物质都能溶于水，并解离为离子状态，发挥着重要的生理功能。不溶于水的蛋白质脂肪分子可悬浮在水中形成胶体或乳溶液，便于机体消化吸收和利用。水还是体内输送养料和排泄废物的媒介。③物质代谢：水在体内直接参加氧化还原反应，促进各种生理活动和生化反应的进行。没有水就无法维持血液循环、呼吸、消化、吸收、分泌、排泄等生理活动，体内新陈代谢也无法进行。④调节体温：水比热大，当外界气温升高或体内生热过多时，水的蒸发可使皮肤散热。天冷时，水储备热量大，人体不致因外界温度低而使体温发生明显的波动。水是血液的主要成分，可通过血液循环把物质代谢产生的热迅速均匀地分布到全身各处。⑤水是润滑剂：滋润皮肤（柔软性、伸缩性）、泪液（防眼球干燥）、唾液及消化液（咽部润滑、胃肠消化）及人体关节部位，都是相应器官的润滑剂。⑥水与蛋白质、脂肪和糖代谢关系密切：体内代谢可产生水。体内存储 1 g 蛋白质或碳水化合物可积存 3 g 水分。

水对人体非常重要，天气炎热或剧烈运动大量出汗，更需要及时补水，但是水喝多了也会中毒。曾经有位 28 岁的美国姑娘在参加了一场喝水比赛后，不幸死亡。在比赛中，她在 3 h 内，喝下了 6 L 纯净水。比赛结束，回到家里，她开始头疼，不久便死于水中毒。此类事件并不少见。在美国加利福尼亚大学的学生联谊会上，一位年仅 21岁的学生因为饮水量过大而死亡。还有一些人由于长时间出汗后拿着水杯猛灌一通，生命因此走向了终结。为什么会出现这种情况？这里涉及一个名词——低钠血症。

**拓展阅读 3：低钠血症**

低钠血症即"血液中盐浓度过低"。在正常人的血液中，盐浓度一般为135~145 mmol/L，低钠血症患者体内的盐浓度则低于 135 mmol/L。严重时，低钠血症可导致水中毒——表现为头痛、乏力、恶心、呕吐、尿频以及精神错乱。人体内，肾控制着水、盐等溶解物的量。肾里面有数百万条弯弯曲曲的管道，起着过滤血液的作用，将多余的水分以尿液的形式排出体外。当一个人在短时间内喝下大量的水，超过了肾的处理能力，血液浓度就会急剧下降。体内过多的水分会被引导至离子浓度较高的区域，然后进入细胞，使细胞膨胀体积增大。大多数细胞都有足够的空间扩展自己的体积，因为它们所在的组织是富有弹性的，比如脂肪 / 肌肉。但是神经细胞不同。脑细胞紧密地排列在一起，只能与血液、脑脊液共享一个空间，在头骨里，几乎没有多余的空间可供脑细胞膨胀。因此，如果脑部水分过多，将是致命的。如果低钠血症突然爆发，而且情况严重，水分就可能进入脑部，引起水肿。症状表现为癫痫、昏迷、呼吸不畅，甚至死亡。所以现在有些人想靠超大量喝水来减轻体重的方法很危险，千万不要脑子进水了。

（2）氨基酸

氨基酸是构成蛋白质的基本单位，因为分子中同时存在氨基和羧基，故得名氨基酸。其通式如下：

$$R-\underset{NH_2}{\overset{H}{C}}-\underset{OH}{\overset{O}{C}}$$

①结构。由于氨基连接在与羧基相连的第一个碳原子上，该碳原子的位置为羧基的 α 位，所以称为 α - 氨基酸。除甘氨酸，其他蛋白质氨基酸的 α - 碳原子均为不对称碳原子（即与 α - 碳原子键合的 4 个取代基各不相同），因此氨基酸存在立体异构体，即存在不同的构型（D- 构型与 L- 构型两种构型，图 2.4），迄今发现的天然氨基酸几乎都是 L- 构型氨基酸，尽管二者平面结构一样，但立体结构不同，是两种分子，倘若用 D- 构型氨基酸代替 L- 构型氨基酸组成蛋白质，组成的蛋白质是另一种蛋白质，不具备原蛋白质的生物活性。

图 2.4 氨基酸的立体异构

②性质。因为氨基酸既含有氨基又含有羧基，与酸或碱作用都可以形成盐，所以氨基酸是两性物质。因为氨基的碱性和羧基的酸性刚好能相抵，所以氨基与羧基数目相等的氨基酸分子水溶液呈中性，故称为中性氨基酸；如果氨基酸分子中氨基数目多于羧基数目，则其水溶液显碱性，为碱性氨基酸；反之则为酸性氨基酸。

氨基酸为无色晶体，熔点超过 200 ℃，比一般有机化合物的熔点高很多。α - 氨基酸有酸、甜、苦、鲜 4 种不同味感。谷氨酸单钠盐和甘氨酸是用量较大的鲜味调味料。氨基酸一般易溶于水、酸溶液和碱溶液中，不溶或微溶于乙醇或乙醚等有机溶剂。

③种类。目前人们已经在自然界中发现了 300 多种天然氨基酸，但大部分不参与蛋白质的组成，只是以游离态或结合态存在于有机体中，这类氨基酸被称为非蛋白质氨基酸。在过去生命科学界有一共识：生物体内的所有蛋白质，是由共同的基本单位——20 种氨基酸所组合而成。但是，1986 年科学家又发现了硒半胱氨酸并将它命名为第 21种天然氨基酸。2002 年科学家又发现了第 22 种天然氨基酸——吡咯赖氨酸。而这两种氨基酸在大多数教科书中并没有更新，本书中将其补充，见表 2.2。

表 2.2　人体中 22 种氨基酸

| 中文名称 | 英文名字（三字符） | R—基团的结构 |
|---|---|---|
| 甘氨酸 | Glycine（Gly） | —H |
| 丙氨酸 | Alanine（Ala） | —$CH_3$ |
| 丝氨酸 | Serine（Ser） | —$CH_2OH$ |
| 半胱氨酸 | Cysteine（Cys） | —$CH_2SH$ |
| 苏氨酸 [*] | Threonine（Thr） | —CH（$CH_3$）OH |
| 缬氨酸 [*] | Valine（Val） | —CH（$CH_3$）$_2$ |
| 亮氨酸 [*] | Leucine（Leu） | —$CH_2$CH（$CH_3$）$_2$ |
| 异亮氨酸 [*] | Isoleucine（Ile） | —CH（$CH_3$）$CH_2CH_3$ |
| 蛋氨酸 [*] | Methionine（Met） | —$CH_2CH_2SCH_3$ |
| 苯丙氨酸 [*] | Phenylalanine（Phe） | —$H_2$C⟨⟩ |

续表

| 中文名称 | 英文名字（三字符） | R—基团的结构 |
|---|---|---|
| 色氨酸 * | Tryptophane（Trp） | |
| 酪氨酸 | Tyrosine（Tyr） | $H_2C$—⬡—$OH$— |
| 天冬氨酸 | Asparticacid（Asp） | —$CH_2COOH$ |
| 天冬酰胺 | Asparagine（Asn） | —$CH_2CONH_2$ |
| 谷氨酸 | Glutamicacid（Glu） | —$CH_2CH_2COOH$ |
| 谷氨酰胺 | Glutarninc（Gln） | —$CH_2CH_2CONH_2$ |
| 赖氨酸 * | Lysine（Lys） | —$CH_2（CH_2）_3NH_2$ |
| 精氨酸 * | Arginine（Arg） | —$CH_2CH_2CH_2NHCNH_2$ 与 $\\|$ $NH$ |
| 组氨酸 * | Histidine（His） | |
| 脯氨酸 | Proline（Pro） | |
| 硒半胱氨酸 | Selenocysteine（Sec） | —$CH_2$—$SeH$ |
| 吡咯赖氨酸 | Pyrrolysine（Pyl） | <br>$R_1$：—$CH_3$，—$NH_2$，$OH$ |

说明：右上角标有 * 的为必需氨基酸。

（3）蛋白质

蛋白质是一切生命的物质基础，机体中的每一个细胞和所有重要组成部分都有蛋白质的参与，没有蛋白质就没有生命。蛋白质占人体质量的 16%~20%，即一个 60 kg 的成年人其体内有蛋白质 9.6~12 kg。人体内蛋白质的种类很多，其性质、功能各异，但都是由 22 种氨基酸按不同比例组合而成的，并在体内不断进行代谢与更新。

**拓展阅读 4：蛋白质的生理功能**

蛋白质的生理功能包括：①构造人的身体：人体的每个组织，毛发、皮肤、肌肉、骨骼、内脏、大脑、血液、神经、内分泌等都是由蛋白质组成；②修补人体组织：人的身体由百兆亿个细胞组成，它们处于永不停息的衰老、死亡、新生的新陈代谢过程中，如年轻人的表皮 28 天更新一次，而胃黏膜两三天就要全部更新；③维持肌体正常的新陈代谢和各类物质在体内的输送：载体蛋白对维持人体的正常生命活动是至关重要的，可以在体内运载各种物质，如血红蛋白——输送氧（红细胞更新速率 250 万 / 秒）、脂蛋白——输送脂肪、细胞膜的受体等；④维持机体内的渗透压平衡及体液平衡，如白蛋白；⑤免疫细胞和免疫蛋白：有白细胞、淋巴细胞、巨噬细胞、抗体（免疫球蛋白）、补体、干扰素等；⑥构成人体必需的催化和调节功能的各种酶；⑦激素的主要原料：具有调节体内各器官的生理活性。胰岛素是由 51 个氨基酸分子合成。生长素是由 191 个氨基酸分子合成；⑧构成神经递质乙酰胆碱、五羟色胺等，维持神经系统的正常功能，如味觉、视觉和记忆；⑨胶原蛋白：占身体蛋白质的 1/3，生成结缔组织，构成身体骨架，如骨骼、血管、韧带等，决定了皮肤的弹性，保护大脑；⑩提供热能，等等。

人体中蛋白质多达 10 万种以上，它们的种类繁多、结构复杂、功能千差万别，形成了生命的多样性和复杂性。但是组成人体蛋白质的氨基酸只有 22 种，这些氨基酸是如何形成这么多种类的蛋白质呢？

①蛋白质的形成。两个氨基酸分子通过其中一个氨基酸分子的氨基和另一个氨基酸分子的羧基发生缩合反应，形成以肽键相连的二肽分子，但是这两个氨基酸分子有两种反应方式，可以生成两种二肽分子，以甘氨酸和丙氨酸两个氨基酸分子的反应来说明，如图 2.5 所示。

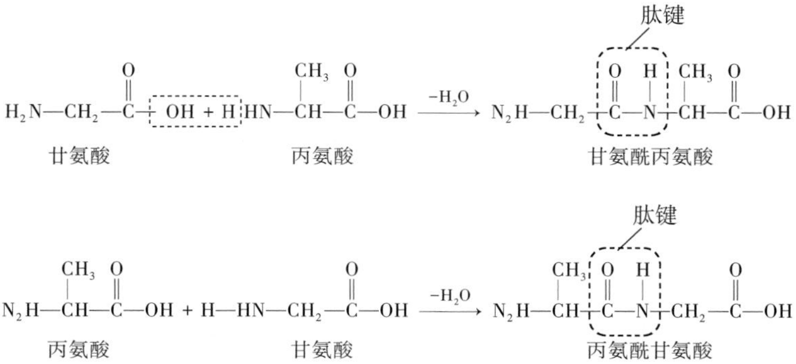

图 2.5　两种氨基酸分子生成两种二肽分子反应图

两种不同的氨基酸脱水缩合可形成两种不同的二肽；若 4 种不同的氨基酸分别用 A、B、C、D 表示，按照排列组合原则，它们脱水缩合后可形成 24 种同分异构体，如图 2.6 所示。

| | | | |
|---|---|---|---|
| A—B—C—D | B—A—C—D | C—B—A—D | D—B—A—C |
| A—B—D—C | B—A—D—C | C—B—D—A | D—B—C—A |
| A—C—B—D | B—C—A—D | C—A—B—D | D—A—B—C |
| A—C—D—B | B—C—D—A | C—A—D—B | D—A—C—B |
| A—D—C—B | B—D—A—C | C—D—B—A | D—C—B—A |
| A—D—B—C | B—D—C—A | C—D—A—B | D—C—A—B |

图 2.6　4 种不同氨基酸分子生成 24 种四肽分子组合图

一个蛋白质分子由几十个到几千个氨基酸分子组成，仅以一个由 100 个氨基酸组成的蛋白质为例，20 种氨基酸也有 $20^{100}$ 或 $10^{130}$ 种不同的排列方式，可以构成 $10^{130}$ 种不同的蛋白质，因此 20 种氨基酸可以形成难以估量的蛋白质，但是活细胞只能选择性地制造相对少数的特殊种类蛋白质，因此目前生物界的蛋白质种类在 10 万种以上。蛋白质是以氨基酸为基本单位构成的生物高分子。蛋白质分子上氨基酸的序列和由此形成的立体结构构成了蛋白质结构的多样性。蛋白质具有一级、二级、三级、四级结构，蛋白质分子的结构决定了它的功能。

②蛋白质的结构。

a. 一级结构（primary structure）：氨基酸残基在蛋白质肽链中的排列顺序称为蛋白质的一级结构，每种蛋白质都有唯一而确切的氨基酸序列，如我国科学家在世界上首次用人工方法合成了结晶牛胰岛素的一级结构，如图 2.1 所示。

b. 二级结构（secondary structure）：蛋白质分子中肽链并非直链状，而是按一定的规律如 α- 螺旋、β- 折叠、β- 转角和无规卷曲等形成特定的空间结构，如图 2.7 所示，这是蛋白质的二级结构。蛋白质的二级结构主要依靠肽链中氨基酸残基亚氨基（—NH—）上的氢原子和羰基上的氧原子之间形成的氢键而实现的。由于蛋白质的分子量较大，一个蛋白质分子的不同肽段可含有不同形式的二级结构。一种蛋白质的二级结构并非单纯的 α- 螺旋或 β- 折叠结构，而是这些不同类型构象的组合，只是不同蛋白质各占多少不同而已。

c. 三级结构（tertiary structure）：在二级结构的基础上，肽链还按照一定的空间结构进一步形成更复杂的三级结构。肌红蛋白是第一个被确定的具有三级结构的蛋白质。如图 2.8（a）所示。

d. 四级结构（quaternary structure）：具有三级结构的多肽链按一定空间排列方式结合在一起形成的聚集体结构称为蛋白质的四级结构。如血红蛋白由 4 个具有三级结构的多肽链构成，其四级结构近似椭球形状，如图 2.8（b）所示。

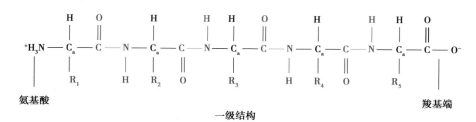

二级结构：α-螺旋结构和β-折叠结构

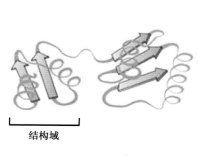 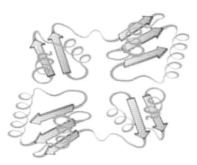

结构域

三级结构                                        四级结构

图 2.7　蛋白质的二级结构（4 种）

蛋白质结构层次的比较

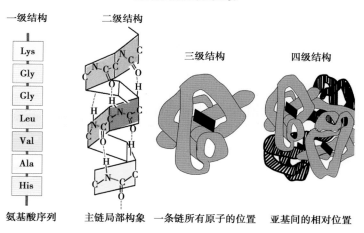

图 2.8　肌红蛋白和血红蛋白

③蛋白质的变性。在高温、高压、X 射线、紫外线、超声波等物理因素或强酸、强碱、重金属、尿素、生物碱试剂和一些有机溶剂（乙醇、丙酮等）等化学因素作用下，蛋白质特定的空间构象被破坏，即有序的空间结构变成无序的空间结构，从而导致其理化性质的改变和生物活性的丧失，称为蛋白质的变性。关于蛋白质变性的解释，最早由中国生物化学家吴宪提出，他在 1929 年的第 13 届国际生理学大会上首次提出了蛋白质变性理论，认为蛋白质的变性与其结构的改变有关。蛋白质的变性不涉及一级结构的改变，蛋白质变性后，其溶解度降低、黏度增加，生物活性丧失，易被蛋白酶水解。若蛋白质变性程度较轻，在去除变性因素后，有些蛋白质仍可恢复或部分恢复其原有的构象和功能，称为复性。

（4）核酸

核酸是生物体中重要的生命大分子化合物，人们最早是从细胞核中提取得到，故名核酸。核酸与蛋白质一样，也是生命的最基本物质之一，具有重要的生理功能，是生物遗传的物质基础。在生物体内，核酸对遗传信息的贮存、蛋白质的生物合成起着决定作用。它与生命活动及各种代谢有着密切关系。

①核酸的组成。核酸分为脱氧核糖核酸（DNA）和核糖核酸（RNA）。DNA 存在于细胞核和线粒体内，是遗传信息的载体；RNA 存在于细胞核和细胞质内，参与细胞内遗传物质的表达。病毒的 RNA 也可作为遗传信息的载体。

核酸分子量通常很大。实际上，DNA 分子可能是已知的最大的单个生物分子。但也有比较小的核酸分子。核酸分子的大小范围从 21 个核苷酸（小干扰 RNA）到大染色体（人类染色体是一个含有 2.47 亿个碱基对的单个分子）不等。但核酸的元素组成仅有 C、H、O、N 和 P 5 种。核酸水解产生核苷酸。核苷酸完全水解可释放出等量的碱基、戊糖和磷酸。因此，核酸的基本组成单位是核苷酸。而核苷酸则由碱基、戊糖和磷酸 3 种成分连接而成。表 2.3 为核酸的化学组成。

表 2.3　核酸的化学组成

| 核酸 | DNA | RNA |
|---|---|---|
| 名称 | 脱氧核糖核酸 | 核糖核酸 |
| 结构 | 规则的双螺旋结构 | 通常呈单链结构 |
| 基本单位 | 脱氧核糖核苷酸 | 核糖核苷酸 |
| 五碳糖 | 脱氧核糖 | 核糖 |

续表

| 核酸 | DNA | RNA |
|---|---|---|
| 含氮碱基 | A（腺嘌呤）、G（鸟嘌呤）<br>C（胞嘧啶）、T（胸腺嘧啶） | A（腺嘌呤）、G（鸟嘌呤）<br>C（胞嘧啶）、U（尿嘧啶） |
| 分布 | 主要存在于细胞核，少量存在于线粒体和叶绿体 | 主要存在于细胞质中 |

核苷是碱基与戊糖以糖苷键相连接所形成的化合物。糖苷键是由戊糖的第 1 位碳原子上的羟基和嘧啶的第 1 位氮原子或嘌呤的第 9 位氮原子的氢脱水缩合而成，核苷与磷酸通过磷酸酯键相连形成核苷酸。

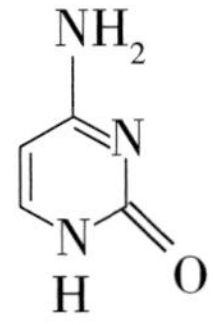

胞嘧啶（C） 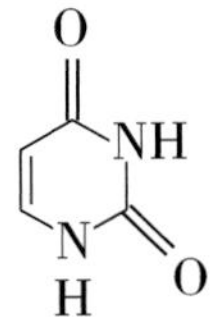　尿嘧啶（U） 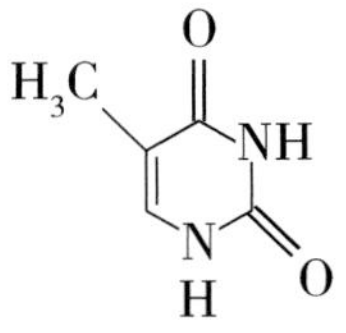　胸腺嘧啶（T） 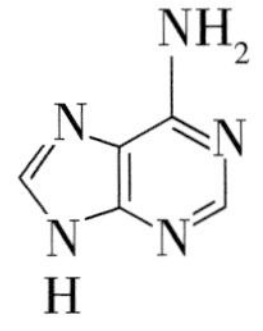　腺嘌呤（A） 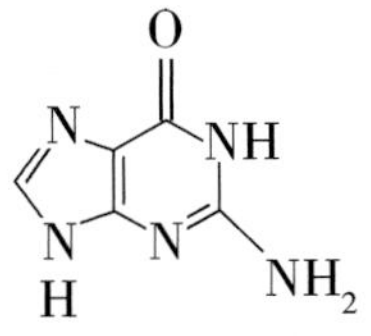　鸟嘌呤（G）

②核酸的结构。核苷酸通过 3′，5′-磷酸二酯键依次连接形成核酸分子，即前一个核苷酸的 3′ 羟基与后一个核苷酸的 5′ 磷酸基脱水形成的化学键。许多核苷酸借助 3′，5′ 磷酸二酯键连接形成了没有分支的线性大分子的多核苷酸链，图 2.9 所示即为 DNA 和 RNA 的片段结构。

DNA 的结构按层次可以分为一级结构、二级结构和三级结构，一级结构即为 DNA 分子中碱基的排列顺序。二级结构为双螺旋结构，1953 年 Watson 和 Crick 提出了著名的 DNA 双螺旋结构模型，他们也因此成果获得了 1962 年诺贝尔化学奖。三级结构即超螺旋结构，双螺旋 DNA 分子在二级结构基础上进一步扭曲折叠形成超螺旋结构。

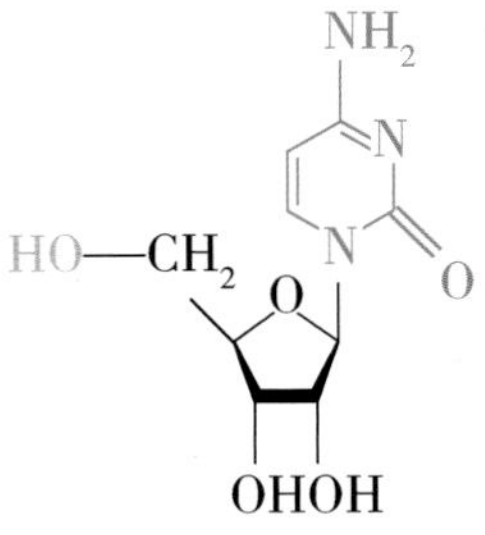

胞嘧啶核苷 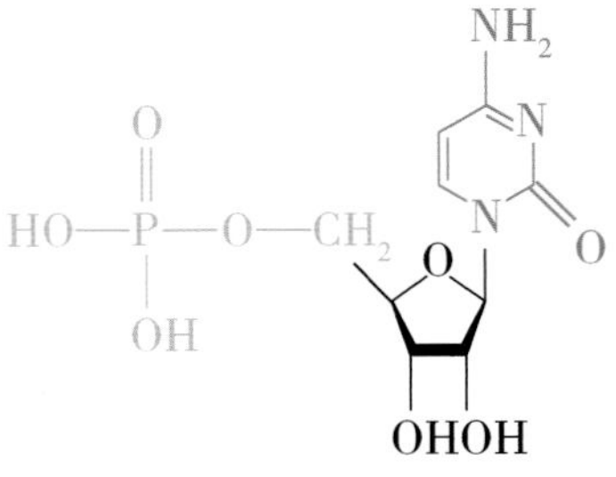　　　　　　胞嘧啶脱氧核苷酸

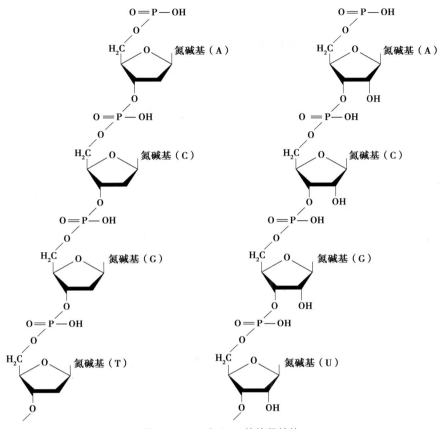

图 2.9　DNA 和 RNA 的片段结构

RNA 的结构也很复杂，分为核糖体 RNA（rRNA），信使 RNA（mRNA）和转运 RNA（tRNA）3 种，其中 rRNA 占 80%，是构成核糖体的骨架，蛋白质合成的场所；tRNA 占 15%，在蛋白质生物合成中起到转运氨基酸的作用，每一种氨基酸都有与之相对应的一种或几种 tRNA；mRNA 占 5%，是合成蛋白质的模板，mRNA 在代谢上很不稳定，每种多肽链都由一种特定的 mRNA 负责编码。所以细胞内 mRNA 的种类很多，但每种 mRNA 的数量却极少。

③核酸的作用。核酸是生物遗传的物质基础，DNA 携带遗传信息，在生物体的遗传、变异和蛋白质的生物合成中具有极其重要的作用。带有遗传信息的 DNA 片段称为基因，基因中 DNA 的碱基序列决定了其表达的蛋白质的氨基酸的序列，是遗传基因的物质基础；其他的 DNA 序列，有些直接以自身构造发挥作用，有些则参与调控遗传信息的表现。组成简单生命最少要 265~350 个基因。人类的基因数量为 2 万 ~3 万个，含有 30 亿个碱基对，被人们称为继曼哈顿原子弹计划和阿波罗登月计划之后的第三大科学计划——人类基因组计划基因组测序工作已经顺利完成。

（5）糖类

糖又称碳水化合物，许多糖类的分子式可用通式 $C_x(H_2O)_y$ 表示，例如葡萄糖为 $C_6H_{12}O_6$［可表示为 $C_6(H_2O)_6$］，蔗糖 $C_{12}H_{22}O_{11}$［可表示为 $C_{12}(H_2O)_{11}$］。人们熟悉的有葡萄糖、果糖、蔗糖（红糖、白糖、砂糖）、半乳糖、乳糖、麦芽糖、核酸中的戊糖、米饭中的淀粉、草中的纤维素、动物的糖原等都属于糖类。在人们的印象中，糖是甜的，但是米饭中的淀粉，草中的纤维素并没有甜味，它们只有被分解成寡糖和单糖才有甜味。

众所周知，人的一切生命活动都离不开能量，而糖类是最主要、最经济的能量来源。更为重要的是，大脑工作时所需的唯一直接来源，只能是葡萄糖。糖类的生理功能主要有：①供给能量；②构成神经和细胞的重要物质，如作为糖蛋白、蛋白聚糖、糖脂、生物膜、神经组织等的组成成分，作为核酸类化合物的成分构成核苷酸、DNA、RNA 等；③控制脂肪和蛋白质的代谢；④保肝解毒。根据其结构特点和化学性质，糖类大体可分为单糖、低聚糖和多糖三大类。

①单糖：不能水解成更简单的多羟基醛或多羟基酮的碳水化合物称为单糖，重要的单糖有葡萄糖和果糖，核酸中的核糖和脱氧核糖也是单糖，在肠道中吸收最快的半乳糖也是单糖。

迄今发现的天然氨基酸几乎都是 L- 构型氨基酸，糖类有不对称碳原子，也存在立体异构体，但是生物体合成和利用的糖类都是 D 型糖类。人体血液中的葡萄糖称为血糖，正常人体每天需要很多的糖来提供能量，为各种组织、脏器的正常运作提供动力，所以血糖必须保持一定的水平才能维持体内各器官和组织的需要。血糖的正常值参考范围空腹时为 3.92~6.16 mmol/L，餐后为 5.1~7.0 mmol/L，否则就是低血糖或高血糖。

CHO
|
H—C—OH
|
HO—C—H
|
H—C—OH
|
H—C—OH
|
CH₂OH

D-葡萄糖

CH₂OH
|
C＝O
|
HO—C—H
|
H—C—OH
|
H—C—OH
|
CH₂OH

D-果糖

D-葡萄糖

D-果糖

②低聚糖：糖类分子水解后，每个分子能生成 2~9 个单糖分子的称为低聚糖，也称为寡糖。与稀酸共煮低聚糖可水解成各种单糖，最常见的低聚糖是蔗糖，它是白糖、红糖、砂糖和冰糖的主要成分，由一分子葡萄糖和一分子果糖组成。乳糖存在于哺乳动物的乳汁中，在人体的乳汁中含量为 7%~8%，由一分子葡萄糖和一分子半乳糖组成。

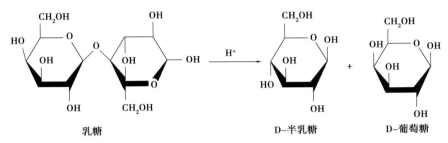

图 2.10　乳糖水解反应式

③多糖：水解后每个分子能生成 10 个以上单糖分子的碳水化合物称为多糖。天然多糖一般由 100~300 个单糖单元构成，如淀粉、纤维素和肝糖都是多糖。一些多糖是构成动植物体骨干的物质，如纤维素、甲壳质等。一些多糖是动物体内的贮备养料，如淀粉、肝糖等，它们可以在酶的作用下，分解为单糖以供需要。

（6）脂类

脂类是脂肪（甘油三酯）、类脂（磷脂、鞘脂、糖脂、胆固醇、蜡）的总称，能在多数有机溶剂中溶解，但不溶解于水。脂类供给机体所需的能量、提供机体所需的必需脂肪酸，是人体细胞组织的组成成分。脂肪是由甘油和脂肪酸组成的三酰甘油酯，其中甘油的分子比较简单，而脂肪酸的种类和长短却不相同。天然油脂中的脂肪酸都含有偶数碳原子，依据是否含有不饱和碳碳双键可分为饱和脂肪酸和不饱和脂肪酸两类，重要的脂肪酸及其主要来源见表 2.4。

$$
\begin{array}{l}
H_2C-O-\overset{\overset{O}{\|}}{C}-R_1\\
H_2C-O-\overset{\overset{O}{\|}}{C}-R_2\\
H_3C-O-\overset{\overset{O}{\|}}{C}-R_3
\end{array}
$$

表 2.4　重要的脂肪酸及其主要来源

| 类型 | 名称 | 结构式 | 主要来源 |
|---|---|---|---|
| 饱和脂肪酸 | 丁酸 | $C_3H_2COOH$ | 奶油 |
| | 己酸 | $C_5H_{11}COOH$ | 奶油 |

续表

| 类型 | 名称 | 结构式 | 主要来源 |
|---|---|---|---|
| 饱和脂肪酸 | 月桂酸 | $C_{11}H_{23}COOH$ | 椰子油、鲸蜡 |
| | 豆蔻酸 | $C_{13}H_{27}COOH$ | 奶油、花生 |
| | 软脂酸 | $C_{15}H_{31}COOH$ | 动植物油 |
| | 硬脂酸 | $C_{17}H_{35}COOH$ | 动植物油 |
| | 花生酸 | $C_{19}H_{39}COOH$ | 花生 |
| 不饱和脂肪酸 | 油酸 | $CH_3(CH_2)_7CH=CH(CH_2)_7COOH$ | 动植物油 |
| | 亚油酸 | $CH_3(CH_2)_4CH=CHCH_2CH=CH(CH_2)_7COOH$ | 亚麻酸油、棉籽油 |
| | 亚麻酸 | $C_2H_5(CH=CHCH_2)_2CH=CH(CH_2)_7COOH$ | 亚麻仁油 |
| | 花生四烯酸 | $CH_3(CH_2)_4(CH=CHCH_2)_4(CH_2)_2COOH$ | 卵磷脂 |

①脂肪。大多数脂肪酸人体可以合成，但少数脂肪酸人体不能合成或者合成的量不足，必须从食物中摄取，才能满足人体正常需求，这类脂肪酸称为必需脂肪酸，如亚油酸、亚麻酸和花生四烯酸等。必需脂肪酸是组织细胞的组成成分会影响固醇类代谢，防止血管产生粥状硬化，缺乏必需脂肪酸会使皮肤受影响，如患顽癣或棘皮病；也会出现抵抗力下降，甚至生长停滞等症状。

在现代社会中，脂肪好像被视为健康和美丽的对立面，减肥（减少脂肪）也成了时尚。事实上体内脂肪是人体维持生命所必需的营养成分，人体内应存有一定量的脂肪，如果脂肪量不足，就说明营养状态不佳。对于生命的延续而言，女性身体脂肪比率（脂肪/体重）低于 20% 将难以怀孕。目前认为成年人标准身体脂肪比率（Percent Body Fat）：女性为 23%±5%，男性为 15%±5%。如果身体脂肪比率男性超过 25%，女性超过 35% 则对健康不利，有必要进行减肥。注意减肥不等于减重，而是减脂。

②类脂。类脂是一类结构和性质类似于脂肪的物质，包括磷脂、鞘脂、糖脂和固醇。磷脂、鞘脂和糖脂三大类脂是生物膜的主要组成成分，构成疏水性的"屏障"，分隔细胞水溶性成分和细胞器，维持细胞正常结构与功能。磷脂是分子中含磷酸的复合脂，分为磷酸甘油酯和鞘氨醇磷脂类，其醇类物质分别为甘油和鞘氨醇。

卵磷脂主要分布在脑和神经组织中，结构通式中的 $X=-CH_2CH_2\overset{+}{N}(NH_3)_3$，连接丙三醇上的两个脂肪酸若为饱和脂肪酸，通常是软脂酸和硬脂酸；若为不饱和脂肪酸，通常为油酸、亚油酸、亚麻酸和花生四烯酸等，即为卵磷脂的结构，卵磷脂可使大脑神经及时得到营养补充，有利于消除疲劳，缓解神经紧张。如结构通式中的 $X=-CH_2CH_2\overset{+}{N}H_3$，则为脑磷脂的结构式，脑磷脂通常和卵磷脂共存于脑和神经组织中，脑磷脂是神经细胞膜的重要组成部分，调节神经细胞的一切代谢活动，影响着神经组织的一系列重要功能，如细胞渗透性，髓鞘形成，线粒体运作。此外，脑磷脂还对神经衰弱、动脉粥样硬化、肝硬化和脂肪性病变等具有一定的疗效。

$$
\begin{array}{l}
CH_2OCOR_1 \\
R_2OCO-C-H \quad\quad O^- \\
\quad\quad CH_2-O-\overset{\displaystyle O}{\underset{\displaystyle O}{P}}-O-X
\end{array}
$$

（X 为醇基）

鞘脂是鞘氨醇（十八碳二元醇）的衍生物，鞘脂及其代谢产物是一类很重要的活性分子，它们参与调节细胞的生长、分化、衰老和细胞程序性死亡等许多重要的信号传导过程。

$$
\begin{array}{l}
HOCH-CH=CH(CH_2)_{12}-CH_3 \\
R-\underset{O}{C}-NH-CH \quad\quad O^- \\
\quad\quad CH_2-O-\overset{\displaystyle O}{\underset{\displaystyle O}{P}}-O-CH_2-CH_2-\overset{+}{N}(CH_3)_3
\end{array}
$$

脂肪酸　　　　　　　　　　　磷酰胆碱

鞘氨醇磷脂

自然界中的糖脂可按其组分中的醇基种类而分为两大类：甘油糖脂及鞘糖脂。糖基化的甘油醇脂类称为甘油糖脂，一个或多个单糖残基与脂类部分单脂酰或二脂酰甘油，像鞘胺醇样长链上的碱基或神经酰胺上的胺基以糖苷键相连所形成的化合物，称为鞘糖脂。糖脂是构成细胞膜的成分之一，在细胞黏附、生长、分化和信号传导等过程中发挥着重要作用，尤其值得注意的是，糖脂参与细胞识别、免疫调节等重要生理过程。

$$
\begin{array}{l}
\quad\quad\quad H \\
HO-C-C=C-(CH_2)_{12}-CH_3 \\
\quad\quad\quad H\ H \\
\quad\quad\quad\quad\quad O \\
\quad\quad\quad\quad H\ \| \\
\quad\quad HC-N-C-R \\
\quad\quad\quad CH_2
\end{array}
$$

固醇即甾醇，以环戊烷多氢菲为基本结构。胆固醇是动物组织细胞所不可缺少的重要物质，它不仅参与形成细胞膜，而且是合成胆汁酸、维生素 D 及甾体激素的原料。胆固醇又分为高密度胆固醇和低密度胆固醇两种，前者对心血管有保护作用，通常称为"好胆固醇"，后者偏高，冠心病的危险性就会增加，通常称为"坏胆固醇"。

环戊烷 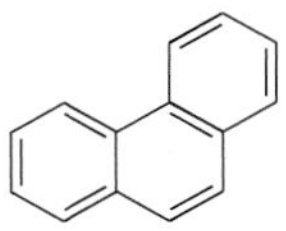　　　菲 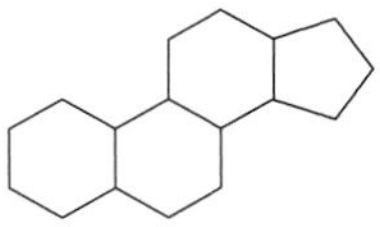　　　环戊烷多氢菲 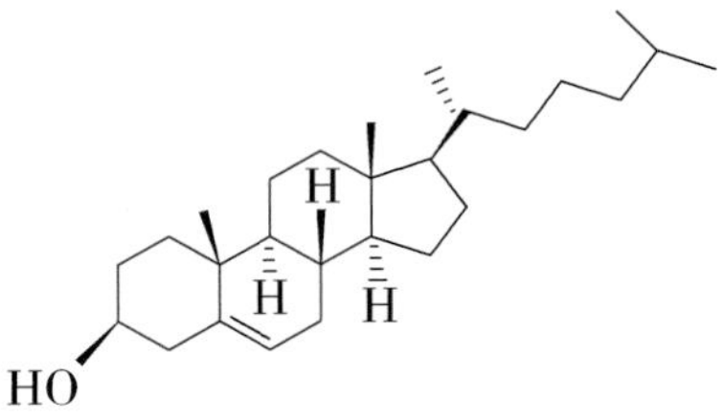　　　胆固醇

## 2.2.3　人体中的化学反应

化学反应是指有新物质生成的过程，其实就是反应物化学键的断裂，生成物化学键的形成过程。人体的新陈代谢包含成千上万种反应，从物质上分类，可以分为糖代谢、氨基酸代谢、脂类代谢等，这些反应都是由糖类、氨基酸和脂肪转化成了二氧化碳和水，发生的是氧化反应。很多氧化反应都很剧烈，为什么在常温常压、近中性的人体环境中，这些氧化反应能够高效、平稳进行？这是因为人体中存在大量高效且专一的生物催化剂——酶。

（1）酶

发酵是人们非常熟悉的过程，做馒头需要面粉发酵，而发酵就是对酶最早的利用。在公元前 21 世纪，中国的夏禹时代和古巴比伦都已经有酿酒的记载，酿酒就是用酒曲将粮食中的淀粉转变为酒精，酒曲中含有丰富的微生物，如霉菌、细菌、酵母菌、乳酸菌等，其本质就是提供酿酒用各种酶的载体。"曲为酒之母，曲为酒之骨，曲为酒之魂"，这是对酶在酿酒这一复杂的化学转化过程中所处的地位的高度概括。酿酒车间如图 2.11 所示。

1857 年，法国科学家 Pasteur 认为发酵是酵母细胞生命活动的结果。1877 年，德国化学家 Kuhne 首次提出"Enzyme"一词。1897 年，德国化学家 Buchner 兄弟把酵母细胞放在石英砂中用力研磨，加水搅拌，再进行加压过滤，得到不含酵母的提取液，在这些汁液中加入葡萄糖，一段时间后就冒出气泡，糖液居然变成了酒，证明了不含细胞的酵母提取液也能使糖发酵，说明发酵与细胞的活动无关，而是酶作用的化学本质，为此 Buchner 获得了 1907 年的诺贝尔化学奖。1926 年，美国科学家 Sumner 首次从刀豆中提纯出脲酶结晶，证明它具有蛋白质的性质，首次提出酶的本质是蛋白质的观点，从分子水平认识了酶。1982 年，美国科学家 Cech 首次发现 RNA 也具有酶的催化活性，提出核酶（ribozyme）的概念，酶的定义也由之前的"活细胞产生的有催化作用的蛋白质"发展成"活细胞产生的有催化作用的有机物"。

图 2.11　酿酒车间

蛋白酶分为简单蛋白酶（只需蛋白质部分就具有催化功能）和复合蛋白酶（需要蛋白质和其他非蛋白成分协助才能发挥其催化功能）两类。复合蛋白酶中非蛋白成分成为酶的辅助因子，主要包括小分子有机化合物和金属离子，其主要作用是作为电子、原子或某些基团的载体参与反应并促进整个催化过程。金属离子与酶结合紧密，在提取过程中不易丢失，称为金属酶。金属离子为酶的活性所必需，但与酶的结合不甚紧密，称为金属激活酶。常见金属酶和金属激活酶见表 2.5。

表 2.5　金属酶和金属激活酶

| 金属酶 | 金属离子 | 金属激活酶 | 金属离子 |
|---|---|---|---|
| 过氧化氢酶 | $Fe^{2+}$ | 丙酮酸激酶 | $K^+$，$Mg^{2+}$ |
| 过氧化物酶 | $Fe^{2+}$ | 丙酮酸羧化酶 | $Mn^{2+}$，$Zn^{2+}$ |
| 谷胱甘肽过氧化物酶 | Se | 蛋白激酶 | $Mg^{2+}$，$Mn^{2+}$ |
| 己糖激酶 | $Mg^{2+}$ | 精氨酸酶 | $Mn^{2+}$ |
| 固氮酶 | $Mo^{2+}$ | 磷脂酶 C | $Ca^{2+}$ |
| 核糖核苷酸还原酶 | $Mn^{2+}$ | 细胞色素氧化酶 | $Cu^{2+}$ |
| 羧基肽酶 | $Zn^{2+}$ | 脲酶 | $Ni^{2+}$ |
| 碳酸酐酶 | $Zn^{2+}$ | 柠檬酸合酶 | $K^+$ |

自然界中大部分酶的化学本质是蛋白质，但是也必须注意到，蛋白质不是生物催化领域中唯一的物质，有些 RNA 分子也具有催化活性，被称为核酶。有些 DNA 片段也具有酶活性，即脱氧核酶。

（2）人体内的生物氧化反应

从化学的观点来看，生命是一个极其复杂而有序的化工厂。人们每时每刻都要吸进氧气，每天都要喝水、吃饭，进入人体的淀粉、脂肪、蛋白质及矿物质都要在这个化工厂中加工转化为人体维持生命和生长发育所必须的营养物质和能量，并将此过程产生的废物排出体外。这就是生命的基础——物质的新陈代谢。在物质的新陈代谢中，将要发生上千种的化学反应，如水解、脱水、缩合、烷化、氨解、酰化和氧化还原等，这些反应在人体中都是依靠酶的催化作用来进行的，因此人体内的化学反应主要是酶促化学反应。例如，我们在吃米饭时，多嚼一会儿就会感觉到甜味，这是因为米饭中的淀粉在唾液淀粉酶的催化下，水解成有甜味的麦芽糖。人体中含有数以万计的酶，酶的催化反应很复杂，没有酶，便没有新陈代谢；没有新陈代谢，也就没有生命。

酶催化作用的本质是降低化学反应的活化能，加快化学反应速度。而且酶的催化效率比一般的化学催化剂高很多，某些反应的活化能见表2.6。

例如，$H_2O_2$ 分解为 $H_2O$ 和 $O_2$ 所需的活化能是 75.4 kJ/mol，用胶态铂作催化剂活化能降为 46.1 kJ/mol，当用过氧化氢酶催化时的活化能仅需 8.4 kJ/mol 左右，$H_2O_2$ 分解的效率可提高 $10^9$ 倍。

表 2.6　某些反应的活化能

| 反应 | 催化剂 | 活化能 / ( kJ · mol$^{-1}$ ) |
| --- | --- | --- |
| $H_2O_2$ 分解 | 无 | 75.4 |
| | 铂 | 46.1 |
| | $H_2O_2$ 酶 | 8.4 |
| 丁酸乙酯的水解 | 酸 | 55.3 |
| | 碱 | 42.7 |
| | 胰脂酶 | 18.9 |
| 蔗糖的水解 | 酸 | 108.9 |
| | 酵母蔗糖酶 | 48.2 |

酶促化学反应的特点：①对周围环境变化比较敏感。当高温、强酸碱、重金属离子、配位体、紫外线照射时，易失去它的活性。②反应条件比较温和。人体中的各种酶促反应一般都在 37 ℃。③具有高度专一性。"一把钥匙开一把锁"，一种酶只能作用于某种特定的物质。④所需活化能比较低。⑤酶的催化效率极高。酶促反应的速率可比非催化反应的速率高 $10^8$~$10^{20}$ 倍。

酶促反应是生物化学反应的基本类型，以其高效性及高度专一性为特点。作为生物催化剂的酶，在温和的生理条件下所具有的催化活性，是任何人工催化剂无法比拟的。但是，在人体中也存在着无催化反应——协同反应。此类反应涉及较为复杂的有机分子，无须催化剂却能在人体温和条件下发生反应，如人体皮肤中所含 7- 脱氢胆甾醇在阳光照射下转变为维生素 $D_3$ 的反应就是由两个连续的协同反应组成：① 7- 脱氢胆甾醇分子中的环己二烯开环转变为开链共轭三烯；②预钙化醇分子内发生 1，7- 氢同面迁移反应，在温和的生理条件下转变成维生素 $D_3$。

### 世界首个提出蛋白质变性学说的吴宪

吴宪（1893.11.24—1959.8.8），男，福建福州人。博士，国际著名生物化学家、营养学家、医学教育家，中央研究院第一届院士，中国近代生物化学事业的开拓者和奠基人。

1917 年秋，吴宪大学毕业后被哈佛大学研究生院录取，师从奥托·福林（Otto Folin，1867—1934，美国著名生化学家），在其指导下研究血液化学，不到两年便完成了博士论文《一种血液分析系统》，这是奠定吴宪在生物化学界地位的一篇主要论著，被认为"引发了一场血液化学方面的革命"。

1928 年，他在北京协和医学院晋升为教授，直到 1942 年 1 月是他科学生涯中的鼎盛时期，他不仅完成了许多重要研究，而且还领导着一个高水平、高效率的生化学科，使之成为中国生物化学的重要基地，并且在国际学术界也颇有影响。蛋白质化学是吴宪在当时主持的一项较大规模的研究，以解决这一当时国际上尚未解决的问题。他与其同事严彩韵、邓葆乐、李振翮等陆续发表"关于蛋白质变性的研究"专题系列论文 16 篇，相关论文 14 篇，并于 1929 年第 13 届国际生理学大会上首次提出了蛋白质变性理论，认为蛋白质变性的发生与其结构上的变化有关，但这一理论在当时未能引起重视。在进一步深入研究的基础上，他于 1931 年在《中国生理学杂志》（*Chinese Journal of Physiology*）上正式提出了"变性说"，用种种事实证明，天然可溶性蛋白质（即球蛋白）的长肽链一定是由氨基酸的各种极性基团被分子内的某种次级键按一定方式连接而形成有规律的折叠，使蛋白质分子具有一种紧密的构型（现在称为构象）。蛋白质的这种次级键一旦被物理、化学的力破坏，构型就被打开，肽链则由有规律的折叠而变为无序、松散的形式，即发生了变性。蛋白质变性学说尽管被一度忽视，但最终赢得了国内外学者的验证和好评。诚如著名蛋白质化学家豪若威兹（Felix Haurowitz）在 1950 年评论，这是"关于蛋白质变性的第一个合理学说，这个理论至少比其他人早发表了 5 年"。

美国学者里尔顿·安德森（J.Reardon·Anderson）将他誉为"中国化学的巨人"，并评价道："毫无疑问，吴宪是 20 世纪前半叶中国最伟大的化学家，或者说是最伟大的科学家。"王辰院士指出，吴宪是一位真学者、真科学家、真技术专家、真文化大家，他的爱国精神、科学追求与治学精神都值得协和人效仿、传承与发展。

# 第3章 化学与健康

　　根据世界卫生组织（WHO）数据，世界人口的平均寿命在 20 世纪初约为 45 岁，而到 1993 年已经增长到 65 岁，2022 年全球平均寿命达 72 岁，我国平均寿命接近 78 岁。促使人类寿命增长最主要的原因是人类生活质量的改善和医疗条件的提高，而这两个原因都与化学息息相关。化学研究为人类的衣食住行用带来了极大的便利，同时也为人类提供了预防、诊断各种疾病的有效方法和技术，发明了治疗各种疾病的化学药物，合成的杀虫剂等物质也减少了虫源性疾病对人类的困扰。

## 3.1 化学与亚健康

亚健康是 20 世纪 90 年代提出的一个新的医学概念，这实际上也是从重视疾病到重视人的一种观念上的转变，我国人群中亚健康的发生率居高不下。随着生活水平的提高，糖尿病和肥胖问题等导致的一些并发症不仅严重影响了人们的生命健康和生活质量，而且给社会公共卫生服务系统带来了沉重的负担与压力。面对瞬息万变的社会变化和日益加快的生活节奏，职业人群所承担的压力与日俱增，心理亚健康现象越来越普遍。

### 3.1.1 亚健康——健康与疾病之间的中间状态

**拓展阅读 1：上医治未病**

> 魏文王问名医扁鹊："你家兄弟三人，都精于医术，到底哪一位最好呢？"扁鹊答道："长兄最佳，中兄次之，我最差。"文王再问："那为什么你最出名呢？"扁鹊答："长兄治病，于病情发作之前，一般人不知道他事先能铲除病因，所以他的名气无法传出去。中兄治病，于病情初起时，一般人以为他只能治轻微的小病，所以他的名气只及本乡里。而我是治病于病情严重之时，一般人都看到我下针放血、用药敷药，都以为我医术高明，因此名气响遍全国。"
> 两千多年前的《黄帝内经》中提出"上医治未病，中医治欲病，下医治已病"，即医术最高明的医生并不是擅长治病的人，而是能够预防疾病的人。

中华中医药学会在 2007 年发布了《亚健康中医临床指南》，从中医的角度对亚健康的概念、常见临床表现、诊断标准等进行了明确描述，产生了较为广泛的影响。《亚健康中医临床指南》指出：亚健康是指人体处于健康和疾病之间的一种状态。处于亚健康状态者，不能达到健康的标准，表现为一定时间内的活力降低、功能和适应能力减退的症状，但不符合现代医学有关疾病的临床或亚临床诊断标准。亚健康的主要特征包括：①身心上不适应的感觉所反映出来的种种症状，如疲劳、虚弱、情绪改变等，其状况在相当时期内难以明确；②与年龄不相适应的组织结构或生理功能减退所致的各种虚弱表现；③微生态失衡状态；④某些疾病的病前生理病理学改变。

亚健康的临床表现多种多样，躯体方面可表现为疲乏无力、肌肉及关节酸痛、头昏头痛、心悸胸闷、睡眠紊乱、食欲不振、脘腹不适、便溏便秘、性功能减退、怕冷怕热、易于感冒、眼部干涩等；心理方面可表现为情绪低落、心烦意乱、焦躁不安、急躁易怒、恐惧胆怯、记忆力下降、注意力不能集中、精力不足、反应迟钝等；社会交往方面可表现为不能较好地承担相应的社会角色，工作、学习困难，不能正常地处理好人际关系、家庭关系，难以进行正常的社会交往等。

## 3.1.2　肥胖——疾病的温床

早在 1620 年，Tobias Venner 首先提出单词 Obesity（肥胖），认为肥胖是上层人士的"职业病"。到了 18 和 19 世纪，Corpulence 成为肥胖的委婉描述方法，Lord Byron 则提出利用戒肉、喝醋及重衣击剑减肥。在 1863 年，William Banting 提出要减重则需要避免糖、淀粉、啤酒和脂肪，Banting 成了代表减肥的动词。接下来到了 20 世纪初，科学家们发现心脏病、中风和糖尿病等与肥胖相关。1972 年，Ancel Keys 发明体质指数（BMI）。到 21 世纪，肥胖问题日趋严重，减肥手术等逐渐得以应用。

（1）肥胖的现状

目前全球十分之一以上的人口处于肥胖状态，而超重者更是多达 22 亿人，由此引发了全球健康危机，每年夺走数百万人的生命。更令人担忧的是，不满 35 岁的人超重比例可能还要高。长期食用高热量、富含脂肪和碳水化合物的食品以及缺少运动，是超重现象日益普遍的主要原因。而超重的后果多种多样，如心血管疾病，关节病或是多种妇科及消化道癌症等。全球每年因肥胖造成的直接和间接死亡人数达 340 万，成为仅次于吸烟的第二个可预防的致死性危险因素。因此，肥胖症已成为当今普遍的社会医学问题！

随着经济发展，中国的肥胖问题日益严重。《中国居民营养与慢性病状况报告（2020 年）》显示，中国居民超重肥胖的形势严峻，成年居民超重率和肥胖率分别为 34.3% 和 16.4%；6~17 岁儿童青少年超重率和肥胖率分别为 11.1% 和 7.9%；6 岁以下儿童超重率和肥胖率分别为 6.8% 和 3.6%。随肥胖而来的是 2 型糖尿病、心血管疾病及癌症发病率的升高。儿童肥胖极易发展为成年肥胖，从而增加与代谢紊乱有关疾病的风险，如胰岛素抵抗、2 型糖尿病、脂肪肝、动脉粥样硬化、高血压和卒中；也与癌症、哮喘、睡眠呼吸暂停、骨关节炎、神经退行性病变和胆囊疾病的风险增加有关。

（2）肥胖的检测及危害

肥胖指机体由于生理生化机能的改变而引起体内脂肪沉积量过多，造成体重增加，导致机体发生一系列病理生理变化的病症。成年女性，若身体中脂肪组织超过 30% 即定为肥胖，而成年男性，则脂肪组织超过 20%~25% 即定为肥胖。

目前，用于测定标准体重最普遍与最重要的方法是测定体质指数（BMI）。BMI 的计算公式是：

$$BMI=\frac{体重（kg）}{身高^2（m^2）}$$

如果将 BMI 分为正常值、一级危险值、二级危险值和三级危险值，其范围如下：①正常值的范围应为：18.5~24.9；②一级危险值为：17.5~18.5；③二级危险值：16~17.5 和 30~40；④三级危险值：16 以下与 40 以上。达到三级危险值，患高血压、冠心病、糖尿病与肝胆疾病的概率很高。

肥胖的危害主要有：①肥胖者比正常者冠心病的发病率高 2~5 倍；②高血压的发病率高 3~6 倍；③糖尿病的发病率高 6~9 倍；④脑血管病的发病率高 2~3 倍；⑤肥胖使躯体各脏器处于超负荷状态，如导致肺功能障碍（脂肪堆积、膈肌抬高、肺活量减小）；骨关节病变（压力过重引起腰腿病）；还可能引起代谢异常，出现痛风、胆结石、胰脏疾病及性功能减退等；⑥肥胖者死亡率也较高，而且寿命较短。此外肥胖还易发生骨质增生、骨质疏松、内分泌紊乱、月经失调和不孕等；严重时会出现呼吸困难。

**拓展阅读 2：肥胖也分几种?**

我们都知道体质指数超过一定的数值或机体中的脂肪超过一定的含量就是肥胖，但肥胖也是不一样的，可分以下几个类型：①单纯性肥胖：是指体内热量的摄入大于消耗，致使脂肪在体内过多积聚，体重超常的病症，包括遗传和环境因素。②继发性肥胖：是由于内分泌或代谢性疾病所引起的，约占肥胖症的 5%。③腹部肥胖，俗称将军肚，称为苹果型——多发生于男性。④臀部肥胖，称为梨型——多发生于女性。腹部肥胖者要比臀部肥胖者更容易发生冠心病、中风与糖尿病。

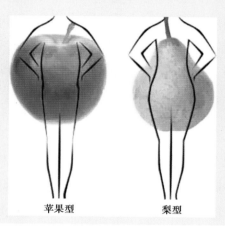

苹果型　　　　梨型

（3）肥胖的影响因素

肥胖受到饮食、遗传、劳作、运动、精神以及其他疾病等多种因素的影响，大部分患者能量摄入过多，能量消耗减少。当然，肥胖还与基因有关，科学家已经发现了与肥胖有关的基因超过 40 种。基因造成人类肥胖的原因也有很多种，但主要都和食欲有关。所以，饮食摄入和能量消耗是最关键的因素。有实验证明，下丘脑可以调节食欲中枢，它们在肥胖发生中起重要作用，精神过度紧张时，食欲受抑制；而兴奋时，胰岛素分泌增多，食欲通常亢进。

此外，生物钟与肠道微生物对肥胖也有影响。在有机体中，不管是细菌还是人类都有生物钟，生物钟可以帮助其同步每一天的生物活性。人类和小鼠机体中的肠道微生物也具有生物钟，而肠道微生物的生物钟则会被寄生宿主的机体生物钟所控制，宿主生物钟的打乱则会改变机体肠道微生物的节律及组成，从而引发肥胖和其他代谢类疾病的发生。由于反复性时差或轮班工作影响而引发生物钟长期紊乱的个体往往更易出现肥胖及其他代谢性障碍疾病，人类生物钟紊乱是最近生活方式改变的一个主要标志，比如个体长期轮班工作或者经历频繁的跨时区飞行，这些行为方式往往容易出现代谢紊乱的症状，从而引发一系列的机体疾病，比如肥胖、糖尿病、癌症及心脑血管疾病等。

美国芝加哥大学研究小组系统性研究了昼夜节律对健康和代谢的影响，发现无菌小鼠无论是吃高脂还是低脂饮食，因为没有微生物代谢产物的信号，其生物钟被打乱，不表现出肥胖。而传统喂养的老鼠在食用高脂饮食后，表现为微生物代谢产物信号紊乱，生物钟被打乱后造成肥胖。该研究强调高脂或低脂饮食下诱导的特定菌群代谢产物（化学分子）的合成，特别是短链脂肪酸，会直接调控肝细胞内生物钟基因的表达。这些代谢产物介导了菌群与宿主生物钟之间的"双向交流"，如图 3.1 所示。研究结果表明，"饮食、生物钟、肠道菌群"的"三角"关系决定了我们是胖还是瘦。但要知道，在受控的情况下研究小鼠（其具有明确的遗传、饮食和微生物群），与观察人类非常不同，因此研究结果可以作为参考，而不要过度解读这些发现。期望科学家早日发现致胖因素，从而找到抑制肥胖更有效的方法，造福人类。

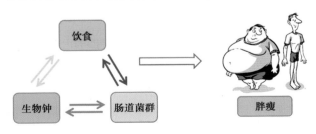

图 3.1　饮食、生物钟、肠道菌群决定胖瘦示意图

（4）体重管理

全球食物系统的变化和久坐不动的生活方式，或是肥胖流行的主因。全球不同地区的肥胖增长趋势存在差异，理解这些差异背后的原因有助于制订有效的干预策略。目前缺少有普适性的肥胖防治手段，由于激素、代谢和神经化学等复杂因素阻碍减肥、促进体重反弹，旨在减少能量摄入、增加能耗的行为干预通常长期效果不佳，应改变政策以促进减少食物中的脂肪、糖和盐的摄入。

浙江大学和中国人民解放军总医院团队联合开展的重要研究，通过部分代表过去 30 余年中国人饮食习惯变化的 3 种不同宏量营养素的组合，研究了脂肪、碳水化合物的不同比例对成年非肥胖的健康人体重管理的影响。在相同的能量摄入条件下，更高碳水化合物对体重管理最为有效！富含不易消化的碳水化合物的饮食可引起体重下降及肠道菌群结构变化，降低血清抗原负荷，减轻炎症，增加可促进肠道细胞更新的醋酸盐生成水平等。因此，饮食干预可以促进有益菌增殖，减少毒素产生，减轻肥胖患者的代谢恶化。

酸奶是由鲜牛奶发酵而成的，富含蛋白质、钙和维生素。尤其对那些因乳糖不耐受而无法享用牛奶的人来说，酸奶是个很好的选择。但有很多酸奶已经被制成了充满糖分和各种加工水果的"甜点"，在选择时要注意避开利用这些"包装"成的健康食品。因此，在购买时最好选择普通的酸奶，必要时自己加入一些水果。

如今，减肥手术也可作为减重治疗中最有效的手段之一，可以减小胃容积、降低空腹饥饿素水平、提高餐后肠促胰岛素水平。行为和饮食干预或结合其他手段如药物治疗，则可以长期维持体重管理。2018 年 JAMA 期刊发表了一项涉及 27 万人的 RCT 和观察性研究的系统综述，对行为和药物减肥干预的效果和安全性进行了汇总分析。该研究显示，基于行为的减肥干预，不论是否搭配药物干预，都有助于受试者减轻更多体重，减少患糖尿病风险，且没有明显的健康危害，而药物减肥可增加不良事件发生率。因此，不建议肥胖症人士（BMI 大于等于 30）考虑药物或手术减肥。对于减轻体重和保持体重，可以参照表 3.1、表 3.2 进行。

表 3.1　减轻体重

| | |
|---|---|
| 减肥辅导 | 在 6 个月内，现场参加由训练有素的专业人士指导的至少 14 节辅导课程（一对一或集体参与）；建议选择课程结构类似、实现全面网络教学干预且基于循证而设计的商业项目 |
| 饮食 | 低热量饮食（通常女性每天摄入 1 200~1 500 kcal，男性每天摄入 1 500~1 800 kcal），宏量营养素成分基于个人喜好和健康状况摄入即可 |
| 体育运动 | 体育运动每周至少 150 min 的有氧运动（例如快走） |
| 行为疗法 | 每日监控食物摄入量和体育运动，利用纸质日志或智能手机应用（App）促进记录；每周监控体重；规划好行为改变课程（如糖尿病干预计划），包括设定目标、问题解决和刺激控制等；定期反馈并接受训练有素专业人士的支持 |

表 3.2　保持体重

| 减肥辅导 | 每月一次或更频繁地接受由训练有素人士提供的专业减肥课程，以现场或电话方式参与，至少坚持 1 年 |
|---|---|
| 饮食 | 与已减轻体重相匹配的减热量饮食，宏量营养素成分基于个人喜好和健康状况摄入 |
| 体育运动 | 每周 200~300 min 的有氧运动（例如快走） |
| 行为疗法 | 根据需要，偶尔或频繁监控食物摄入和体育运动；每周或每天监控体重；接受包括问题解决、认知重建、复发预防等项目的行为改变课程；定期从训练有素专业人士那里得到反馈意见 |

推荐的生活方式干预方法是我们建议的减肥首选，从改变生活方式入手，更健康且可持续。重视减肥药物和手术的副作用，不要因此给身体带来新的伤害。

（5）具有减肥功能的物质

①碳水化合物。近年来，食品营养学界进行了很多与肥胖相关的研究，下面是我国学者的一项为期 6 个月的随机对照饮食试验。实验招募了 18~35 岁的健康人（BMI < 28）245 人，要求他们避免剧烈运动 6 个月，同时提供干预饮食。干预饮食按照一个 50 kg 的人，每天 1 500~2 000 kcal 可维持体重为原则，控制男性每日摄入 2 100 kcal 能量，女性则是 1 700 kcal 能量，每日能量主要来源于蛋白质、脂肪和碳水化合物 3 种宏量营养素，其中蛋白质供能占 14%，剩余供能分为 3 组，分别以脂肪（以大豆油为主）/碳水化合物（以米饭为主）的值不同而分：A 组 20% / 66%；B 组 30% / 56%；C 组 40% / 46%。6 个月后，3 组体重分别减少 1.6 kg、1.1 kg 和 0.9 kg，A 组腰围、总胆固醇等降低最多。由此可见，30 年前中国普遍的饮食习惯（高碳水化合物低脂肪）更利于国人控制体重，这与西方人不大一样。当饮食中没有足够的碳水化合物来满足身体对葡萄糖的强制性需求时，它可以通过葡萄糖的异生过程来合成。糖异生主要是用氨基酸（尤其是丙氨酸和谷氨酰胺）、乳酸或甘油来生成葡萄糖，而不是从脂肪酸或酒精来合成碳水化合物，这一点需要减肥的朋友重视，在低碳水化合物饮食中，必须要保证足够量的饮食蛋白质，否则，身体会因消耗体内的肌肉蛋白等重要的生命物质去满足糖异生。所以盲目的节食减肥可能很容易造成肌肉的丢失，而不是减掉脂肪。

表 3.3　常见水果含糖量（g/100 g）

| 食物 | 总糖 | 果糖 | 葡萄糖 | 蔗糖 |
|---|---|---|---|---|
| 蜂蜜 | 60.0 | 30.0 | 20.0 | 10.0 |
| 苹果 | 10.4 | 5.9 | 2.4 | 2.1 |
| 杏桃 | 9.2 | 0.9 | 2.4 | 5.9 |

续表

| 食物 | 总糖 | 果糖 | 葡萄糖 | 蔗糖 |
|---|---|---|---|---|
| 香蕉 | 12.3 | 4.9 | 5.0 | 2.4 |
| 无花果 | 18.5 | 7.1 | 11.0 | 0.4 |
| 葡萄 | 15.5 | 8.1 | 7.2 | 0.2 |
| 脐橙 | 8.6 | 2.3 | 2.0 | 4.3 |
| 桃 | 8.3 | 1.5 | 2.0 | 4.8 |
| 梨 | 9.8 | 6.2 | 2.8 | 0.8 |

爱吃甜食但又怕肥胖或者不健康也许会给我们带来烦恼。近来，市面上已出现了一些所谓的"代糖"食品，这些食品的特点是不加糖（如白糖、砂糖、蔗糖、葡萄糖等），而以代糖代替，使食品同样有甜味，食品的包装上通常标示着"无糖"，让人们既可以享受美食又能"甜得很健康"。代糖的种类很多，根据产生热量与否，一般可分为营养性的甜味剂（可产生热量），如山梨醇、木糖醇、甘露醇等，以及非营养性的甜味剂（无热量），如甜菊糖、三氯蔗糖、糖精、甜蜜素、阿斯巴甜等两大类。其中三氯蔗糖，俗称蔗糖素，是一种高倍甜味剂，也是目前最理想的甜味剂之一（图 3.2），是唯一以蔗糖为原料的功能性甜味剂，可达到蔗糖的甜度约 600 倍，但三氯蔗糖的摄入可能通过肠道菌群失调而增加发生组织炎症的风险，因此含有三氯蔗糖作为甜味剂的食品不宜长期食用。

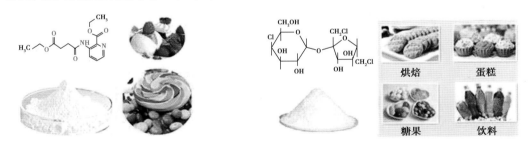

（a）阿斯巴甜　　　　　　　　　　　　（b）三氯蔗糖

图 3.2　阿斯巴甜和三氯蔗糖及其应用的食品

某些多糖和膳食纤维被称为益生多糖，其属于当下流行的益生元的一种，益生元是目前使用的一种膳食补充剂，它是一种不易消化的化合物，通过在肠道中被微生物代谢，能调节肠道菌群的组成和 / 或活性，以对宿主提供有益的生理作用。通过选择性的刺激一种或少数菌落中细菌的生长与活性而对宿主产生有益的影响从而改善宿主健康的不可被消化的食品成分。益生元包括功能性低聚糖类，如低聚果糖、低聚木糖、低聚半乳糖、低聚异麦芽糖等，多糖类（现阶段所发现的微藻，如螺旋藻、节旋藻等），一些天然植物（如蔬菜、中草药、野生植物等）的提取物等。其中，功能性低聚糖是最常见的一种益生元。益生元对人体有很多益处，首先被明确的就是增殖益生菌，调理肠道微生态平衡的作用。除此之外，摄入益生元还有增加肠蠕动、减少便秘，预防肠道感染、抑制腹泻，促进钙的吸收利用、减少骨质疏松症的发病率，降低甘油三酯和胆固醇含量、减少动脉粥样硬化和心血管疾病，缓解胰岛素拮抗、减少肥胖症和 2 型糖尿病及减少癌症的发病率等作用。

**拓展阅读 3：益生元该不该大量吃?**

目前，益生元因其对肠道的有益调理，正越来越多地被添加到各种饮品中。目前常用的益生元包括低聚果糖、低聚半乳糖、低聚异麦芽糖、低聚麦芽糖、菊粉等。益生元在一定程度上有益于肠道菌群健康，但许多商家通过夸大益生元的功效而达到营销噱头的目的，忽视了益生元也存在一定的副作用。2018 年 10 月，美国托莱多大学 Matam Vijay-kumar 博士的团队在期刊 *Cell* 上发表了水溶性膳食纤维的微生物发酵失调导致胆汁淤积形成肝癌的理论。在此次研究中发现，菊粉作为一种可溶性膳食纤维，长期摄入会严重损害小白鼠的肝脏，从而诱发肝癌。所以膳食纤维不能乱吃。该研究把"益生元"这一概念词推上了风口浪尖。其实凡事都有两面性，当商家以"益生元"为噱头宣传营销时，盲目夸大了所含"益生元"商品的效果，实验结果证明，"益生元"有其自身的局限，一味地跟风说好的观念是不对的。所以在准确结果出来之前，来历不明，缺乏科学依据，突然火起来的膳食纤维，不应该趋之若鹜，应当把握好"度"，谨慎使用。

②多酚类化合物。多酚类化合物因具有多个酚羟基而得名，其与抗性淀粉和多不饱和脂肪酸等物质可作为益生元补剂。多酚在一些植物中起到了呈现颜色的作用，比如秋天的叶子。多酚类物质具有很强的抗氧化作用，比如紫米中的花青素。花青素类物质是自然界一类广泛存在于植物中的水溶性天然色素，是花色苷水解而得的有颜色的苷元。水果、蔬菜、花卉中的主要呈色物质大部分与之有关。花青素的颜色随 pH 值变化而变化，pH < 7 时呈红色，pH = 7~8 时呈紫色，pH > 11 时呈蓝色。多酚也是可可豆中的天然成分，与其他食物相比，可可豆中多酚的含量较高。

**拓展阅读4：如何区别真假紫米？**

紫米遇到白醋

由于紫米中富含具有生物活性的花青素，市场上便出现了假紫米，怎样区别真假紫米呢？在白色纸巾上放上一粒紫米，将白醋滴在紫米上，待数分钟后，白色纸巾上出现紫红色的紫米即是真的，而无颜色变化的紫米则是假紫米。真正的好紫米（即一级紫米）出现的紫红色明显。其原理是紫米的种皮和糊粉层含有花青素，花青素遇到具有酸性的白醋后，会变成紫红色。而染色的紫米不含有花青素，因此，假紫米在颜色上不会有丝毫变化。这就是利用了花青素在酸性条件下成红色的道理。

植物和蘑菇有抗肥胖和抗糖尿病效果，许多植物和蘑菇（如灵芝）在传统中医和保健品中较为常见，其中包含抗氧化剂、纤维和其他植物化学物质，并以不同的方式实现抗肥胖和抗糖尿病效果。这些效果包括降低食欲，调节脂质吸收和代谢，增强胰岛素敏感性，生热作用和改变肠道菌群等。一些植物和蘑菇中的化学成分与已有的抗肥胖方法结合有助于减少肥胖及其并发症的发生。这些活性化学成分包含白藜芦醇、大豆异黄酮，槲皮素和人参提取物、绿茶提取物、甘草提取物、灵芝提取物等。

③其他有减肥作用的物质。餐桌上常见到的红薯中蛋白质、脂肪、碳水化合物的含量低于谷类，但其营养成分含量适当，营养价值优于谷类，它含有丰富的胡萝卜素和维生素B以及维生素C。红薯中含有大量的黏液蛋白质，具有防止动脉粥样硬化、降低血压、减肥、抗衰老的作用。红薯中还含有丰富的胶原维生素，有阻碍体内剩余的碳水化合物转变为脂肪的特殊作用。这种胶原膳食纤维素在肠道中不被吸收，吸水后使大便软化，便于排泄，可预防肠癌。胶原纤维与胆汁结合后，能降低血清胆固醇，逐步促进体内脂肪的消除。

甘草提取物

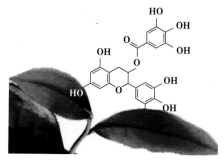

图3.3 甘草和绿茶及其提取物

近来比较受欢迎的粗粮荞麦中蛋白质的生物效价比大米、小麦要高；脂肪含量2%~3%，以油酸和亚油酸居多，各种维生素和微量元素也比较丰富。此外，它还含有较多的黄酮类物质，具有维持毛细血管弹性，降低毛细血管的渗透功能。常食荞麦面条、糕饼等面食有明显降脂、降糖、减肥的功效。

（6）减肥饮食的原则

近来，减脂餐、营养代餐等食品相继流行，当你拿到食品时，会不会看成分表和配料表呢？通过对食品化学成分和功能性成分的了解，能够帮助读者更健康地生活。下面总结一下减肥饮食的原则：①限制总热量，限制脂肪、碳水化合物并供给优质的蛋白质；②供给丰富多样的无机盐、维生素；③补充适量的活性化学物质如膳食纤维、多酚类化合物（可以从蔬菜水果等植物中获取）。相信控制饮食，结合适当运动与合理控制作息时间，我们一定能保持健康的体重。

**拓展阅读 5：生活中如何做到限制总热量？**

减少热量摄入并不需要很复杂的方法，只要在饮食方面注意以下几点：①少吃热量密度高、营养含量低的垃圾食品，比如高热量的快餐、含糖饮料（包括果汁）、各种深加工的高脂高糖的零食和甜点、含过多精制碳水化合物的食品等。吃过多的深加工食品，可能增加心血管、糖尿病和癌症等疾病的患病风险。因此，哪怕不是为了减少热量摄入，也应尽量避免食用这类食物。②多吃营养丰富、饱腹感高的天然食物，新鲜水果、蔬菜、全谷食物、豆类等，这些食物不仅含有多样化的营养素，还富含膳食纤维，有助于改善肠道菌群健康。③用低热量食物替代高热量食物，如用低脂牛奶替代全脂牛奶，用糙米替代精米，用瘦肉替代五花肉。虽然可能每种食品的替代能减掉的热量有限，但积少成多。④吃东西细嚼慢咽，给肠胃一些反应时间，食物进肚后引起的胃肠道扩张足以让人觉得饱足。⑤不吃夜宵可以改善代谢生物钟。⑥保持充足的睡眠和好心情，睡眠不足不仅会影响脂代谢，还会降低饱腹感，而长期压力或负面情绪会让人渴求高热量食物。

### 3.1.3 前驱糖尿病

（1）糖尿病

糖尿病是由于体内胰岛素不足而引起的以糖、脂肪、蛋白质代谢紊乱为特征的常见慢性病。糖尿病会引起并发症。患糖尿病 20 年以上的患者中有 95% 出现视网膜病变，糖尿病患者患心脏病的风险较正常人高 2~4 倍，患中风的风险高 5 倍，一半以上的老年糖尿病患者死于心血管疾病。除此之外，糖尿病患者还可能患肾病、神经病变、消化道疾病等。

糖尿病的症状包括多食、多尿、多饮、体重减少等。多食是由于葡萄糖的大量丢失、能量来源减少，患者必须多食补充能量来源。不少人空腹时出现低血糖症状，饥饿感明显，心慌、手抖和多汗。多尿由于血糖超过了肾糖阈值而出现尿糖，尿糖使尿渗透压升高，导致肾小管吸收水分减少，尿量增多。多饮则是糖尿病人由于多尿、脱水及高血糖导致患者血浆渗透压增高，引起患者多饮，严重者出现糖尿病高渗性昏迷。而体重减少则为非依赖型糖尿病，早期可致肥胖，但随着时间的推移出现乏力、软弱、体重明显下降等现象，最终导致消瘦。

图 3.4　糖尿病的症状

20 世纪 80 年代，中国糖尿病的发生率只有 1%，到了 90 年代就有 3 倍的增加，现在更是接近 10%，糖尿病相关疾病死亡率也居高不下，尽管农村地区糖尿病发生率低于城市，但相关死亡率更高。而饮食和生活方式的变化应该是促进糖尿病流行的主要原因。因此，中国和其他国家一样都很有必要推动防控糖尿病的工作。

（2）前驱糖尿病

前驱糖尿病是指在患有高血糖症和低血糖症的患者中存在的葡萄糖代谢障碍，但其并未达到糖尿病的诊断标准。每年有 5%~10% 的前驱糖尿病患者会发展为糖尿病，整体上约 70% 的前驱糖尿病患者会罹患糖尿病。研究前驱糖尿病的发生与发展将有助于揭示早期糖尿病的发生机理，并明确其对生命活动和患者健康的影响，从而可以通过改变饮食习惯、应用膳食补充剂和进行体育锻炼逆转前驱糖尿病。

生活方式改变对前驱糖尿病有帮助效果。美国国家糖尿病、消化系统疾病和肾病研究所的一项持续 10 年的研究表明：减重 7%，每周增加 150 分钟运动量，能减少发病率。并且，饮食习惯也会改变患病风险，少吃增加风险的食物，包括加工肉类、细粮、糖果等，尽量选择减少风险的食物，如全谷物类、坚果、水果等。在日常食物搭配中，可以在标准饮食之外额外加入保护性食物。中国前驱糖尿病患者约 1.45 亿人，应该如何预防前驱糖尿病呢？糖尿病患者体内碳水化合物、脂肪和蛋白质均出现程度不一的紊乱，由此会引起一系列并发症。开发功能性食品的目的在于要保护胰岛功能，改善血糖、尿糖和血脂值，使之达到或接近正常值，同时要控制糖尿病的病情，延缓和防止并发症的发生与发展。因此为减少前驱糖尿病的风险要注意：①体重管理；②规律的生活方式；③减少环境污染；④健康饮食，获取足够的维生素、微量元素与活性物质。

（3）具有调节血糖功能的物质

①糖醇类。糖醇类是糖类的醛基或酮基被还原后的物质，是一种特殊甜味剂。重要的有木糖醇、山梨糖醇、甘露醇、麦芽糖醇、乳糖醇、异麦芽糖醇等，它们具有以下特点：有一定甜度，但都低于蔗糖的甜度，因此可适当用于无蔗糖食品中低甜度食品的生产；热值大多低于（或等于）蔗糖，糖醇不能完全被小肠吸收，其中有一部分在大肠内由细菌发酵，代谢成短链脂肪酸，因此热值较低，适用于低热量食品或作为高热量甜味剂的填充剂。糖醇类在人体的代谢过程与胰岛素无关，不会引起血糖值和血中胰岛素水平的波动，可用作糖尿病和肥胖患者的特定食品。

②蜂胶。蜂胶是蜜蜂从植物叶芽、树皮内采集所得的树胶混入工蜂分泌物和蜂蜡而成的混合物，主要成分：树脂 50%~55%，蜂蜡 30%~40%，花粉 5%~10%。主要功效成分有黄酮类化合物，包括白杨黄素、山奈黄素、高良姜精等。由于原胶（即从蜂箱中直接取出的蜂胶）中含有杂质而且重金属含量较高，因此不能直接食用，必须经过提纯、去杂、去除重金属（如铅）之后才可用于加工生产各种蜂胶制品。此外，蜂胶的来源和加工方法对蜂胶的质量影响很大。

蜂胶具有调节血糖的功能。能显著降低血糖，减少胰岛素的用量，能较快恢复血糖正常值。消除口渴、饥饿等症状。并能防治由糖尿病所引起的并发症。蜂胶本身是一种广谱抗菌素，具有杀菌消炎的功效。糖尿病患者血糖含量高，免疫力低下，容易并发炎症，而蜂胶可有效控制感染，使患者病情逐步得到改善。

③番石榴叶提取物。在日本、中国台湾和东南亚亚热带地区，民间将番石榴的叶

子用作糖尿病和腹泻药已有很长时间。番石榴叶提取物的主要成分是多酚类物质，还含有皂苷、黄酮类化合物、植物甾醇和若干精油成分。将番石榴叶的 50% 乙醇提取物按 200 mg/kg 的量经口授于患有 2 型糖尿病的大鼠，其血糖值有类似于给予胰岛素后的下降，显示有类似胰岛素的作用。

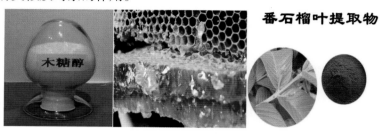

图 3.5　调节血糖功能的物质

④其他。20 世纪 70 年代日本即用南瓜粉治疗糖尿病，但至今对南瓜降糖的作用机理并不明确。铬（三氯化铬）主要作用是协助胰岛素发挥作用，缺乏后可使葡萄糖不能充分利用，从而导致血糖升高，有可能导致 2 型糖尿病的发生。

### 3.1.4　心理亚健康

（1）概述

根据世界卫生组织对健康四位一体，即躯体健康、心理健康、社会适应性健康、道德健康的全新定义，心理亚健康是指在环境影响下由遗传和先天条件所决定的心理特征，如性格、喜好、情感、智力、承受力等造成的健康问题，是介于心理健康和心理疾病之间的中间状态。主要表现为不明原因的脑力疲劳、情绪障碍、思维紊乱、恐慌、焦虑、自卑以及神经质、冷漠、孤独、轻率等。情绪性障碍有多种表现形式，其中主要包括单相抑郁和双相情感障碍。抑郁症不仅是精神疾病中的"普通感冒"，更是一种普遍存在的疾病，影响着人类健康和社会经济。在欧洲，治疗抑郁症的花费占到了精神和神经疾病总花费的三分之一。

尽管不是所有的抑郁症都是由社会心理压力下的负面生活事件所诱发，但在多数情况下，遗传和早期生活的不良事件容易引发该疾病。抑郁的核心特征为情绪低落、缺乏快感和丧失感受快乐的能力。尽管焦虑可以被归为另一类疾病，但它是大多数抑郁症的一个常见重要特征，一般表现为焦虑综合征、惊恐症或者强迫症。在欧洲及其他国家，当前治疗重度抑郁的药物主要作用于单胺系统（儿茶酚胺和血清素系统）。但这些药物的局限性在于起效慢且有高达 40% 的患者对治疗无反应。

心理疗法单独使用或者是联合药物使用同样具有局限性。认知行为治疗和正念治疗是最广泛应用和研究的心理治疗方法。在过去的几十年中，炎症在抑郁症的病理生理学中的作用及确诊的抑郁症易感性中备受关注。有趣的是，从营养角度来看，与标准的北欧饮食相比，地中海饮食被认为具有抗炎效应且与较低的抑郁发病率相关。欧洲和其他地方的饮食模式在饮食结构上发生了很大的改变，红肉、高脂食物以及精糖摄入大量增加。这些西式饮食和久坐的生活方式导致了肠道菌群的改变，这在某种程度上促进了慢性炎症性相关疾病，比如心血管疾病、肥胖、炎症性肠病以及抑郁等疾病的发病率升高。长期以来的流行病学研究证实了饮食中富含水果、蔬菜、谷物以及鱼类对抑郁具有一定的缓解作用，而精加工食物和高糖食品更容易导致抑郁。

（2）饮食中含有的治疗抑郁症成分

①多不饱和脂肪酸。脑是一个富含脂质的器官，包含许多复杂的极性磷脂、鞘脂、神经节苷脂和胆固醇。脑中的甘油磷脂富含多不饱和脂肪酸（PUFA），主要包括 $\Omega$-3 脂肪酸二十二碳六烯酸（DHA）和 $\Omega$-6 脂肪酸、花生四烯酸（ARA）。食物中 $\Omega$-3 脂肪酸来自鱼油，而且有流行病学证据支持那些吃鱼较多的人患心血管疾病的概率较低。如今，$\Omega$-3 脂肪酸对抑郁症的影响成为关注的焦点。研究显示，在鱼类消费量较高的国家，抑郁症的发病率较低。

②益生菌。长期以来认为发酵食品有益健康，近年来逐渐认识到发酵食品对精神健康也有益处。益生菌治疗胃肠道失调非常普遍。一些以安慰剂为对照的研究表明，用双歧杆菌治疗抑郁症有效，或许这是因为高达 40% 的胃肠道失调患者并发抑郁症，而很多双歧杆菌具有抗炎活性。使用益生菌治疗重度抑郁的主要机制在于它们抑制了抑郁相关促炎分子。

③膳食纤维。益生元是可以增加好的益生菌（如双歧杆菌）并被微生物代谢的纤维。蔬菜中如芹菜、洋姜、大蒜等都发现了益生元。大量的小型临床实验已经发现特定的益生元对心理预后有效。通过益生元的摄入来重塑菌群能够影响行为预后。补充反式低聚半乳糖益生元不仅能够增强双歧杆菌的生长还能够改善腹胀症状，而且有显著降低抑郁症患者焦虑的作用。高纤维饮食可以减少抑郁症状。

④多酚。多酚是植物中最多的一类植物素，多酚类化合物白藜芦醇被发现具有强有力的中枢神经系统激活作用。在动物抑郁症模型中，白藜芦醇可显著降低抑郁行为，同时降低皮质醇和促炎因子的释放。此外，它还可通过去乙酰化酶发挥抗氧化活性，微生物可以代谢乙酰化酶并影响肠道拟杆菌和厚壁菌门的比例。多酚类化学成分姜黄素可以发挥许多生物和药理作用。与安慰剂相比，姜黄素能够降低抑郁症患者唾液中的皮质醇水平。

## 3.2 化学与药物

药物是人类长期生产实践中不断积累起来的一些对疾病具有预防、治疗作用的物质，不管是成分极为复杂的中药复方，还是成分单一的西药，其药效的物质基础都是化学成分。药物的发明，使过去曾严重危害人类健康和生命的细菌感染、病毒感染和寄生虫类疾病得到了有效控制，保障了人类的健康。但是，心脑血管疾病、癌症和老年性疾病仍严重危害现代人类的健康，药物研究任重道远。

### 3.2.1 药物概述

**拓展阅读 6：药物的起源**

> 人类自诞生之日起，就担负着与各种疾病斗争的使命，从此走上了寻找治病药物和医病方法之路。《神农本草经》是中医四大经典著作之一，作为现存最早的中药学著作，起源于神农氏。
>
> 黄帝知道自然界有很多东西都可以用来治疗疾病，便命雷公，岐伯二人经常留意山川草木，虫鸟鱼兽，看它们如何生存。经过长时间的积累，中华民族一部医药著作——《祝由科》就这样产生了。后人在这部医药著作的基础上去伪存真，不断增补，逐渐形成了后来的《黄帝内经》。它与《神农草本经》同为中医四大经典著作。它们不但在历史上对我国人民保健事业作出了巨大贡献，而且直到现在还起着指导中医临床实践的作用。

（1）概述

①药物的名称。药物是指用于预防、治疗和诊断疾病的物质。我们一起来了解一下药品包装上那些五花八门的药品名称。化学名：是根据药品的化学成分确定的化学学术名称。通用名：是国家药品监督管理局核定的药品法定名称，与国际通用的药品名称、我国药典及国家药品监督管理部门颁发药品标准中的名称一致。商品名：是药品生产厂商自己确定，经药品监督管理部门核准的产品名称，在一个通用名下，由于生产厂家的不同，可有多个商品名称，如图 3.6 所示。

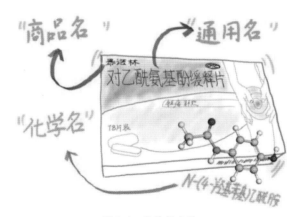

图 3.6　药物的名称

②处方药与非处方药。处方药是指必须凭执业医师或执业助理医师处方才可调配、购买和使用的药品。非处方药是指由国务院药品监督管理部门公布的，不需要凭执业医师或执业助理医师处方，消费者可以自行判断、购买和使用的药品，通常非处方药比处方药的安全性要高一些。

非处方药的包装必须印有国家指定的非处方药专有标识（OTC）。OTC 标识又分为红色和绿色两种，甲类非处方药标识为红底白字，乙类非处方药标识为绿底白字。绿色的表示药品的安全性更高一些。非处方药应在药品包装或药品使用说明书上醒目地印有以下忠告语：请仔细阅读药品说明书并按说明书使用或在药师指导下购买和使用。

③中药和化学药。中药是在中医药理论指导下，用以防病、治病的药物总称。中药的内涵应具备与中医药理论体系相适应的特征，包括药物本身性能、药物功效、药物配合使用等方面。中药包括中药材、中药饮片和中成药，为中药行业的三大支柱。中药之所以历经数千年而不衰，至今在医疗保健中发挥着不可替代的作用，并且在世界传统医药领域处于领先地位，是由自身理论的科学性和优势所决定。随着疾病谱的变化，老龄化社会的到来和健康观念的转变，中医药学的优势越发明显，其科学性和先进性越来越被学术界、产业界所重视。

中药发挥药效的物质基础一定是其中包含和 / 或加工过程中产生的化学成分的协同结果，由于中药多以复方配伍，药材种类繁多，药效成分研究难度很大。简单的中药单方研究相对简单，但数量很少。我国第一个获得自然科学类诺贝尔奖的屠呦呦教授，从中药单方青蒿中发现了青蒿素，为人类带来了一种全新结构的抗疟新药，解决了长期困扰人类的抗疟治疗失效难题。这就是中药化学处方研究的一个典范。

化学药物是指具有治疗、缓解、预防和诊断疾病，以及具有调节机体功能的化合物，俗称"西药"。化学药物具有确定的靶向作用位点、确定的物质基础、确定的临床前药理研究基础和确定的临床试验基础等特点。化学药物的发现始于200多年前，1799年，戴维首先发现笑气（$N_2O$）具有麻醉镇痛作用，之后人们相继发现乙醚、氯仿、环丙烷等一系列麻醉药物。化学药物的起源和发展首先应归功于天然药物，进入19世纪以后，掀起了从天然药物中分离有效成分的热潮，1805年从鸦片中分离到纯的吗啡；1818年，从金鸡纳树皮中分离得到治疗疟疾的药物奎宁；1833年从颠茄中得到阿托品等大批生物碱类药物。1899年第一个人工合成化学药物阿司匹林作为解热镇痛药上市，标志着人类可以用化学合成的方法改造天然化合物的结构，以研制出更理想的药物，由此"药物化学"诞生。20世纪以后，激素类、维生素类、磺胺类、抗生素类药物被相继发现；20世纪50年代以后，治疗心血管疾病及抗肿瘤药物的研发进入高潮。2020年版《中国药典》化学药收载2 712种。

（2）著名的化学药物

①阿司匹林——百年神药。早在1853年，夏尔·弗雷德里克·热拉尔就用水杨酸与乙酸酐合成了乙酰水杨酸，但没能引起人们的重视。40多年后，德国化学家费利克斯·霍夫曼又合成了乙酰水杨酸，并为他父亲治疗风湿关节炎，疗效极好。

阿司匹林于1898年上市，它还具有抗血小板凝聚的作用，于是重新引起了人们极大的兴趣。将阿司匹林及其他水杨酸衍生物与聚乙烯醇、醋酸纤维素等含羟基聚合物进行熔融酯化，使其高分子化，所得产物的抗炎性和解热止痛性比游离的阿司匹林更为长效。

1899年德莱塞将乙酰水杨酸应用到临床，并取名为阿司匹林（Aspirin），阿司匹林应用已超百年，成为医药史上三大经典药物之一，至今它仍是世界上应用最广泛的解热、镇痛的抗炎药，临床上也用于预防心脑血管疾病的发作。

②青霉素——"二战神药"。青霉素又称青霉素G，由青霉菌的培养液中分离得到，青霉菌的培养液中还可得到青霉素F，青霉素X，青霉素K等，因青霉素G较稳定，抗菌作用较强，产量较高，最常用于临床。青霉素是人类历史上第一个用于临床的抗生素，在其被发现之前，细菌感染对人类是致命威胁。美国制药企业于1942年开始对青霉素进行大批量生产。当时正值第二次世界大战，这种新的药物对控制伤口感染非常有效，挽救了数百万士兵的生命，被誉为"二战神药"。1945年，弗莱明、弗洛里

和钱恩因"发现青霉素及其临床效用"而共同荣获了诺贝尔生理学或医学奖。化学家将青霉素 G 的 R 侧链改造成其他基团，得到了许多疗效更好的衍生物，如目前临床上广泛使用的氨苄青霉素（氨苄西林）和羟氨苄青霉素（阿莫西林）。

青霉素 F：R $= CH_3CH_2CH = CHCH_2-$

青霉素 G：R $=$ ⬡$-CH_2-$

青霉素 X：R $=$ HO$-$⬡$-CH_2-$

青霉素 K：R $= CH_3(CH_2)_5CH_2-$

二氢青霉素 F：R $= CH_3(CH_2)_3CH_2-$

青霉素 V：R $=$ ⬡$-OCH_2-$

消炎药和抗生素是两类不同的药物，消炎药一般多用于非感染性的炎症，抗生素多用于感染性炎症。事实上，抗生素不是直接针对炎症来发挥作用，而是针对引起炎症的各类细菌，有的可以抑制病原菌的生长繁殖，有的则能杀灭病原菌。一定要明晰药物概念并合理用药，否则，对于抗菌药来说，就会导致细菌的耐药性；对于消炎药来说，可能造成人体对药物的耐受性。

青蒿素　　　　　　　　蒿甲醚

③青蒿素——中药科学研究的丰碑。疟疾曾是一种严重危害人类健康和生命的世界性流行病，世界的一些地区，疟疾仍然严重危害着当地人的健康。在青蒿素被发现和应用之前，另一个 1820 年来自于金鸡纳树皮的"抗疟神药"奎宁曾经为人类的健康做出了杰出贡献，但是随着人体产生了耐药性，奎宁的抗疟作用大大降低。

为开发新型抗疟药物，我国科学家屠呦呦（图 3.7）经过多年研究，于 1972 年首次从菊科植物青蒿中分离得到抗疟活性高、起效快的抗疟新药青蒿素，这是我国第一个具有自主知识产权的创新药物。这个全新的抗疟药物，挽救了数百万人的生命。屠呦呦也于 2011 年获得拉斯克奖，2015 年获得诺贝尔生理学或医学奖，2016 年获得中国国家最高科学技术奖。将青蒿素进行结构修饰，得到了抗疟疗效更好、毒性更低的蒿甲醚。

图 3.7　屠呦呦获 2015 年诺贝尔生理学或医学奖

④紫杉醇——重磅炸弹。世界卫生组织报道，全球每年新增癌症患者超过 1 000 万，每年死于癌症的患者在 900 万以上。癌症对人类的生命和健康构成了严重威胁。为征服癌症，寻找安全且有效的抗肿瘤新药，科学家将目光投向了自然界的天然产物。Monroe E.Wall 博士和合作者通过活性追踪实验对太平洋红豆杉树皮进行了有效成分的提取分离工作，于 1967 年 6 月，得到了一种白色晶体，并将之命名为紫杉醇。1974 年发现紫杉醇对黑色素瘤 B16 具有很好的活性，1979 年发现了紫杉醇独特的抗肿瘤作用机制。1982 年完成了毒理学研究，随后经过临床试验，1992 年 12 月，美国食品药品监督管理局（FDA）批准紫杉醇上市，1994 年紫杉醇销售额即达 4 亿美元，2000 年销售额更是高达 16 亿美元，创下单一抗肿瘤药销售之最，紫杉醇因此被称为"重磅炸弹"。美国肿瘤研究所所长 Broder 博士曾经说过：紫杉醇是继阿霉素、顺铂之后的十五年来，人类与各种癌症相抗争时，疗效最好、不良反应最小的药物，可被称为"晚期癌症的最后一道防线"。

紫杉醇

（3）药用辅料

药用辅料是指在制剂处方设计时，为解决制剂的成型性、有效性、稳定性、安全性而加入处方中除主药以外的一切药用物料的统称。药物制剂处方设计过程实质是依据药物特性与剂型要求，筛选与应用药用辅料的过程。药用辅料是药物制剂的基础材料和重要组成部分，是保证药物制剂生产和发展的物质基础，在制剂剂型和生产中起着关键的作用。它不仅赋予药物一定剂型，还具有充当载体、提高稳定性、增溶、助溶、缓控释等重要功能，可以提高药物的疗效、降低药物的不良反应，其质量可靠性和多样性是保证剂型和制剂先进性的基础。

2020 年版《中国药典》收载药用辅料 335 种，常用的药用辅料如稀释剂主要有淀粉、糊精、糖粉、乳糖、甘露醇、微晶纤维素，以及一些无机钙盐，如硫酸钙、碳酸氢钙、碳酸钙等，湿润剂有蒸馏水和乙醇，黏合剂有淀粉浆（常用 8% ~15% 的浓度）、羟丙基纤维素（HPC）、甲基纤维素（MC，水溶性）和乙基纤维素等，崩解剂有干淀粉、羧甲基淀粉钠（CMS-Na）、低取代羟丙基纤维素（L-HPC）等，润滑剂有疏水性润滑剂硬脂酸镁、水溶性润滑剂聚乙二醇类与月桂醇硫酸镁，助流剂有微粉硅胶、滑石粉、氢化植物油等。

## 3.2.2　药物的正确使用

（1）合理用药

①如何对症下药。不同的疾病可能出现相同的临床症状，例如，细菌感染造成的腹泻用抗生素治疗是有效的，也是必要的。而由于消化不良、肠功能紊乱、内分泌障碍、肝、胆、胰功能低下等造成的腹泻用抗生素治疗就无效，应改用调整有关脏腑功能的相关药物。因此，对症下药是治疗疾病的首要问题。对症下药的"症"不但包括了症状，而且还包含了消除病因。消除症状是"治标"，消除病根是"治本"。

有时单纯消除症状是危险的。症状是机体受损害的反应，对分析病因具有积极的意义；症状也是人体对疾病的保护性反应。对于原因不明的症状，单纯地镇痛、提神、退热、镇咳、止吐、止泻等做法可能会造成延误诊断、加重病情的后果。当症状严重至危害生命时，治标显得比治本更迫切了。急则治其标，缓则治其本，条件允许时最好采用标本兼顾的措施。

②用药剂量的学问。一种药物在不同剂量下可能有不同的效果。例如，砒霜（$As_2O_3$）是著名的毒药，很少剂量可使人中毒，甚至死亡；但如果控制更少的用量，则可用来治疗白血病，这是哈尔滨医科大附属第一医院主任医师、哈尔滨医科大学终身教授张

亭栋首先发现并应用于临床治疗，被饶毅教授誉为中药两个科学研究丰碑之一，另一个就是已获诺贝尔生理或医学奖的青蒿素。

物质浓度的不同也可能有不同的效果。例如，酒精具有杀菌作用。浓度为75%左右的酒精杀菌效果最好，而纯酒精不但无杀菌作用，反而对细菌还有保护作用。在用药过程中要考虑药品浓度的影响，尤其在消毒、注射和输液等方面。此外，体重也可以影响药物的效果。

③合理选药。目前可供选择的药物种类繁多，并且有不同的剂型，使用时必须充分了解各种药物的适应证、不良反应和用药禁忌（慎用、忌用、禁用），根据患者实际情况，挑选安全、有效、经济的药物。药物的针对性越强，治疗效果越好，用量可以降低，副作用也会减少。选择药物时应该把毒副作用降到最小。药物的合理联用可以提高治疗效果，减少不良反应的发生。

（2）耐药性问题

抗生素滥用的后果非常可怕，长期使用某种抗生素治疗细菌感染时，抗生素的用量会随该药物使用时间的延长而不断增加，只有这样才能达到相同的治疗效果。这是因为细菌或寄生虫对该药的敏感性降低了，需要更高浓度的抗生素才能有效地杀灭或抑制它的生长与繁殖。因此，抗菌药物应在医生或药师指导下合理使用。

①耐药性的产生。20世纪50年代，人们发现了对青霉素有耐受性的金黄色葡萄球菌后，世界各地发现的耐药菌株逐年增加。以金黄色葡萄球菌、绿脓杆菌、痢疾杆菌、结核杆菌等病原菌的耐药性尤为突出。其中结核杆菌的耐药性令许多国家结核病又出现上升趋势，已成为当时世界头号传染病杀手。同样，肺炎链球菌或肺炎葡萄球菌的抗药性使肺炎变得越来越难治疗。

细菌对抗生素产生耐药性的方式有两种，一是以适应方式，二是以基因突变的方式，后者是关键。当某种抗生素攻击一群细菌时，如果药量不足，对该药高度敏感的细菌就会先死掉，剩下来的是稍具抗药性的细菌。这些"幸存者"，产生了结构、生理、生化的改变，抗药性会有所增强。这是生物体的适应性反应，以对抗抗生素的影响。

当它们繁殖了下一代后，由于变异，子代的抗药性会有不同。在抗生素浓度不足的情况下，发生同样的结果：抗药性差的被杀死，而抗药性最强的个体幸存。通过一代代的繁殖与死亡，幸存者的抗药性将越来越大。最后，在抗生素的"调教"下，细菌通过"死"的代价，"闯"出了一条生路，定向进化出了具有极强抗药性的菌株。

②怎样制服耐药性。刺探耐药性产生的秘密：目前发现细菌有以下5种耐药机制——细菌产生破坏抗菌药物结构的酶；细菌增加细胞壁障碍或改变细胞膜的通透性阻止抗

生素渗入细菌的细胞；药物作用靶位的改变；细菌主动泵出抗生素，减少细菌内药物的浓度；细菌对抗生素的杀菌效应产生耐受性。

制服耐药性：如合理使用抗菌药物，加强药政管理，寻找新的作用靶位和新颖化学结构的药物和基因治疗等。

### 3.2.3　家庭用药

家中配备一个医药箱（图 3.8）可起到有备无患的作用，但药物是把双刃剑，具有两面性，所以家庭备药一般应遵循相应的原则。

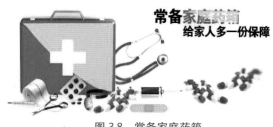

图 3.8　常备家庭药箱

（1）家庭备药一般应遵循的原则

①根据家庭人员的组成和健康状况。要特别注意准备老人和小孩的用药，严禁混入家庭成员过敏的药物。

②选择副作用较小、稳定性较高的老药。家庭成员长期用药者除外。

③选择疗效稳定、用法简单的药物。尽量备用口服药、外用药，尽量不选用法很复杂的药物，比如注射剂等。

④选择常见病、多发病用药。家庭备药一般只是应急，不可能面面俱到。

（2）家庭备药的主要种类

①解热镇痛药：如扑热息痛、去痛片等。

②感冒类药：如新康泰克、新速效伤风胶囊、白加黑、小儿感冒灵等。

③止咳化痰药：如咳必清、必嗽平、蛇胆川贝液、复方甘草片等。

④抗菌药物：如氟哌酸、左氧氟沙星、复方新诺明、乙酰螺旋霉素、罗红霉素等。

⑤胃肠解痉药：如普鲁本辛、颠茄合剂等。

⑥助消化药：如吗丁啉、多酶片等。

⑦通便药：如果导片、大黄苏打片、开塞露等。

⑧止泻药：如易蒙停、肠炎宁、思密达等。

⑨抗过敏药：如扑尔敏、开瑞坦等。

⑩外用消毒药：酒精、PVP碘、创可贴、消毒棉签等。

（3）贮存药品注意事项

①合理适量贮备：家庭备药除个别需要长期服用的药品外，常用药一般备三五日量即可，以免过多造成失效浪费。应密闭保存，放置于避光、干燥、阴凉处，以防变质失效。

②注意有效期：药品均应写明有效期，过了有效期不能再用。应定期对备用药品进行检查，及时更换。

③使用时注意外观变化：如片剂产生裂片、变色、糖衣片的糖衣粘连；胶囊剂的胶囊粘连、变形；丸剂粘连，霉变或虫蛀；散剂严重吸潮、结块、发霉；内服药水（尤其是糖浆剂，不论颜色深浅，都要求澄清）出现絮状物、沉淀物，甚至发霉变色、产生气体；眼药水变色、混浊；软膏剂有异味、油层析出等情况时，则不能再用。

④安全妥善保管：内服药与外用药应分别放置，以免忙中取错。药品应放在安全的地方，防止儿童误服。

（4）正确地服用不同剂型药品

常见剂型：冲剂，加开水溶解后冲服。胶囊，有软、硬及肠衣胶囊，均应整粒服用。片剂，薄膜片、普通片可嚼碎或溶化后服。肠溶片，也就是药片在胃内不溶解，只有到小肠才溶解，吸收，这样就减轻，甚至消除了对胃的刺激作用，所以肠衣片不可嚼碎或溶化后服用。

多层片：将不同种类的颗粒依先后次序填入模孔压制成的片剂称为多层片。多层片的每一层都由单独的质量控制装置和物料框架控制重量，一般可压制2~3层或多层。多层片必须整片吞服，否则破坏结构，影响疗效。

泡腾片：在我国是一种较新的药物剂型，与普通片剂不同，泡腾片利用有机酸和碱式碳酸（氢）盐反应做泡腾崩解剂，置入水中，即刻发生泡腾反应，生成并释放大量的二氧化碳气体，状如沸腾，故名泡腾片。

咀嚼片：于口腔中咀嚼后吞服的片剂。咀嚼片大小一般与普通片剂相同，可根据需要制成不同形状的异形片。所以泡腾片、咀嚼片应用水溶解或嚼碎后服用，以增加吸收面积，见效快。

（5）正确的用药常识

①用药姿势。口服药时宜取站位，不宜躺着服药，躺着服用可能会使药物黏于食管。

舌下含服,应将药品放在舌下,不要吞咽,不要饮水,要任其自然溶解。不要捏鼻子喂药,否则易使药物呛入气管或支气管,轻则咳嗽,重则发生窒息。滴眼药水应取半躺位,点 1~2 滴后,轻闭双眼 5 分钟,使药物充分吸收。

②用什么水送服。送药最好用白开水。对于绝大多数药物来说,白开水是最好的。茶水内含有大量的鞣质,容易和药品中的蛋白质、生物碱、金属离子等发生相互作用。如含铁的补血药,鞣质和铁结合会产生沉淀,阻碍铁的吸收;含蛋白质的消化酶类制剂,也会与鞣质结合而降低药效。茶叶中的咖啡因对镇静安神类药品有对抗作用,也会降低其药效。所以建议不要用茶水送服药物,同样含咖啡因的饮料也不适合。

牛奶含有蛋白质和钙,一方面可使药物失效,另一方面药物也可能让蛋白质变性,从而失去牛奶的营养价值。橙汁对一些由肝脏代谢的药物有干扰,例如调节血脂的他汀类药物和环孢素等,所以,不建议用果汁送服上述药物,在服药期内,也尽量不要饮用果汁。

③水温选择。用白开水送服药物是基本常识,但有些人喜欢用 50~60 ℃以上的热水服药,使部分药品遇热后发生物理或化学反应,进而影响疗效。助消化类药物,如胃蛋白酶合剂、胰蛋白酶、多酶片、酵母片等,均含有助消化的酶类。酶是一种活性蛋白质,遇热后会凝固变性。活疫苗类药物,如小儿麻痹症糖丸,含有脊髓灰质炎减毒活疫苗,服用时应用凉开水送服,否则疫苗灭活,不能起到免疫机体、预防传染病的作用。含活性菌类药物,如培菲康、整肠生、妈咪爱、合生元(儿童益生菌冲剂)、丽珠肠乐等,均含有活性菌,遇热后活性菌会被破坏。

## 3.3　化学与化妆品

自人类存在起化妆品就出现了,回溯到原始时代,那时候的人就已经知道护肤。在原始部落的祭祀活动中,他们喜欢把动物的油脂涂在自己的皮肤上,因为这样会使自己的肤色看起来有光泽,这就是人类最早的护肤行为。化妆品已是人们生活中不可缺少的一部分,化妆是一门艺术,正确地美容化妆,技巧与科学地选用化妆品能将人体的某些优点加以美化和突出,对于人体的某些缺陷也可以加以掩饰和补救,美容化妆还能医治某些皮肤病、保护皮肤健康、增进皮肤的光滑和美丽,因此化妆品在日常生活中非常常见,如图 3.9 所示。

图 3.9　琳琅满目的化妆品

### 3.3.1　化妆品与人体健康的关系

化妆品与药物不同，药品直接起治疗作用，一般在治愈后即停药，很少长期使用。而化妆品则经常使用，甚至要天天搽抹，是连续地、直接地与皮肤接触。这就要求化妆品对人体皮肤不能有任何损害。尽管化妆品配制所用的原料一般说来都安全可靠，但是也有些人的皮肤会对某些化妆品产生过敏现象。

为确保安全，在换用新化妆品时，应先在自己皮肤上做一下过敏性试验，证实皮肤对化妆品无过敏反应时方可使用。在每日使用的化妆品中，会含有超过百种的化学物质，长期累积可使其中的有害成分对健康产生不利影响或对皮肤产生看不见的破坏作用。化妆品的组成有矿物油脂、香料、表面活性剂、防腐剂、乳化剂、焦油系列色素、避光剂等，有的具有直接刺激性；有的是致敏源，能引起接触过敏性皮炎；有的含有类固醇激素，导致皮肤色素改变；有的内含重金属（如铅、砷、汞等），会引起慢性中毒。保湿霜、润肤露中含有羟基苯甲酸酯，可能诱发乳腺癌、皮炎等。洗发水中含有十二烷基硫酸钠等起泡成分，会刺激皮肤。

尼泊金酯类防腐剂广谱抗菌，稳定性强，在酸性和碱性情况下都能抗菌，在高温和低温下均能有效对抗革兰氏阳性及阴性菌，所以成了各大护肤品牌的不二选择。但有报道尼泊金酯会在人体内累积，增加女性患乳腺癌和子宫癌的风险，在大量乳腺癌患者的病理切片中发现有大量尼泊金酯的残留。也有的产品使用松树皮提取物、杨柳提取物、迷迭香提取物等天然植物提取物作为防腐剂，不仅具有抗菌抑菌的作用，还对皮肤有调理作用，一举数得，但因价格昂贵无法得到广泛使用。

总的来说，化妆品对人体的危害包括产生过敏、引起皮肤细菌感染、引起皮炎、有毒物质被吸收进体内引起慢性中毒、劣质化妆品在阳光下产生"光毒性"反应。防止化妆品的危害包括不使用变质的、劣质的化妆品、要防止过敏反应、应根据气候使用不同类型的化妆品。少女要选用专用化妆品、化妆品避免吃进体内、睡觉前要卸妆、选用适当的化妆品。

## 3.3.2　化妆品的有效成分

（1）化妆品中常用保湿成分

①多元醇类。包括甘油、丙二醇、山梨醇等，如甘油能从空气中吸收水。但是由于甘油具有保水作用，它可以增加血容量，以致引起头晕、恶心等症状。这些症状在妊娠、高血压、糖尿病、肾病等血容量或血压本身就比较高的情况下，更加明显。因此，当患上述疾病或处在妊娠这样一个特殊生理时期时，请避免使用甘油。

透明质酸，又名玻尿酸，由葡糖醛酸和 N—乙酰氨基葡糖形成的多糖。它是 1934 年美国哥伦比亚大学眼科教授 Meyer 等首先从牛眼玻璃体中分离出，现在主要通过微生物发酵制取，它能携带 500 倍以上的水分，为目前所公认的最佳保湿成分，目前广泛地应用在保养品、化妆品中。使用透明质酸的人偶尔出现荨麻疹、皮疹瘙痒感时，应停药，适当处理。

②吡咯烷酮羧酸钠。也称为表面活性剂 PCA-Na，L- 焦谷氨酸钠，焦麸酸钠等，是氨基酸衍生物，为人体自然保湿因子的重要成分之一，吸湿性高，且无毒、无刺激、稳定性好，是近代护肤护发理想的天然化妆保健品，可使皮肤、毛发具有润湿性、柔软性、弹性及光泽性、抗静电性。其保湿能力比甘油、丙二醇、山梨醇这些传统保湿剂都要强一些。还能做角质软化剂，对皮肤"银屑病"有良好的治疗作用。

③乳酸钠。无色或微黄色透明黏稠液体。熔点 17 ℃，有吸湿性。能与水、乙醇或甘油任意混合。乳酸钠水溶液偏弱酸性，pH 值为 6~7。乳酸钠是天然保湿因子，被广泛用作护肤品的滋润剂，能使皮肤保持水分，减少皱纹。也可作为保湿剂用于各种浴洗用品中，如沐浴液，条状肥皂和润肤蜜。乳酸钠能非常有效地治疗皮肤功能紊乱。

④尿囊素。也称 5- 尿基乙内酰胺、脲基醋酸内酰胺等，纯品是一种无毒、无味、无刺激性、无过敏性的白色晶体，具有避光、杀菌防腐、止痛、抗氧化作用，能使皮肤保持水分，滋润和柔软，是美容美发等化妆品的特效添加剂，广泛用作雀斑霜、粉刺液、香波、香皂、牙膏、刮脸洗剂、护发剂、收敛剂、抗汗除臭洗剂等的添加剂。

⑤神经酰胺。神经酰胺是近年来开发出的最新一代保湿剂，是一种水溶性脂质物质，其构成皮肤角质层的物质结构相近，能很快渗透进皮肤，和角质层中的水结合，形成一种网状结构，锁住水分。

此外，甲壳质衍生物、芦荟、胶原蛋白、海藻提取物等都具有保湿作用。

（2）防晒化学成分

防晒类化妆品分物理防晒和化学防晒两种，化学防晒品是以高级脂肪酸或高级脂肪醇的酒精及水溶液外加对氨基苯甲酸等吸收紫外线的制剂。物理防晒的有效成分是安全、无毒的二氧化钛。一定粒度颗粒的 $TiO_2$ 能很好地屏蔽紫外线。从对人体皮肤健康的角度来说，物理防晒优于化学防晒。从化学成分角度，可分为无机防晒成分：氧化锌、二氧化钛等，通过反射、散射减少紫外线起效；有机防晒成分：甲氧肉桂酸辛酯（OMC）和羟苯并唑等，通过吸收紫外线，将辐射能转化为热能起效。

（3）美白化学成分

①曲酸。又名曲菌酸、麹酸，化学名称为5-羟基-2-羟甲基-1,4-吡喃酮，存在于酱油、豆瓣酱、酒类的酿造中，在许多以曲霉发酵的发酵产品中都可以检测到曲酸的存在。曲酸除了具有美白作用，还具有清除自由基、增强细胞活力、食品保鲜护色等作用，被广泛地应用于医药和食品领域。

曲酸是一种黑色素专属性抑制剂，它进入皮肤细胞后能够与细胞中的铜离子络合，改变酪氨酸酶的立体结构，阻止酪氨酸酶的活化，从而抑制黑色素的形成。曲酸类美白活性剂较其他美白活性剂具有更好的酪氨酸酶抑制效果。它不作用于细胞中的其他生物酶，对细胞没有毒害作用，同时它还能进入细胞间质中，组成胞间胶质，起到保水和增加皮肤弹性的作用。目前已被加入各种化妆品中，制成针对雀斑、老年斑、色素沉着和粉刺的美白化妆品。

②果酸。存在于多种天然水果或酸奶中的有效成分，包含葡萄酸、苹果酸、甘醇酸、柑橘酸及乳酸等，其中以自甘蔗中提炼的甘醇酸运用最广。由于果酸的优异功效，时至今日，已是全球皮肤科医师应用在辅助治疗及居家保养上最常用的手段之一。

甘醇酸，又称为甘蔗酸、乙二醇酸，最早在甘蔗中萃取而得，是果酸产品中应用最广的一员。甘醇酸具有果酸中最小的分子量（76），因此最容易渗透皮肤表层，吸收的效果也较为明显，是最常被用在换肤使用的果酸之一。乳酸有果酸中的第二小的分子量（90），因为保湿度好、天然成分不会刺激人体皮肤，所以被广泛用于改善肌肤干燥及角化现象。

**拓展阅读7：使用果酸美白的注意事项**

使用果酸美白要注意：①果酸本身就可以去除角质，不需要再使用去角质的产品，也不要蒸脸，不要过度按摩，以免皮肤受伤。洗脸动作尽量轻柔，避免刺激到皮肤。高浓度的果酸与维生素 C 都属于 pH 值较低的产品，不建议同时使用。②使用果酸时，皮肤因为角质层较薄，有可能对一些外来刺激较敏感，如日晒、风吹及一些含酒精、去角质成分的化妆保养品等。增加一些保护措施，如使用滋润保湿剂、修复药膏是有必要的。虽然果酸不像维 A 酸那样有光敏感性，早晚都可以使用，但是去角质后不擦防晒乳，反而容易晒黑晒伤。所以白天擦果酸时一定要注意防晒，尽量不要让皮肤受到日晒刺激。③皮肤如果出现刺痛、发红、发痒、脱皮等不适的症状，应该立刻停用果酸，可用冷水敷脸 10~20 分钟，加以镇静，并使用修复乳霜增加滋润保养，严重时可以到医院让医生用修护药膏处理。再次使用时，还是要从低浓度用起，再慢慢增加浓度及使用次数，通过一段时间后会因为耐受性增加而逐渐适应。④皮肤敏感者使用前可以先做贴布试验，或是涂抹在手臂内侧，无刺激反应再考虑使用。使用时应该避开黏膜及眼睛周围，口唇附近因为皮肤薄弱，使用时也应该减量。

③维生素 C。在生物体内，维生素 C 是一种抗氧化剂，可以保护身体免于自由基的威胁，维生素 C 同时也是一种辅酶。维生素 C 会阻止多巴进一步氧化为多巴色素，并使已合成的多巴醌被还原为多巴，以致黑色素不能合成。抗坏血酸在大多的生物体可借由新陈代谢制造出来，但是人类是最显著的例外，最广为人知的是缺乏维生素 C 会造成坏血病。

④熊果苷。又名熊果素，白色针状结晶或粉末，能迅速渗入肌肤，通过抑制体内酪氨酸酶的活性，阻止黑色素的生成，从而减少皮肤色素沉积，祛除色斑和雀斑，同时还有杀菌、消炎的作用。主要用于高级化妆品的制备，市场上大部分熊果苷为 β - 熊果苷。

⑤甘草提取物。甘草提取物一般包含甘草酸、甘草苷、甘草类黄酮、刺芒柄花素、槲皮素等活性成分，为黄色至棕黄色粉末。其作用功效体现在美白、防晒两方面，甘草提取物的美白作用主要是通过抑制酪氨酸酶和多巴色素互变酶（TRP-2）的活性、阻碍 5,6- 二羟基吲哚（DHl）的聚合，以此来阻止黑色素的形成，从而达到美白皮肤的效果。

在甘草提取物中，有防晒效能的成分一般为黄酮化合物。可对紫外光和可见光都显示强烈的吸收。释放出无害低能射线。与合成防晒剂相比，甘草提取物用作防晒剂不需在配方中添加抗氧剂，不会刺激皮肤，稳定吸收能力强。

（4）化妆品中的有害成分

①无机重金属。Pb、As 和 Hg 被列为化妆品禁用有毒物质，限量值分别为：0.004%、0.001% 和 0.000 1%。而为了让粉饼呈现肉色，就要在其中添加着色剂，如 $Fe_2O_3$ 等。为了

达到更好的着色效果，往往在化妆品中添加过量的重金属。

皮肤对 Pb 的吸收能力很强，因而化妆品中又加入了 Pb 使其促进皮肤吸收化妆品中的多种成分。Pb 也能阻止黑色素形成，使用含 Pb 的化妆品，皮肤会变得白亮，所以很多美白产品对 Pb 都有一定的依赖性。Hg 具有在短期内使黑色素减退，导致黑色素无法形成，令皮肤美白、光泽透明、毛孔变细、美白祛斑、斑痘消退等功能，故也被添加至化妆品中。

化妆品中的 Pb、Hg 和 As 含量超标，均可引起皮肤瘙痒。Pb 具有极强的穿透能力，经常使用会在体内沉积。Hg 中毒可表现为脑衰弱综合征、易兴奋症、口腔炎、Hg 中毒性肾病等疾病。当 Hg 进入人体后，大部分转移到肾脏，长期吸收 Hg 会导致神经系统失调、视力减退、肾脏损坏、听力下降、皮肤黏膜敏感及可由母体进入胚胎，影响胚胎发育。As 具有神经毒性，对皮肤的损害主要包括色素沉着或脱失、角化过度和细胞癌变，出现头痛、嗜睡、烦躁、记忆力下降、惊厥甚至昏迷和外周神经炎伴随的肌无力、疼痛等症状。

②糖皮质激素。糖皮质激素为皮肤科最常用的外用药物之一，在皮肤科被称为"皮肤鸦片"，具有强大的免疫抑制和抗炎作用，对缓解红、热、痒、肿等症状立竿见影。添加了糖皮质激素的面膜，可以在短时间内抗炎和抑制免疫反应，并且可以使皮肤的毛细血管强烈收缩，临床的效果就是有痘祛痘、有红祛红、四小时美白等。

激素的作用原理是减弱人体炎症反应，它不能抗菌，使用激素时，脸上的微生物环境并没有改善；并且，激素会抑制肌肤的新陈代谢。角质层变薄只是肌肤受损的一方面，受激素的抑制作用影响，皮肤的免疫能力会逐渐减弱，经不起刺激，肌肤变得越来越敏感；脂类的合成被抑制，神经酰胺、游离脂肪酸、胆固醇等脂类组成的脂质双分子层的完整性就会逐渐被破坏，皮肤就会失去锁住水分的能力，阻止不了外界物质侵入体内；一旦停止使用含激素的产品，皮肤就会突发性地变红、发痒、长痘，肌肤会变得特别的干、敏感、出现红血丝，严重还会皮肤萎缩，这就是激素依赖皮炎。因此，长期使用含糖皮质激素的美白面膜，会导致激素依赖性皮炎，美白类产品中禁止使用糖皮质激素。

③防腐剂和抗生素。化妆品中防腐剂的作用主要是抑制微生物的生长和繁殖，保持化妆品的性质稳定，使其开盖使用后不易变质，延长保存时间。水分较多的化妆品对防腐剂的需求较大，如化妆水、乳液等；而越接近油膏或蜡质的化妆品，微生物越难以生存，对防腐剂的需求相对较小。常见的化妆品防腐剂有苯甲醇、苯甲酸、水杨酸、硼酸、山梨酸以及其他醇类、醛类等物质。化妆品中防腐剂的添加量有严格规定，

一般不用担心过量问题。个别用户使用后如有敏感或不适，请停止使用，如有需要请及时就医。

护肤品常见添加的抗生素成分有氯霉素类、甲硝唑、盐酸米诺环素、盐酸多西环素等。这些成分常出现在祛痘、美白、抗皱的产品中，挑选时一定要注意。人体长期接触此类含抗生素的化妆品，易引起接触性皮炎、抗生素过敏等症状，易产生耐药性，药物残留还可能导致过敏反应等（图 3.10）。

图 3.10　化妆品中的有害成分

**拓展阅读 8：化妆品的选择**

市场上的化妆品种类繁多，琳琅满目，令人眼花缭乱，无所适从。那么应该如何选择呢？消费者应根据肤质、年龄、用途和季节等选择合适的化妆品。

中性皮肤适合选用洗净力较弱的洁肤品，同时应选用奶液、润肤霜等护肤品。油性皮肤应当选择洗净力较强的洁肤用品，同时还应使用具有收敛性的化妆水。干性皮肤应当使用含有油脂成分的洁肤品，而且还应当使用含油量较高的面霜等护肤品，因为甘油的吸水性很强，使用后会使皮肤更加干燥，所以还应该忌用甘油类化妆品。

根据年龄选择化妆品，专家们研究发现，不同年龄的人，皮肤具有不同的特点，比如，青春发育期前的皮肤多为中性皮肤；青春发育期时，皮脂腺的分泌增加，皮肤多为油性皮肤；青春发育期以后，皮肤多为混合性皮肤；35 岁以后，皮肤便会逐渐变老，从而变为干性皮肤。所以，女性在化妆品的选择上应加以区分。比如，老年人用的营养润肤类化妆品就不适合年轻人，原因就在于此类化妆品中添加了激素类药品，这些药物能够防止老年皮肤的萎缩与老化。但是这种化妆品对于激素分泌正常的年轻女子来说，不仅会丧失上述作用，还容易刺激皮肤，甚至导致皮肤出现某些病变。

根据用途选择化妆品，从外观上看，许多化妆品都是相似的。但是，外观的相似与相同并不代表它们的功效和用途也相同，有些甚至还会有天壤之别。比如，有些是防晒的，有些是祛斑的，有些是防老抗皱的，等等。因此，在选购化妆品时，应根据自己的需要与化妆品的功能来细心挑选。

根据季节选择化妆品。夏季时，由于气温较高，皮肤的汗腺和皮脂腺功能都很旺盛，会分泌较多的汗液与皮脂。此时，最好使用含油量较少的化妆品。同时，为了防止紫外线对皮肤的损伤，还应该使用防晒油等护肤品，而花露水和爽身粉也是夏季经常使用的化妆品。冬季，气候寒冷且干燥，会导致汗液和皮脂腺分泌减少，从而皮肤较干燥，严重时出现皮肤皲裂，因此，冬季应使用油脂含量较高，并含有保湿成分的面脂、乳液、珍珠霜、润肤霜和雪花膏等护肤品。春秋季节，风沙很大，皮肤基本处于中性，所以，可选择油脂含量中等的奶液类护肤品。

 **大师风采**

### 第一个中国自己培养的诺贝尔科学奖项获得者屠呦呦

屠呦呦（1930—），女，浙江宁波人，抗疟药青蒿素和双氢青蒿素的发现者，中国中医科学院终身研究员、青蒿素研究中心主任。2011 年拉斯克奖，2015 年诺贝尔生理学或医学奖和 2016 年中国国家最高科学技术奖的获得者。

疟疾曾是一种严重危害人类健康和生命的世界性流行病，在现在世界的一些地区，疟疾仍然严重危害着当地人的健康。自 2000 年以来，已有 23 个国家连续三年没有疟疾病例，中国、萨尔瓦多等 12 个国家被世界卫生组织认证为无疟疾国家。在消灭疟疾进程中，屠呦呦发现的青蒿素发挥了巨大作用，但是你知道屠呦呦发现青蒿素的艰难历程吗？

1967 年 5 月 23 日我国召开了"疟疾防治药物研究工作协作会议"，并专门成立了"523 项目"研究组。屠呦呦担任中医研究院"523 项目"研究组组长，决定从系统整理历代医籍、本草、地方药志入手，通过走访老中医专家，收集有关群众来信，整理了包含植物、动物和矿物等 2 000 多个药方，并从中结集出 640 种中草药抗疟方药集，在此基础上进行实验研究、组织鼠疟筛选。不过，在第一轮的药物筛选实验中，青蒿的效果并不好。随后进行了第二轮药物筛选，青蒿的抗疟效果也并不令人满意，因此，在此后相当长的一段时间，青蒿并没有得到大家的重视。

经过 200 多种中药的 380 多种提取物筛选，受东晋名医葛洪《肘后备急方》中"青蒿一握，以水二升，渍，绞取汁，尽服之"可制"久疟"的启发，屠呦呦最终锁定了青蒿，并根据青蒿抗疟是通过"绞汁"而非传统中药的"水煎"的方法用药，想到很可能是高温破坏了其中的有效成分。因此，屠呦呦改用沸点只有 34.6 ℃的乙醚来进行青蒿中有效成分的提取，所得乙醚提取物对鼠疟的抗疟效价显著提高。经过反复实验，最终分离得到的 191 号青蒿中性提取物样品，对鼠疟原虫有近 100% 的抑制率，效果优于阳性对照氯喹。

获得有效样品只是第一步，要应用还必须先进行临床试验，上临床就必须制备大量青蒿乙醚提取物。当时课题组只能用 7 个大水缸取代实验室常规提取容器，没有通风系统，也没有实验防护。屠呦呦整天泡在实验室，得上了中毒性肝炎。但为了不错过当年的临床观察季节，屠呦呦仍作为首批人体试验的志愿者以身试药，1972 年 8—10 月，屠呦呦亲自带上样品，赶赴海南昌江疟疾高发区，完成了临床抗疟疗效观察，效果令人满意。此后，课题组再接再厉，在 1972 年 11 月获得有效的青蒿素晶体，1973 年上半年完成了系列安全性试验，当年秋天用青蒿素胶囊在海南进行了首次临床试用。1986 年 10 月，青蒿素获得卫生部颁发的《新药证书》。在评估青蒿素的各类衍生化合物时，发现二氢青蒿素更加稳定并且比青蒿素的疗效好 10 倍。更重要的是，用二氢青蒿素治疗后，患者的疟疾复发率更低。屠呦呦所在的研究小组后来将二氢青蒿素发展为一种新的抗疟药物。

对于诺贝尔奖，屠呦呦说：这不仅是授予我个人的荣誉，也是对全体中国科学家团队的嘉奖和鼓励。应诺贝尔奖委员会邀请，2015 年 12 月 7 日，屠呦呦在瑞典卡罗林斯卡医学院诺贝尔大厅发表了主题演讲："欲穷千里目，更上一层楼。请各位有机会时更上一层楼，去领略中国文化的魅力，发现蕴涵于传统中医药中的宝藏！"屠呦呦在 86 岁生日之际，捐资 100 万元人民币设立了"北京大学屠呦呦医药人才奖励基金"。她说：自己有今天的成绩，要感谢母校的培养，自己还有很多研究没有完成，希望更多的年轻人能够接过接力棒。这就是中国科学家的风采！屠呦呦以百折不挠的拼搏精神，在中华医学发展史上谱写了一部精彩的人生传奇。向平凡而又伟大的老一辈中国科学家致敬！

# 第 4 章　化学与食品

　　民以食为天，食即食物，它是能够提供营养素、维持人类新陈代谢活动的可食性物料，是维持人类生存和健康最基本的物质基础之一。食物中的营养素是指能维持人类正常生长发育和新陈代谢所必需的物质，人体所需营养素从化学性质可分为蛋白质、脂类、碳水化合物、维生素、矿物质和水六大类。人类的大部分食物是经过一定的加工处理后才被食用，这些经过加工处理后供人类食用的食物一般被称为食品。食品只是食物的一部分，不过一般情况下并未对二者的概念进行严格区分，通常用食品来泛指一切食物。食品中的大部分成分来自天然的原材料，包括 6 大基本营养素、特殊功效成分、色素、激素、风味成分和一些有害成分，属于天然成分。在加工、储存和运输过程中也有一些非天然成分的介入，属于人为添加的非天然成分。食品的化学组成如图 4.1 所示。

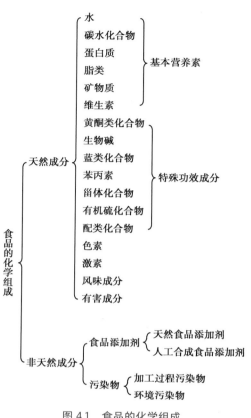

图 4.1 食品的化学组成

# 4.1 营养素

## 4.1.1 蛋白质——人类生命健康之本

*（1）必需氨基酸*

氨基酸在营养上可分为"必需"和"非必需"两类。必需氨基酸是指人体需要，但自身不能合成，或者合成的速度不能满足机体需要，必须由食物蛋白质供给的氨基酸。非必需氨基酸并非机体不需要，它们都是蛋白质的构成材料，并且必须以某种方式提供，只是因为体内能自行合成，或者可由其他氨基酸转变而来，可以不必由食物供给。目前通常认为人类必需氨基酸一共有 8 种，分别为异亮氨酸、亮氨酸、赖氨酸、蛋氨酸、苯丙氨酸、苏氨酸、色氨酸和缬氨酸，对于婴儿来说，组氨酸也是必需氨基酸。

通常，机体在蛋白质的代谢过程中，对每种必需氨基酸的需要和利用都处在一定的范围之内。某一种氨基酸过多或过少都会影响其他氨基酸的利用。所以，为了满足蛋白质合成的要求，各种必需氨基酸之间应有一个适宜的比例。这种必需氨基酸之间相互搭配的比例关系称为必需氨基酸需要量模式。显然，膳食蛋白质中必需氨基酸的需要量模式越接近人体蛋白质的组成，在被人体消化、吸收时，就越接近人体合成蛋白质的需要，越易被机体利用。

（2）限制氨基酸

在食物蛋白质中，按照人体的需要及其比例关系相对不足的氨基酸称为限制氨基酸。限制氨基酸中缺乏最多的称为第一限制氨基酸，正是这些氨基酸严重影响机体对蛋白质的利用，并且决定蛋白质的质量。这是因为只要有任何一种必需氨基酸含量不足，转移核糖核酸（tRNA）就不可能及时将所需的各种氨基酸全部转移给核蛋白体核糖核酸（rRNA）用于机体蛋白质的合成，故无论其他氨基酸有多么丰富也不能充分利用。食物中最主要的限制氨基酸为赖氨酸和蛋氨酸。前者在谷物蛋白质和一些其他植物蛋白质中含量甚少；后者在大豆、花生、牛奶和肉类蛋白质中相对不足。

（3）蛋白质的食物来源

蛋白质的食物来源主要包括：①动物性食物及其制品。如各种肉类：猪肉、牛肉、羊肉及家禽、鱼类等的蛋白质都接近人体所需各种氨基酸的含量。贝类蛋白质也可与肉、禽、鱼类等相媲美。它们都是人类膳食蛋白质的良好来源，其蛋白质含量一般为10%~20%。乳类和蛋类也是蛋白质的良好来源。②植物性食物及其制品。植物性食物所含蛋白质尽管一般不如动物性蛋白质好，但仍是人类膳食蛋白质的重要来源。谷类一般含蛋白质6%~10%，不过存在一种或多种限制氨基酸。某些坚果类如花生、核桃、杏仁和莲子等则含有较高的蛋白质（15%~30%）。豆科植物如某些干豆类的蛋白质含量可高达40%左右。特别是大豆在豆类中更为突出。它不仅蛋白质含量高，而且质量也较高，是人类食物蛋白质的良好来源，其蛋白质在食品加工中常作为肉的替代物。③非传统食物蛋白质来源。如单细胞蛋白质开发利用，单细胞蛋白质多由微生物培养制成，产量高、蛋白质含量也高，一般蛋白质含量可在50%以上，但作为人类食物的开发利用尚在进一步研究之中。此外，人类采食菌类由来已久，许多食用菌如蘑菇、木耳等的蛋白质含量颇高，将其作为蛋白质食物来源已引起人们的重视，产量不断增长。昆虫蛋白质含量高，且脂肪和胆固醇低，有的昆虫蛋白质还具有有益人体营养保健的功能成分，也是蛋白质的良好补充。常见食物的蛋白质含量见表4.1。

表 4.1  常见食物蛋白质含量表

| 食物名称 | 蛋白质 | 食物名称 | 蛋白质 | 食物名称 | 蛋白质 |
|---|---|---|---|---|---|
| 鸽 | 84.1 | 青鱼 | 19.5 | 全脂速溶奶粉 | 19.9 |
| 豆腐皮 | 50.5 | 葵花子仁 | 19.1 | 松花蛋（鸭蛋） | 14.2 |
| 腐竹 | 50.5 | 芝麻（黑） | 19.1 | 火腿肠 | 14 |
| 鹌鹑 | 46 | 猪心 | 19.1 | 枸杞子 | 13.9 |
| 牛肉干 | 45.6 | 羊肉 | 19 | 猪肉 | 13.2 |
| 干蘑菇 | 38 | 猪血 | 18.9 | 毛豆（青豆） | 13.1 |
| 黄豆 | 36.3 | 羊肝 | 18.5 | 鹌鹑蛋 | 12.8 |
| 南瓜子 | 35.1 | 鸡肝 | 18.2 | 鸭蛋 | 12.6 |
| 酱牛肉 | 32 | 带鱼 | 18.1 | 豆腐 | 12.2 |
| 羊肉干 | 28.2 | 鹅 | 17.9 | 羊肚 | 12.2 |
| 蚕豆（烤） | 27 | 甲鱼（鳖） | 17.8 | 黑木耳（干） | 12.1 |
| 花生 | 27 | 腰果 | 17.3 | 鹅蛋 | 11.1 |
| 紫菜（干） | 26.7 | 鲤鱼 | 17 | 扇贝（鲜） | 11.1 |
| 猪皮 | 26.4 | 鲢鱼 | 17 | 挂面 | 10.3 |
| 红烧牛肉 | 25 | 北京烤鸭 | 16.6 | 午餐肉 | 9.4 |
| 绿豆 | 23.8 | 莲子 | 16.6 | 蛋糕 | 8.6 |
| 猪蹄（熟） | 23.6 | 鸭肉 | 16.5 | 苏打饼干 | 8.4 |
| 葵花籽 | 23.1 | 龙虾 | 16.4 | 土豆粉 | 7.2 |
| 豇豆 | 22.3 | 燕麦 | 15.6 | 桃酥 | 7.1 |
| 乌骨鸡 | 22.3 | 核桃 | 15.4 | 馒头 | 7 |
| 猪肝 | 21.3 | 鱿鱼 | 15.1 | 洋葱（紫皮） | 6.9 |
| 兔肉 | 21.2 | 松花蛋（鸡蛋） | 14.8 | 油条 | 6.9 |
| 青蛙 | 20.5 | 鸡蛋 | 14.7 | 花卷 | 6.4 |
| 豌豆 | 20.3 | 草莓 | 1 | 凉面 | 4.8 |
| 大白菜 | 1.5 | 红萝卜 | 1 | 桂圆肉 | 4.6 |
| 卷心菜 | 1.5 | 金橘 | 1 | 巧克力 | 4.3 |
| 无花果 | 1.5 | 苦瓜 | 1 | 西兰花 | 4.1 |
| 胡萝卜 | 1.4 | 丝瓜 | 1 | 葡萄干 | 2.5 |
| 辣椒（青） | 1.4 | 甜椒 | 1 | 酸奶 | 2.5 |
| 石榴 | 1.4 | 白萝卜 | 0.9 | 冰激凌 | 2.4 |
| 香蕉 | 1.4 | 荔枝 | 0.9 | 韭菜 | 2.4 |
| 蜜枣 | 1.3 | 西红柿 | 0.9 | 茄子 | 2.3 |
| 芭蕉 | 1.2 | 全脂牛奶粉 | 20.1 | 桂圆 | 1.2 |
| 烧鹅 | 19.7 | 瘦牛肉 | 20.1 | 樱桃 | 1.1 |
| 兔肉 | 19.7 | 牛肉 | 20 | 鲜枣 | 1.1 |

续表

| 食物名称 | 蛋白质 | 食物名称 | 蛋白质 | 食物名称 | 蛋白质 |
|---|---|---|---|---|---|
| 南瓜 | 0.7 | 黄瓜 | 0.8 | 土豆 | 2 |
| 红糖 | 0.7 | 芒果 | 0.6 | 小葱 | 1.6 |
| 李子 | 0.7 | 菠萝 | 0.5 | 柑橘 | 0.7 |
| 西瓜 | 0.6 | 哈密瓜 | 0.5 | 红富士苹果 | 0.7 |
| 青萝卜 | 0.3 | 凉粉 | 0.2 | 冬瓜 | 0.4 |
| 雪梨 | 0.9 | 红葡萄酒 | 0.1 | 蜂蜜 | 0.4 |
| 橙 | 0.8 | 香菇 | 2.2 | 啤酒 | 0.4 |

注：单位为 g/100 g 食物。

**拓展阅读 1：蛋白质的食品加工性能**

　　蛋白质的食品加工性能有：①蛋白质的水化性和持水性：蛋白质的水化性是指干燥蛋白质遇水后逐步水化，包括水吸收、溶胀、润湿性、持水力、黏着性、溶解度、速溶性、黏度。蛋白质中水的存在和存在方式直接影响着食物的质构和口感。蛋白质的持水性是指水化了的蛋白质胶体牢固束缚住水不丢失的能力。蛋白质保留水的能力与许多食品的质量尤其是肉类菜肴有重要关系。一般来说，加工过程中肌肉蛋白质持水性越好，制作出的食品口味越好。②蛋白质的膨润：是指蛋白质吸水后不溶解，在保持水分的同时赋予制品以强度和黏度的一种重要功能。加工中有大量的蛋白质膨润如干明胶、鱿鱼、海参、蹄筋的发制等。③蛋白质的乳化性和发泡性：蛋白质是既含有疏水基团又含有亲水基团，甚至是带有电荷的大分子物质。由于蛋白质有良好的亲水性，因此蛋白质适宜乳化成油/水（O/W）型乳状液。蛋白质稳定的食品乳状液体系很多如乳、奶油、冰激凌、蛋黄酱、肉糜等。蛋白质的发泡性是气泡如空气、二氧化碳气体分散在含有可溶性剂的连续液态或半固体相中的分散体系，表面活性剂起稳定泡沫的作用。常见的食品泡沫有蛋糕、啤酒泡沫、面包、冰淇淋等。④蛋白质的风味结合：蛋白质本身是没有风味的，然而它们能结合风味化合物，改变食品的感官品质。蛋白质可以作为风味物的载体和改良剂，如加工含植物蛋白质的仿真肉制品，就是利用此性质可制造出肉类风味的食物。但蛋白质尤其是油料种子蛋白质和乳清浓缩蛋白质与不饱和脂肪酸氧化生成的醛、酮类化合物作用，形成不期望的风味物，如大豆蛋白质制剂的豆腥味和青草味即是大豆蛋白质与醛作用的结果。

## 4.1.2 脂类——不能多又不能少的营养素

（1）概述

脂类是指生物体内能溶于有机溶剂而不溶或微溶于水的一大类有机化合物。分布于天然动植物体内的脂类物质主要为三酰基甘油，占95%以上，俗称油脂或脂肪。习惯上将在室温下呈固态的三酰基甘油称为脂，呈液态的称为油。除脂肪外，剩下的5%为类脂，类脂是多种组织和细胞的组成成分，如细胞膜有磷脂、糖脂和胆固醇等组成类脂层。

脂肪在胃中停留时间较长（碳水化合物在胃中迅速排空，蛋白质排空较慢，脂肪更慢。一次进食含50 g脂肪的高脂膳食，需4~6 h才能在胃中排空），因而使人有高度饱腹感。同时脂肪是热量最高的营养素（39.58 kJ/g），所以脂肪摄入过多容易长胖；脂肪也为机体提供了必不可少的必需脂肪酸。食物脂肪也有助于脂溶性维生素的吸收，还可改善食品的感官性状，提供滑润的口感、光润的外观，塑性脂肪还具有造型功能。

油脂是人类重要的营养物质。目前食用油品种越来越多，有玉米油、花生油、葵花籽油、大豆油、菜籽油、芝麻油、猪油、牛油，还有橄榄油、山茶籽油、亚麻籽油、椰子油等。不同品种的食用油用途不同，其营养价值也各不相同。橄榄油、菜籽油等食用油中不饱和脂肪酸含量较高，长期食用有利于防止血管硬化、高血压和肥胖病。动物脂肪主要是饱和脂肪酸，摄入过多对健康不利。

（2）反式脂肪酸

脂肪分饱和脂肪与不饱和脂肪。饱和脂肪的分子是由甘油与饱和脂肪酸组成的，不饱和脂肪的分子是由甘油与含一个或多个双键的不饱和脂肪酸组成的。在不饱和脂肪酸中，氢原子在双键同侧的脂肪酸，被称为顺式脂肪酸，如图4.2（a）所示；氢原子在双键异侧的脂肪酸，被称为反式脂肪酸，如图4.2（b）所示。可以这样说，反式脂肪酸和顺式脂肪酸是近亲。

反式脂肪酸目前发现有以下危害，应控制摄入。①反式脂肪酸不但升高血液中被称作为恶性胆固醇的LDL，同时还降低被称作为良性胆固醇的HDL。这两种变化都会引发动脉阻塞而增加心血管疾病的危险性。②新近的研究结果证实反式脂肪酸会增加患糖尿病危险，用多不饱和脂肪酸代替膳食中的反式脂肪酸可以降低患2型糖尿病的危险。③反式脂肪酸能通过胎盘以及母乳转运给胎儿，婴儿及新生儿会因母亲摄入反式脂肪酸而被动摄入，从而造成以下影响，即容易患上必需脂肪酸缺乏症；对视网膜、中枢神经系统和大脑功能的发生、发展产生不利影响，从而影响生长发育。④可能会诱发肿瘤，部分研究证实反式脂肪酸与乳腺癌的发生成正相关。

人们怎样辨别食物中是否含有反式脂肪酸以及如何避免？①看食品的配料清单，如果含有"人造奶油""色拉油""起酥油""氢化植物油""部分氢化植物油"等，那么该食品就含有反式脂肪酸。在购买时应尽量避免。②自我控制，养成良好的膳食习惯，避免大量进食薯条等油炸食品。因为许多含有反式脂肪酸的食物并不是人们健康必需的食物，如烘焙食物、薯片、炸薯条等。

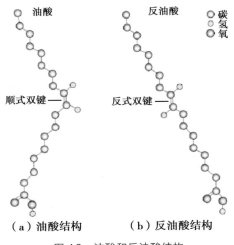

图 4.2 　油酸和反油酸结构

**拓展阅读 2：反式脂肪酸是如何产生的？**

　　反式脂肪酸的来源有 3 种：①由液态油形成浓缩植物油（固化）的过程，即"氢化油"的"氢化"过程。这个过程使不饱和脂肪酸为主的植物油引入了氢分子，将液态不饱和脂肪酸变成易凝固的饱和脂肪酸，从而使植物油变成黄油一样的半固态甚至固态。在这个过程中，有一部分剩余不饱和脂肪酸发生了"构型转变"，从天然的"顺式"结构异化成"反式"结构，从而形成反式脂肪酸。②在高温加热过程中，光、热和催化剂作用使植物油脂肪酸异化成反式脂肪酸。③在自然界中，产生于牛等反刍动物的瘤胃内微生态系统中共生微生物的生物氢化作用。

（3）胆固醇

　　胆固醇主要存在于动物性食物中，尤其是动物的内脏和脑中最高，而鱼类和奶类中的含量较低，比如每 100 g 猪脑、羊脑、鸡蛋黄和鸡蛋（含蛋清）分别含胆固醇 2 571 mg、2 004 mg、2 850 mg 和 585 mg。人体内胆固醇的来源主要有两个：一是内源性的，即由肝脏合成的，这部分约占总胆固醇的 70%；另一部分是外源性的，即来自食物中的胆固醇，约占 30%。如果食物中胆固醇长期摄入不足，体内便会加紧合成，以满足人体需求。

固醇类除胆固醇外，还有植物固醇，最常见的是谷固醇和麦角固醇，后者就是人们通常所说的维生素 D 中的一类。胆固醇又分为高密度胆固醇和低密度胆固醇两种，前者对心血管有保护作用，通常称为"好胆固醇"，后者偏高，冠心病的危险性就会增加，通常称为"坏胆固醇"。血清中胆固醇的正常范围为 2.9~5.2 mmol/L。

人体血液中胆固醇如果过高，会造成动脉粥样硬化，而动脉粥样硬化又是人类冠心病、心肌梗死和脑卒中的主要危险因素。但血液中胆固醇过低，对身体也会造成损害。那么人体每天究竟摄入多少胆固醇为宜？目前认为每日胆固醇的摄入量以不超过 300 mg 为宜，大约相当于一个鸡蛋的量。在日常饮食中要做到科学用膳：①尽量选用低胆固醇的食物，如各种植物性食物，还有禽肉、乳品、鱼、蛋清等；②避免高脂肪、高胆固醇的食物，尤其是富含饱和脂肪的食物，如猪油及各种动物油、脑、鱼籽、蟹黄等；③多食用富含膳食纤维和植物固醇的食物，如各种绿色蔬菜等可以帮助降低胆固醇。在适当摄取富含胆固醇的动物性食物时，可增加富含磷钙的大豆制品、蘑菇类、核桃、芝麻等的摄入，以减少胆固醇在血管壁的沉积，维护血管功能。

表 4.2　一些食物的脂类含量

| 食物 | 总脂肪 /% | 食物 | 总脂肪 /% | 食物 | 总脂肪 /% |
|---|---|---|---|---|---|
| 花生 | 39.2 | 核桃仁 | 63.0 | 瘦羊肉 | 13.6 |
| 玉米 | 4.3 | 杏仁 | 49.6 | 瘦牛肉 | 19.1 |
| 小米 | 3.5 | 松子 | 63.3 | 瘦猪肉 | 28.8 |
| 白面 | 1.8 | 土豆 | 0.8 | 兔肉 | 0.9 |
| 葵花籽 | 51.1 | 芝麻 | 61.7 | 鸭肉 | 7.5 |

## 4.1.3　碳水化合物 —— 生命活动的主要能源

（1）概述

碳水化合物是人类获取能量的最经济、最主要的来源。人体每天所需能量的 55%~65% 来源于碳水化合物。碳水化合物在体内主要以葡萄糖的形式被吸收，并迅速氧化给机体提供能量，氧化最终产物为二氧化碳和水。1 g 葡萄糖彻底氧化可产生 16.74 kJ（4 kcal）的能量。心脏和中枢神经系统只能利用碳水化合物来供能。机体摄入碳水化合物不足时，机体为了满足自身能量的需要，就会动用体内蛋白质提供能量，这样会使机体蛋白质受到损失，影响机体健康。相反，当机体摄入碳水化合物充足时，机体首先利用碳水化合物供给能量，这样就减少了蛋白质作为能量的消耗，使蛋白质用于最合适的地方，起到节约蛋白质的作用。

**拓展阅读 3：碳水化合物的抗生酮作用**

在正常情况下，血中酮体含量很少，但在碳水化合物缺乏（如饥饿、禁食）或糖代谢障碍（如糖尿病）时，脂肪动员加强，脂肪酸氧化增多，再加上糖代谢减少，从而丙酮酸量减少，导致与乙酰辅酶 A 缩合形成柠檬酸的草酰乙酸量减少，更减少了酮体的去路，导致酮体大量增加，过多的酮体将随血液循环运至肝外组织氧化利用，肝外组织氧化酮体是有一定限度的，当血酮体过高，超过肝外组织利用酮体的能力，引起血中酮体升高，当高过肾回收能力时，尿中则出现酮症，即为酮症。因酮体中乙酰乙酸及 β - 羟丁酸酸性较强，如在体内堆积过多会引起代谢性酸中毒。如果碳水化合物摄入充足时，可避免酮酸中毒，这就是碳水化合物的抗生酮作用。

在正常情况下，神经组织主要靠葡萄糖氧化供给能量，若血液中葡萄糖水平下降（低血糖），神经组织供能不足，则易出现昏迷、四肢麻木、烦躁易怒等症状。机体肝糖原对某些细菌毒素有很强的抵抗能力，故充足的肝糖原能加强肝脏功能。

摄入含碳水化合物丰富的食物，容易增加胃和腹的充盈感，特别是摄入缓慢吸收和抗消化的碳水化合物，充盈感的时间更长。非淀粉多糖类如纤维素和果胶、抗性淀粉、功能性低聚糖等抗消化的碳水化合物，虽不能在小肠消化吸收，但刺激肠道蠕动，增加了结肠发酵率，发酵产生的短链脂肪酸和肠道菌群增殖，有助于正常消化和增加排便量。

许多多糖类物质具有生物活性功能，生物活性多糖是一类品种繁多、生理功能多样的高分子碳水化合物聚合体，主要具有提高机体免疫力、抗肿瘤、抗衰老、抗疲劳等作用。如细菌的荚膜多糖有抗原性，肝脏、肠黏膜组织中的肝素具有抗凝血作用等。多糖的生物活性作用已被广泛地应用于临床医学，已开发成口服液、发酵液、精粉等。

（2）食品中重要的碳水化合物

①单糖。

a. 葡萄糖：是丰富的天然有机化合物，是淀粉、糖原、纤维素等多糖物质的基本单位，血液中的正常成分。在许多甜果、蜜和血液中有游离形式的葡萄糖。工业上，可用酸或酶水解土豆或玉米淀粉来制造葡萄糖。从葡萄糖经不同形式的发酵可生成酒精，乳酸、醋酸或柠檬酸。葡萄糖用作营养剂或调味剂。

b. **果糖**：是一种最普通和最甜的己酮糖，和葡萄糖与蔗糖共同存在于许多甜果和蜜中。工业上用酸或酶水解菊粉制造果糖。果糖在医药上或食品工业中用作增甜剂。代谢不受胰岛素制约。但大量食用会产生副作用。主要存在于蜂蜜和许多水果中。

c. **半乳糖**：一种己醛糖，在动物界广泛分布，是乳糖、脑苷脂和神经节苷脂等的成分。半乳糖在体内吸收后，在肝脏内转变为葡萄糖。

②低聚糖。

a. **蔗糖**：自然界分布最广的非还原性二糖，由一分子葡萄糖和一分子果糖组成，利用光合作用合成的植物的各个部分都含有蔗糖。例如，甘蔗含蔗糖 14% 以上，北方甜菜含蔗糖 16%~20%，因此蔗糖也称为甜菜糖，但蔗糖一般不存在于动物体内。市场上卖的白糖、红糖都是来源于甘蔗或甜菜。纯净的蔗糖是无色晶体，易溶于水，比葡萄糖、麦芽糖甜，但不如果糖甜。

b. **麦芽糖**：一种由两分子葡萄糖组成的糖。最初在麦芽中发现的糖，也可通过麦芽发酵制得。常见食品如高粱饴、软糖、酥糖、芝麻糖等都是以麦芽糖为主要糖成分。一般由淀粉酶催化淀粉水解而得。

c. **乳糖**：存在于哺乳动物的乳汁中，乳糖的甜味只有蔗糖的 70%。有些水果中也含有乳糖。乳糖不甜，对婴儿的重要意义在于能保持肠道最合适的菌群，并能促进钙的吸收，故在婴儿食品中可添加一定量的乳糖。

d. **低聚异麦芽糖**：单糖数在 3~5 不等，各葡萄糖分子间至少有一个是以 $\alpha$-1，6 糖苷键结合而成，包括异麦芽糖、异麦芽三糖、潘糖、异麦芽四糖，以及由它们组成的各支链低聚糖。低聚异麦芽糖能有效地促进人体内有益细菌 – 双歧杆菌的生长繁殖，故又称为"双歧杆菌生长促进因子"，简称"双歧因子"。经多年临床与实际应用表明，双歧杆菌有许多保健功能，而作为双歧杆菌促进因子的低聚异麦芽糖自然就受到了人们的关注。

e. **环状糊精**：环状糊精是由 6~8 个 D- 吡喃葡萄糖通过 $\alpha$-1，4 糖苷键连接而成的 D- 吡喃葡萄糖基低聚物。由 6 个糖单位组成的称为 $\alpha$- 环状糊精，由 7 个糖单位组成的称为 $\beta$- 环状糊精，由 8 个糖单位组成的称为 $\gamma$- 环状糊精。$\alpha$，$\beta$- 环状糊精，具有很强的空间架构，可以容纳一些小分子，在食品加工和保存过程中可以防止各种香料、油料、香辛料及其他易挥发物质的挥发，长期保持食品香味不变；也可以保持易氧化、遇光易分解、遇热易变质的色素、氨基酸和维生素等营养成分的稳定；还可以除去鱼、肉腥味及其他食品中的异味，增加食品的适口性。$\gamma$- 环状糊精不具有包埋性，没有 $\alpha$，$\beta$- 环状糊精的功效。

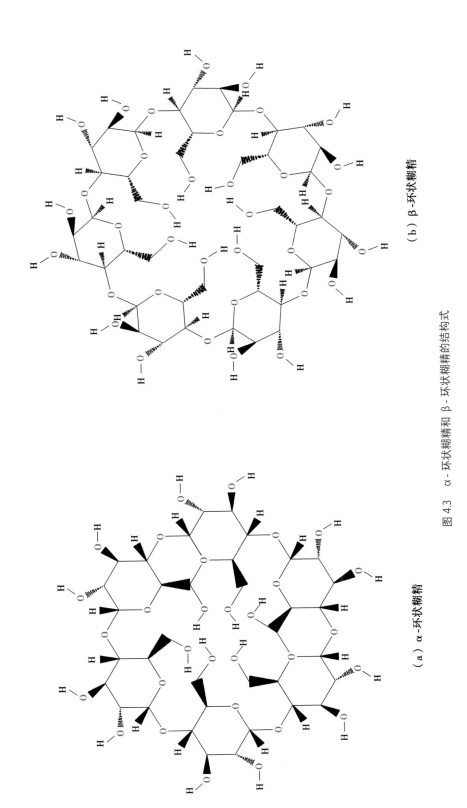

（b）β-环状糊精

（a）α-环状糊精

图 4.3　α - 环状糊精和 β - 环状糊精的结构式

③多糖。

a.淀粉：淀粉是植物界中存在的极为丰富的有机化合物。淀粉以球状颗粒贮藏在植物中，颗粒的直径为 3~100 μm，是植物贮存营养的一种形式。淀粉是绿色植物光合作用的产物，谷物、豆类、硬果类及马铃薯等含量很丰富，是人类获取糖类的主要来源。

b.糖原：糖原是在人和动物体内，经一系列酶催化反应，将多个葡萄糖组合而成的分支多糖。糖原是葡萄糖在动物及人体内储存的主要形式，也称动物性淀粉或肝淀粉。

c.活性多糖：来自植物、真菌和微生物的一些多糖具有免疫调节功能，有些还具有明显的抗肿瘤活性，如香菇多糖、灵芝多糖、冬虫夏草多糖等。有些多糖还具有降血糖、降血压、抗衰老和抗炎等活性，如人参多糖、山药多糖都具有明显的降血糖活性。

**拓展阅读 4：膳食纤维**

膳食纤维是构成植物细胞壁的主要成分，存在于谷物、豆类等种子的外皮以及蔬菜的茎、叶、果实、海藻之中。它不能为人体所吸收，却对人体有重要的作用。它由纤维素、半纤维素、果胶和木质素等组成。膳食纤维过去一直被认为是没有营养价值的粗纤维，较少受到重视。但是，随着社会经济和人们生活水平大幅度的提高，人们的饮食结构也发生很大的变化。在膳食结构中，植物类食品摄入量明显减少，高热能、高蛋白、高脂肪的动物性食品摄入量大大增加，而膳食纤维的摄入量相对减少，使得人体膳食营养失衡，因而导致一些"文明病"的发病率越来越普遍。人体膳食纤维缺乏或摄入不足是导致这类"文明病"的重要原因。为此，膳食纤维被现代医学界和营养学界公认为继蛋白质、脂肪、碳水化合物、矿物质、维生素和水等六大营养素之后，影响人体健康所必需的"第七大营养素"。

碳水化合物的食物来源丰富，其中谷类、薯类和豆类是淀粉的主要来源，一般来源于谷类的碳水化合物提供的能量占总能量的 50% 左右较合理。水果、蔬菜主要提供包括非淀粉多糖如纤维素和果胶、不消化的抗性淀粉、单糖和低聚糖类等碳水化合物。牛奶能提供乳糖。常见水果及蔬菜中游离糖含量见表 4.3，常见谷物食品原料中碳水化合物含量见表 4.4。

表 4.3 常见水果及蔬菜中游离糖含量（% 鲜重计）

| 品种 | 葡萄 | 桃子 | 梨子 | 樱桃 | 胡萝卜 | 黄瓜 |
|---|---|---|---|---|---|---|
| D- 葡萄糖 | 6.86 | 0.91 | 0.95 | 6.49 | 0.85 | 0.86 |

续表

| 品种 | 葡萄 | 桃子 | 梨子 | 樱桃 | 胡萝卜 | 黄瓜 |
|---|---|---|---|---|---|---|
| D-果糖 | 7.84 | 1.18 | 6.77 | 7.38 | 0.85 | 0.86 |
| 蔗糖 | 2.25 | 6.92 | 1.61 | 0.22 | 4.24 | 0.06 |

表 4.4　常见谷物食品原料中碳水化合物含量（按每 100 g 可食部分计）

| 谷物名称 | 碳水化合物 /g | 纤维素 /g | 谷物名称 | 碳水化合物 /g | 纤维素 /g |
|---|---|---|---|---|---|
| 全粒小麦 | 69.3 | 2.1 | 全粒稻谷 | 71.8 | 1.0 |
| 强力粉 | 70.2 | 0.3 | 糙米 | 73.9 | 0.6 |
| 中力粉 | 73.4 | 0.3 | 精白米 | 75.5 | 0.3 |
| 薄力粉 | 74.3 | 0.3 | 全粒玉米 | 68.6 | 2.0 |
| 黑麦全粉 | 68.5 | 1.9 | 玉米碴 | 75.9 | 0.5 |
| 黑麦粉 | 75.0 | 0.7 | 玉米粗粉 | 71.1 | 1.4 |
| 全粒大麦 | 69.4 | 1.4 | 玉米细粉 | 75.3 | 0.7 |
| 大麦片 | 73.5 | 0.7 | 精小米 | 72.4 | 0.5 |
| 全粒燕麦 | 54.7 | 10.6 | 精黄米 | 71.7 | 0.8 |

## 4.1.4　维生素——新陈代谢的催化剂

（1）概述

维生素（vitamin）又名维他命，是维持人体正常生理功能所必须的一类有机化合物。它们种类繁多、性质各异，并具有以下共同特点：①维生素或其前体都在天然食物中存在，但没有一种天然食物含有人体所需的全部维生素。②它们在体内不提供热能，一般也不是机体的组成成分。③它们参与维持机体正常生理功能，需要量极少，通常以 mg、有的甚至以 μg 计，但是绝对不可缺少。④它们一般不能在体内合成，或合成的量少，不能满足机体需要，必须经常由食物供给。

维生素的种类很多，化学结构差异很大，通常按照其溶解性质将其分为脂溶性和水溶性两大类。脂溶性维生素包括维生素 A、维生素 D、维生素 E、维生素 K 等。水溶性维生素包括 B 族维生素（维生素 $B_1$、维生素 $B_2$、尼克酸、泛酸、维生素 $B_6$、叶酸、维生素 $B_{12}$、生物素、胆碱）和维生素 C 等。

（2）脂溶性维生素

①维生素 A。又称视黄醇，仅存在于动物性食物中。部分类胡萝卜素可在体内转

为维生素 A，因此被称为维生素 A 原。目前发现约有 50 种天然类胡萝卜素能转化为维生素 A。其中比较重要的有 β - 胡萝卜素、α - 胡萝卜素、γ - 胡萝卜素等，以 β - 胡萝卜素的活性最高，它常与叶绿素并存。由 β - 胡萝卜素转化成的维生素 A 约占人体维生素 A 需要量的 2/3。维生素 A 和 β - 胡萝卜素结构如图 4.4 所示。

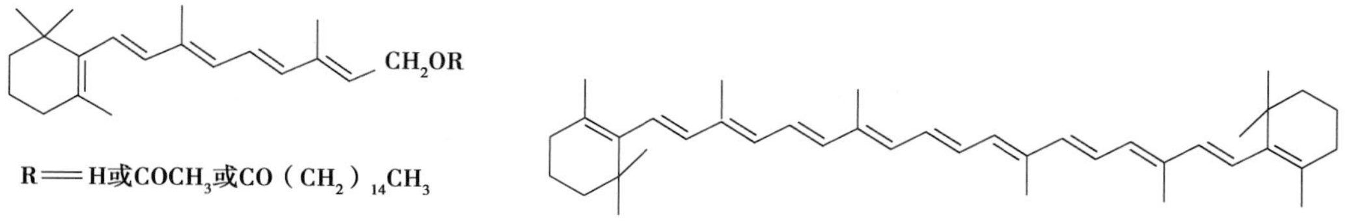

R══H或COCH₃或CO（CH₂）₁₄CH₃

（a）维生素A                                    （b）β-胡萝卜素

图 4.4　维生素 A 和 β - 胡萝卜素

维生素 A 长期不足或缺乏，首先出现暗适应能力降低及夜盲症，然后出现一系列影响上皮组织正常发育的症状，如皮肤干燥、形成鳞片并出现棘状丘疹、异常粗糙且脱屑，总称为毛囊角化过度症。其中较为显著的是眼部因角膜和结膜上皮的退变，泪液分泌减少而引起干眼症，患者常感到眼睛干燥、怕光、流泪、发炎、疼痛，严重的可引起角膜软化及溃疡。

人体从食物中获得的维生素 A 主要有两类：一类是维生素 A 原即各种类胡萝卜素，主要存在于深绿色或红黄色蔬菜和水果等植物性食物中，含量较丰富的有菠菜、苜蓿、豌豆苗、红心甜薯、胡萝卜、青椒和南瓜等。另一类是来自动物性食物的维生素 A，多数以酯的形式存在于动物肝脏、奶及奶制品（未脱脂）和禽蛋中。

②维生素 D。维生素 D 又称钙化醇，抗佝偻病维生素。维生素有多种，比较重要的是维生素 D₂ 和维生素 D₃，结构式如图 4.5 所示。缺乏维生素 D 会导致肠道对钙和磷的吸收减少，肾小管对钙和磷的重吸收降低，造成骨髓和牙齿的异常矿化，继而使骨骼畸形。主要表现为佝偻病（多见于婴幼儿）和骨软化症（易发于成人，特别是妊娠、哺乳的妇女，以及老年人）。

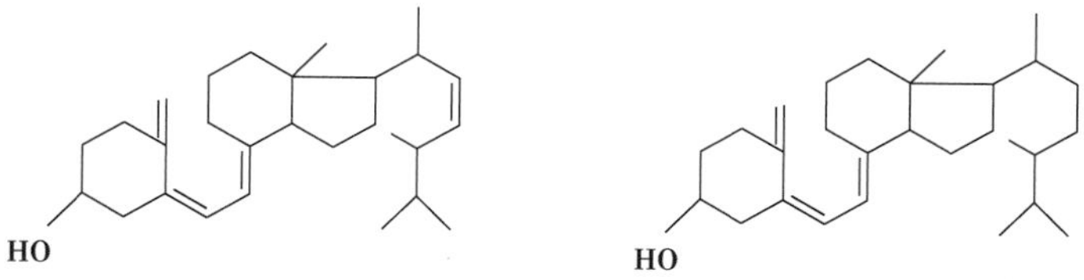

（a）维生素D₂                                    （b）维生素D₃

图 4.5　维生素 D₂ 和维生素 D₃

经常晒太阳是人体获得充足有效的维生素 $D_3$ 的良好来源之一，特别是婴幼儿、特殊的地面下工作人员。鱼肝油是维生素 D 的丰富来源，含量高达 8 500 IU/100 g，其制剂可作为婴幼儿维生素 D 的补充剂，在防治佝偻病上具有重要意义。动物性食品是天然维生素 D 的主要来源，含脂肪高的海鱼和鱼卵、动物肝脏、蛋黄、奶油等维生素 D 含量均较高；瘦肉、奶含量较低，故许多国家在鲜奶和婴儿配方食品中强化维生素 D。

③维生素 E。又称生育酚，淡黄色油状物，按结构可分为生育酚和生育三烯酚两大类，每类又可分为 α、β、γ、δ 4 种不同结构，共计 8 种化合物，结构式如图 4.6 所示。维生素 E 广泛存在于食物中，因而较少发生因维生素 E 摄入量不足而产生缺乏症。但如果膳食脂肪在肠道内的吸收发生改变时，可造成维生素 E 的吸收不良，继而产生维生素 E 缺乏症。多不饱和脂肪酸摄入过多，也可发生维生素 E 缺乏。另外，流行病学的研究结果指出，维生素 E 和其他抗氧化剂的摄入量较少和血浆维生素 E 较低，可能使某些患癌、动脉粥样硬化、白内障及其他老年退行性病变的危险性增加。

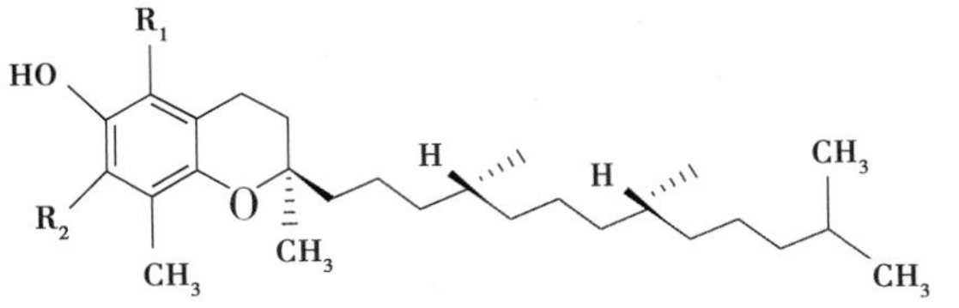

|  | $R_1$ | $R_2$ |
|---|---|---|
| α - | $CH_3$ | $CH_3$ |
| β - | $CH_3$ | H |
| γ - | H | $CH_3$ |
| δ - | H | H |

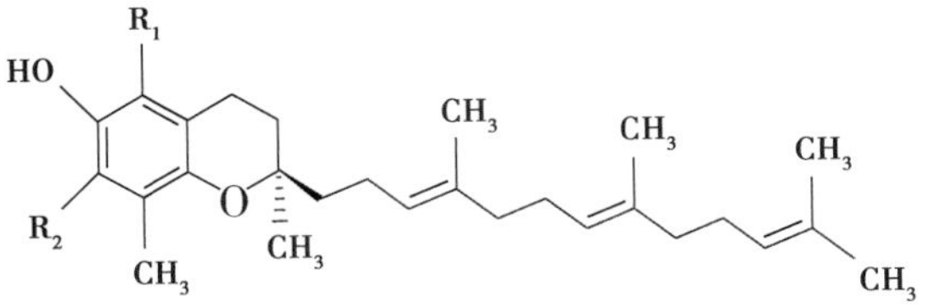

（a）生育酚

（b）生育三烯酚

图 4.6　生育酚和生育三烯酚

食用植物油的维生素 E 含量很高，可达 72.37 mg/100 g，谷类食物的维生素 E 含量也较多，为 0.96 mg/100 g。因此，谷类食物和油脂类是维生素 E 的主要食物来源。

（3）水溶性维生素

①维生素 C。又称抗坏血酸，其作用与其激活羟化酶，促进组织中胶原的形成密切有关。胶原中含大量羟脯氨酸与羟赖氨酸。前胶原肽链上的脯氨酸与赖氨酸需经羟化，必须有抗坏血酸参与。否则，胶原合成受阻。这已由维生素 C 不足或缺乏时伤口愈合减慢所证明。

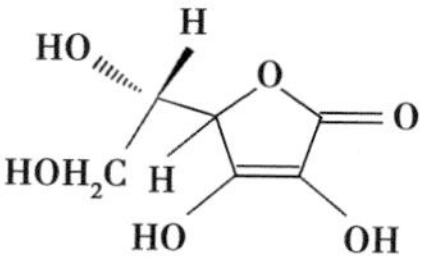

图 4.7　维生素 C 结构式

维生素 C 广泛分布于水果、蔬菜中。蔬菜中大白菜的含量为 20~47 mg/100 g、红辣椒的含量可高达 100 mg/100 g 以上。水果中以带酸味的水果如柑橘、柠檬等含量较高，通常为 30~50 mg/100 g。红果、猕猴桃和枣的含量更高。尤其是枣，鲜枣的含量可高达 240 mg/100 g 以上。由不同果蔬制得的食品如红果酱、猕猴桃汁等也是维生素 C 的良好来源。动物性食品中仅肝和肾含有少量维生素 C，肉、禽、蛋更少。图 4.8 所示为维生素 C 含量丰富的蔬菜和水果。

图 4.8　维生素 C 含量丰富的蔬菜和水果

②硫胺素。又称抗神经炎素，即维生素 B₁，是由被取代的嘧啶和噻唑环通过亚甲基相连组成。它广泛分布于整个动、植物界，并且可以多种形式存在于食品之中。硫胺素在能量代谢中起辅酶作用，没有硫胺素就没有能量。作为辅酶它还参与葡萄糖转变为脂肪的过程。维生素 B₁ 作用于神经末梢，这个作用使它对酒精性神经炎、妊娠期神经炎和脚气病都有治疗价值。维生素 B₁ 还能维持正常的食欲、肌肉的弹性和健康的精神状态。

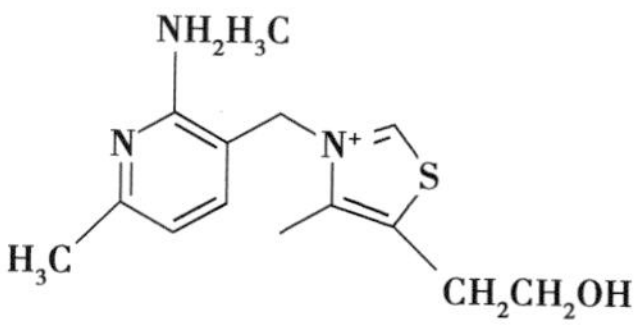

图 4.9　硫胺素结构式

硫胺素普遍存在于各类食品中，谷类、豆类及肉类含量较多。籽粒的胚和酵母均为是硫胺素较好的来源。通常谷类含硫胺素约 0.30 mg/100 g，豆类含约 0.40 mg/100 g

不等。动物性食品中以肝、肾、脑含量较多，奶、蛋、禽、鱼等含量较少，但高于蔬菜。至于小麦胚粉可含硫胺素 3.50 mg/100 g，而干酵母的含量高达 6~7 mg/100 g。

③核黄素。核黄素或其辅酶在食物中与蛋白质结合形成复合物——黄素蛋白，从乳、蛋中得来后，经消化道内蛋白酶、焦磷酸酶水解为核黄素。肠中细菌可以合成维生素 $B_2$，但量不多，主要尚须依赖食物中供给。动物性食品中含量较植物性食物高，肝、肾、心脏、乳及蛋类中含量尤为丰富，大豆和各种绿叶蔬菜也是核黄素的重要来源。

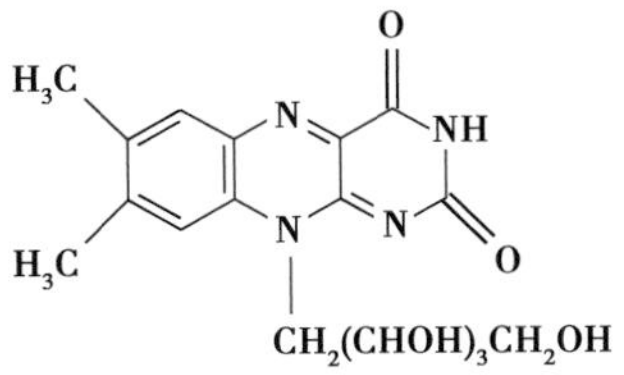

图 4.10　核黄素结构式

④烟酸。又称尼克酸，维生素 PP。烟酸在人体内转化为烟酰胺，烟酰胺是辅酶 I（NAD）与辅酶 II（NADP）的组成成分，辅酶 I 与辅酶 II 在许多生物性氧化还原反应中起电子受体或氢供体的作用，与其他酶一起几乎参与细胞内生物氧化还原的全过程。在维生素 $B_6$、泛酸和生物素存在的情况下，尼克酸参与脂肪、蛋白质和 DNA 的合成。癞皮病是一种典型的尼克酸缺乏症，常见的体征是皮肤、口、舌、胃肠道黏膜以及神经系统的变化，其典型症状是皮炎（Dermatitis）、腹泻（Diarrhea）及痴呆（Dementia），俗称 3D 症。

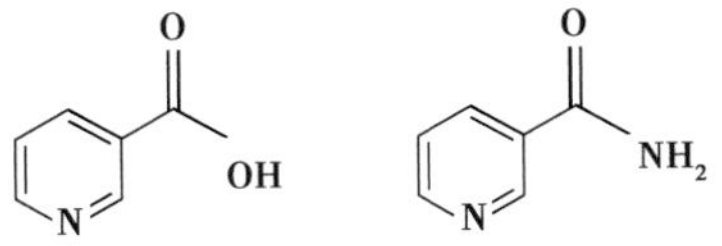

（a）烟酸　　（b）烟酰胺

图 4.11　烟酸和烟酰胺结构式

尼克酸及其衍生物广泛存在于动物和植物性食物中，其良好的来源为酵母、肉类（包括肝）、全谷及豆类等，奶类及其制品、各种绿叶蔬菜和鱼，以及咖啡和茶中也有相当的量。一些植物中的尼克酸可能与大分子物质结合（如玉米、高粱等谷物中的大多数尼克酸为结合型尼克酸），不能被哺乳动物吸收利用，如用碱（小苏打、石灰水等）对其处理，可有大量游离尼克酸从结合型中释放出来，从而增加这些结合型尼克酸的生物利用率。

⑤维生素 $B_6$。维生素 $B_6$ 是一组含氮化合物，包括吡哆醇、吡哆醛和吡哆胺，结构式及转化关系如图 4.12 所示。维生素 $B_6$ 作为辅酶参与约 100 种酶反应，如以磷酸酯形式参与多种氨基酸代谢反应。严重的维生素 $B_6$ 缺乏已罕见，但轻度缺乏较多见，

维生素 B_6 缺乏可致眼、鼻与口腔周围皮肤溢性发炎，个别还有神经精神症状，如易激动、忧郁和人格改变等。维生素 B_6 缺乏还可以引起色氨酸代谢失调，尿中黄尿酸排出增高。

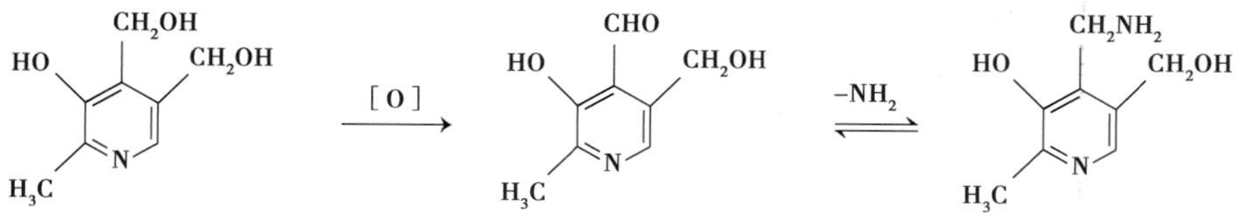

图 4.12　吡哆醇、吡哆醛和吡哆胺之间的转化

维生素 B_6 普遍存在于动物食物中，但一般含量不高。通常动物性食物含量相对较高。含量最高的为白色肉类（如鸡肉和鱼肉）（0.4~0.9 mg/100 g），其次为肝脏、豆类和蛋类（0.68~0.80 mg/100 g），水果和蔬菜中维生素 B_6 含量也较多，含量最少的是榨菜、柠檬类、奶类等。

⑥维生素 B_{12}。又称钴胺素或氰钴素，是一种由含钴的卟啉类化合物组成的 B 族维生素，也是发现最晚的 B 族维生素，其化学式为 $C_{63}H_{88}O_{14}N_{14}PCo$，化学结构极为复杂。最初发现服用全肝可控制恶性贫血症状，经过 20 年研究，到 1948 年才从肝脏中分离出一种具有控制恶性贫血效果的红色晶体物质，定名为维生素 B_{12}。

缺乏维生素 B_{12} 可能影响体内的所有细胞，对细胞分裂快的组织影响最为严重，如影响骨髓的生血组织可导致巨幼红细胞性贫血，即恶性贫血；神经系统的损害主要是引起斑状、弥漫性的神经脱髓鞘，出现精神抑郁、记忆力下降、四肢震颤等神经症状。维生素 B_{12} 的缺乏的主要原因是胃黏膜缺乏分泌内因子的能力或其他慢性腹泻疾病、寄生虫感染等引起维生素 B_{12} 吸收（或再吸收）不良。此外，有些药物，如对氨基水杨酸胍及秋水仙碱等可特异性地阻碍维生素 B_{12} 的吸收。

在自然界中，维生素 B_{12} 的主要来源是通过草食动物的瘤胃和肠中的许多微生物作用合成。因此，它广泛存在于动物性食品中，而在植物性食品中含量极少。动物内脏（40~90 g/100 g）、肉类（1~3 g/100 g）是维生素 B_{12} 的丰富来源。

⑦叶酸。叶酸为鲜黄色的结晶状粉末，微溶于热水，不溶于乙醇、乙醚及其他有机溶剂，但叶酸的钠盐易溶解于水，叶酸缺乏症主要为巨幼红细胞贫血。孕妇缺乏叶酸可使先兆子痫、胎盘早剥的发生率增高，怀孕时期缺乏叶酸是引起胎儿神经管畸形的主要原因；叶酸缺乏也会导致高半胱氨酸血症。

叶酸广泛存在于各种动植物食品中。含量丰富的食品有动物肝脏（猪肝为 236 μg/100 g）、豆类（黄豆为 381 μg/100 g）、坚果（核桃为 102.6 μg/100 g，花生为 104.9 μg/100 g）及绿叶蔬菜、水果、酵母等。

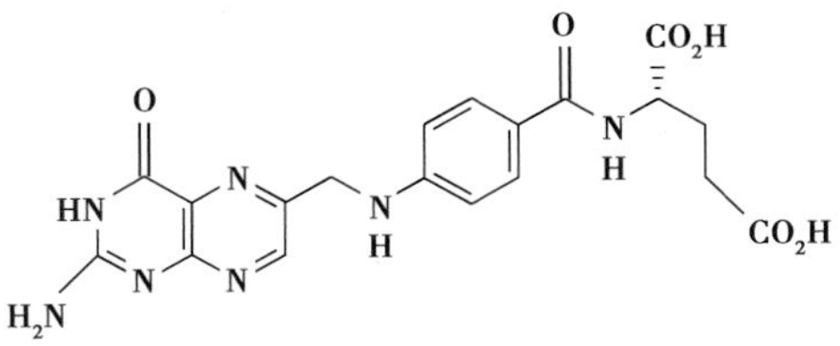

图 4.13 叶酸

## 4.1.5 矿物质——浇铸人体大厦的物质

矿物质，通常称为无机盐或灰分，传统上是指动植物体经过灰化之后剩余的成分，食品中的矿物质通常是指食物中除去以有机化合物形式存在的碳、氢、氧、氮之外的其他成分。占人体总重量的万分之一以上的矿物质称为常量元素，占人体总重量万分之一以下，或日需要量在 100 mg 以下的矿物质称为微量元素。常见矿物质生理功能及食物来源见表 4.5。

表 4.5 常见矿物质生理功能及食物来源

| 矿物质 | 分布 | 生理功能 | 缺乏症 | 食物来源 |
|---|---|---|---|---|
| 钠 | 细胞外液、骨骼 | 调节体内水分与渗透压、维持血浆的酸碱平衡 | 恶心、呕吐 | 食盐、咸味食物 |
| 钾 | 细胞内液 | 维持酸碱平衡，参与能量代谢以及维持神经肌肉的正常功能 | 肌肉麻痹或瘫痪 | 蔬菜、水果、粮食、肉类 |
| 钙 | 骨骼、牙齿、软组织、血液 | 构成机体组织；维持渗透压和机体酸碱平衡；维持神经、肌肉正常兴奋性；酶系统激活剂 | 佝偻病、骨软化症、骨质疏松症等 | 鸡蛋、鱼虾和豆类等 |
| 镁 | 骨骼、牙齿、细胞内 | 酶的激活剂，参与蛋白质的合成和肌肉的收缩作用 | 情绪不安、手足抽搐 | 谷类、豆类、绿色蔬菜、肉、虾蟹 |
| 氯 | 细胞外液中主要的阴离子 | 维持体内电荷平衡，细胞渗透压和体液酸碱平衡；激活唾液中淀粉酶 | 无 | 食盐、咸味食物 |
| 磷 | 牙齿、骨骼、三磷酸腺苷 | 机体内代谢过程的贮能和放能物质，细胞内的主要缓冲剂 | 骨骼、牙齿发育不良，佝偻病和牙龈 | 瘦肉、蛋、奶、动物肝肾、海带、紫菜、芝麻酱、坚果、粗粮 |
| 硫 | 蛋氨酸和半胱氨酸等组成部分 | 与羧化酶等有关，与脂肪酸、氨基酸等代谢有关，有助于毛发、指甲和皮肤的刚性结构 | 含硫氨基酸缺乏，引起皮炎 | 干酪、蛋、鱼、谷类、豆类、肉、坚果类和家禽 |
| 铁 | 血红蛋白及肌红蛋白中 | 构成血红素的主要成分，运载氧气到各个细胞并将 $CO_2$ 排出体外 | 贫血症 | 动物血、肝脏、鸡胗、牛肾、大豆、黑木耳、芝麻酱、牛羊肉、蛤蜊和牡蛎等 |

续表

| 矿物质 | 分布 | 生理功能 | 缺乏症 | 食物来源 |
|---|---|---|---|---|
| 锌 | 存在于所有组织中 | 参加人体内许多金属酶的组成,促进机体生长发育和组织再生,促进食欲 | 侏儒症,生殖系统失调 | 牡蛎、鲱鱼、豆类、瘦肉、动物肝肾、蛋类、奶制品、核桃 |
| 铜 | 细胞核的组成成分 | 促进细胞成熟、催化体内氧化还原反应,促进铁吸收利用 | 贫血和发育不良 | 动物肝脏、绿叶蔬菜、软体动物等都含有较丰富的铜 |
| 碘 | 甲状腺素的主要成分 | 促进生物氧化、调节蛋白质合成和分解、促进糖和脂肪代谢、增强酶活力 | 甲状腺肿大,呆小症,胎儿发育不良 | 海鱼、海带、紫菜、海白菜、海参、虾、蟹、贝类等 |
| 氟 | 骨骼和牙齿中 | 防止龋齿和老年骨质疏松症 | 龋齿、骨质疏松、骨骼生长缓慢等 | 鳕鱼、鲑鱼、沙丁鱼、茶叶、苹果、牛奶、蛋、含氟水、牙膏 |
| 硒 | 各组织器官和体液 | 参与人体组织的代谢过程,有一定抗癌和抗氧化作用 | 心肌病、心肌衰竭、克山病 | 海产品、食用菌、肉类、禽蛋、西兰花、大蒜、富硒食品 |

## 4.1.6  水——生命的摇篮

水是许多食品的主要成分,每一种食品都具有特定的含水量,部分食品的含水量见表4.6。食品中的水分含量对许多化学反应和食品品质都有重要意义:①作为食品中的反应物或反应介质,可加快或减缓反应速率;②引起食品化学变化及微生物繁殖的重要因素,直接关系到食品的储藏和安全特性,可通过控制水分来延长食品的保藏期;③是生物大分子化合物构象的稳定剂;④作为食品的溶剂,起着综合风味的作用;⑤发挥膨润浸湿作用,影响食品的加工。

表4.6  部分食品的含水量

| 食物名称 | 含水量/% | 食物名称 | 含水量/% | 食物名称 | 含水量/% |
|---|---|---|---|---|---|
| 米饭 | 40~50 | 奶油 | 16~18 | 蜂蜜 | 20~25 |
| 馒头 | 50 | 冰激凌 | 65~68 | 西瓜 | 90~98 |
| 蛋糕 | 20~24 | 豆浆 | 94~97 | 梨 | 85~90 |
| 面包 | 35~45 | 生鸡蛋 | 70~75 | 柑橘 | 87~95 |
| 饼干 | 5~8 | 猪肉 | 60~63 | 大白菜 | 90~95 |
| 鲜牛奶 | 87~92 | 牛肉 | 50~70 | 西红柿 | 90~95 |
| 奶粉 | 4~6 | 鱼肉 | 65~81 | 土豆 | 78~85 |

## 4.2　特殊功效成分

流行病学研究结果表明，大量食用蔬菜和水果可以预防多种疾病，进一步研究发现，这些植物性食物中存在一些特殊功效成分，可发挥相应的功效，如芹菜中的黄酮具有明显的降血脂、降血清胆固醇和降血压作用；卷心菜中的黄酮能提高机体的免疫力；茄子、尖椒、西红柿等蔬菜的抗氧化活性较强，其中茄子皮尤为突出，而黄酮是其中重要的抗氧化成分。十字花科甘蓝属蔬菜具有较强的防癌作用，其防癌物质是甘蓝黑芥子硫苷的水解产物。茄子中的葫芦巴碱、腺嘌呤和茄碱，甜菜中的甜菜碱均具有抗肿瘤活性。这些功效成分主要有黄酮类化合物、生物碱、萜类化合物、甾体、苯丙素、醌类化合物和有机硫化合物等。

### 4.2.1　黄酮类化合物——天然生物反应调节剂

（1）概述

1952 年以前，黄酮类化合物主要是指基本母核为 2-苯基色原酮的一系列化合物。现在的黄酮类化合物则泛指两个苯环（A 与 B 环）通过中央三碳链相互连接而成的一类化合物。天然黄酮类化合物数量超过 10 000 种，早期发现的黄酮分子中有一个酮式羰基且多为黄色，故得名黄酮。黄酮类化合物在植物体中通常与糖结合成苷类，小部分以游离态（苷元）的形式存在。绝大多数植物体内都含有黄酮类化合物，它在植物的生长、发育、开花、结果以及抗菌防病等方面起着重要作用。

（2）食品中常见的黄酮类化合物

①芹菜素和木犀草素。芹菜素又称芹黄素，是芹菜中的主要活性成分，具有抗肿瘤、保护心脑血管、抗病毒、抗菌等多种生物活性，广泛存在于多种蔬菜和水果中，如芹菜、豆角、洋葱、小白菜、番石榴和大蒜等。木犀草素最先从木犀草中分离得到，现在发现洋白菜、菜花、甜菜、椰菜、胡萝卜、芹菜、辣椒等蔬菜中也存在木犀草素，具有多种药理活性，如消炎、抗过敏、降尿酸、抗肿瘤、抗菌、抗病毒等功效。

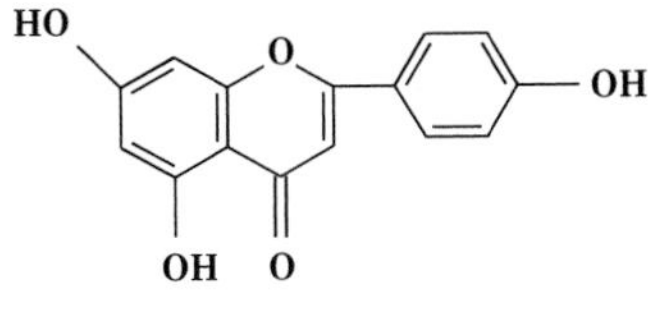

（a）芹菜素 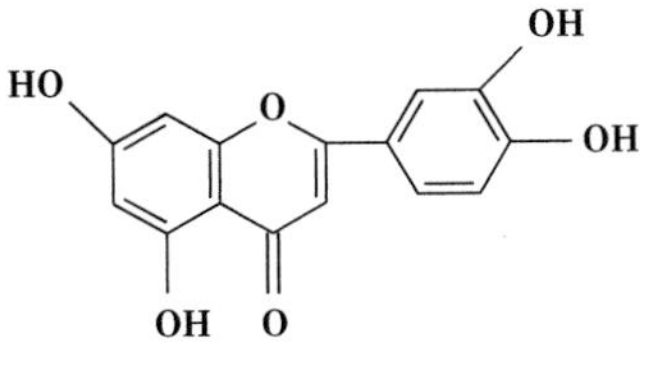　　　　　　　　　　（b）木犀草素

图 4.14　芹菜素和木犀草素

②槲皮素和杨梅素。槲皮素广泛存在于植物的花、叶和果实中，是人类饮食中最主要的黄酮类化合物来源，在许多食物中均有发现，如洋葱、细葱、芦笋、卷心菜、芥菜、青椒、菊苣、葡萄柚、莴苣、山楂、苹果、芒果、李子、萝卜、黑加仑、马铃薯和菠菜等。槲皮素能对抗自由基、防止机体脂质过氧化反应；抑制肿瘤，有效发挥防癌抗癌作用；在抗菌、抗炎、抗过敏、防止糖尿病并发症方面也有较强的生物活性。此外，槲皮素还有降低血压、增强毛细血管抵抗力、降低毛细血管脆性、降血脂、扩张冠状动脉，增加冠脉血流量等作用，对冠心病及高血压患者也有辅助治疗作用。杨梅素最先从杨梅中分离得到，在葡萄、山楂、苹果、猕猴桃、西红柿、萝卜、洋葱、绿豆、茄子和甜椒等果蔬中也存在，具有抗氧化、抗菌、抗病毒、抗炎、降血糖、调血脂、保肝护肝、保护心血管、抗肿瘤和减轻神经性损伤等多种生物活性。

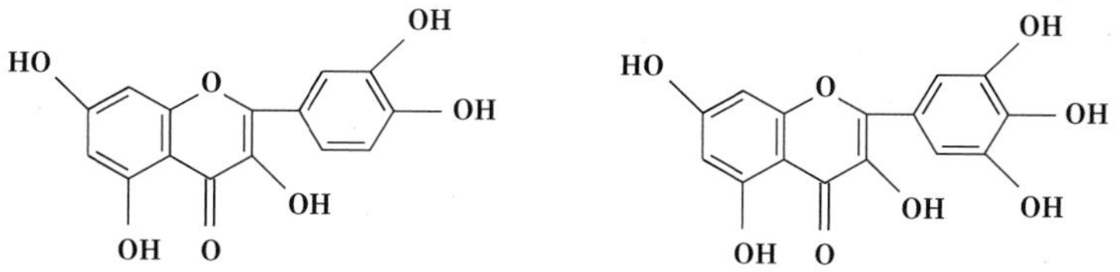


（a）槲皮素　（b）杨梅素

图 4.15　槲皮素和杨梅素

③大豆素和葛根素。大豆素是从大豆中分离得到的一种黄酮类化合物，在葛根和苜蓿中也有较高的含量，具有抗氧化、解痉、提高免疫力、抗雌激素样等作用。野葛、粉葛、峨眉葛中都含有较丰富的葛根素，主要有扩张血管，改善血液循环，降低心肌耗氧量，抑制癌细胞，增加冠脉流量，调整血液微循环，治疗各年龄阶段的突发性耳聋，降低心脑血管疾病危险等功效。

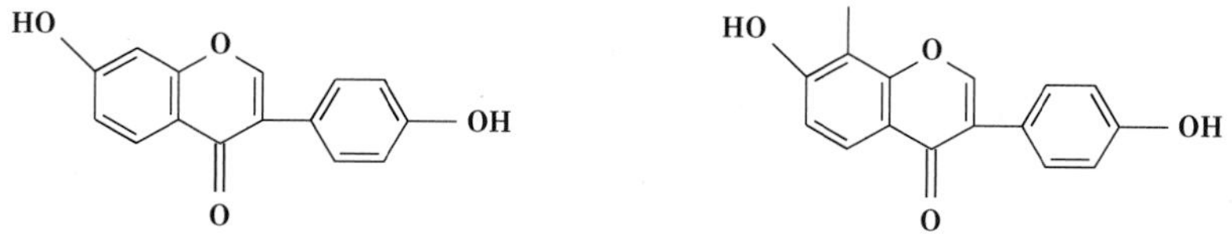


（a）大豆素　（b）葛根素（Glc为葡萄糖的简写）

图 4.16　大豆素和葛根素

④橙皮苷和二氢杨梅素。橙皮苷又称橘皮苷，主要存在于柑橘属果实中，果皮中含量最多，具有维持渗透压、增强毛细血管韧性、降低胆固醇、提高免疫力和抗病毒等功效。二氢杨梅素，又称蛇葡萄素，是藤茶中的主要活性成分，拐枣中含量也较丰富，具有解除醇毒、预防酒精肝、脂肪肝、抑制肝细胞恶化、降低肝癌的发病率、抗高血压、抑制体外血小板聚集和体内血栓形成、降低血脂和血糖水平，提高 SOD 活性等功效。

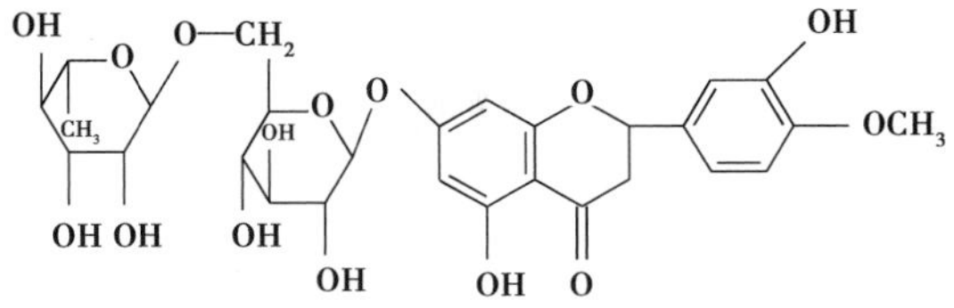

（a）橙皮苷 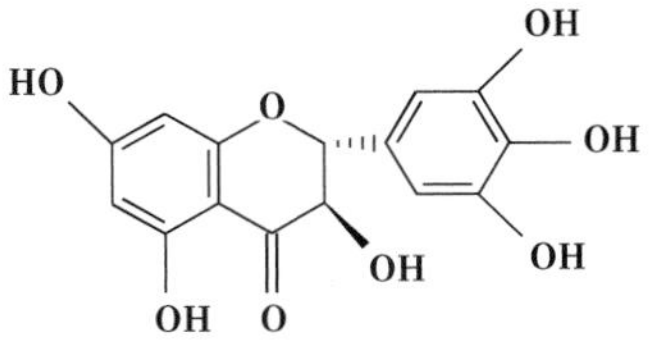　　　　　　　（b）二氢杨梅素

图 4.17　橙皮苷和二氢杨梅素

⑤花色素类。花色素又称花青素，是自然界一类广泛存在于植物花、果、叶中的水溶性天然色素，由花色苷水解生成糖和有颜色的花色素。水果、蔬菜、花卉中的主要呈色物质大部分与之有关。

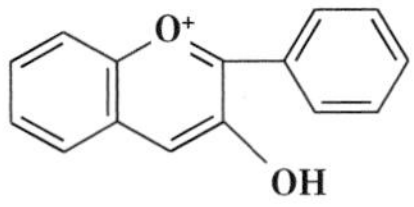

图 4.18　花色素母体

已知天然存在的花青素有 250 余种，存在于 27 个科、73 个属的植物中。花色素最主要的生理活性功能是自由基清除能力和抗氧化能力。研究证明：花青素是当今人类发现的最有效抗氧化剂，也是最强效的自由基清除剂，花青素的抗氧化性能比维生素 E 高 50 倍，比维生素 C 高 20 倍。花青素还具有抑制血压上升、改善视觉、抑制糖尿病等多种生理作用。

**拓展阅读 5：真假红葡萄酒鉴定**

　　红葡萄的皮上和籽上含有"花青素"。由红葡萄发酵制成的红葡萄酒中就含有花青素，其抗氧化活性很强，常喝红葡萄酒的人不易得心脏病。但市面上有一些假葡萄酒，用水兑酒，加色素调配而成，不含花青素。利用这个差别和厨房常备的食用碱即可简单鉴别：先取少量食用碱加水配成溶液，取小半杯红酒倒入配置好的碱液，如是真红酒颜色会变成深蓝色，如是假红酒则没有变化。还可进一步在加碱液变成深蓝色的红酒中加入食用白醋，红酒又恢复成原来的紫红色，原因是花色素在酸性条件下呈现紫红色，而在碱性条件下呈现蓝绿色。这就是酸碱指示剂的变色原理。

图 4.19　用食用碱和醋酸鉴别真假红葡萄酒

⑥儿茶素。在植物体内主要存在（＋）-儿茶素和（-）-儿茶素两种异构体。儿茶素无色，溶于水，是茶叶的重要成分，具有抗氧化、防治心血管疾病、预防癌症、抗病毒等多种功能。

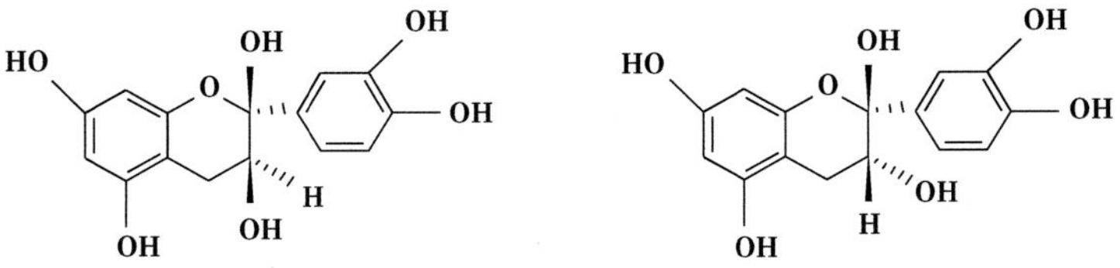

（＋）-儿茶素　　　　　　　（－）-儿茶素

图 4.20　儿茶素

## 4.2.2　生物碱类化合物

（1）概述

人类应用生物碱的历史几乎与人类文明一样久远，罂粟煎剂缓解疼痛的历史可追溯到史前古希腊时期，但直到 19 世纪初，人们才从鸦片中发现了吗啡，吗啡的分离标志着天然药物化学学科的建立，吗啡在市场上的成功掀起了探索生物碱的热潮，一些著名的生物碱类化合物不断被发现。时至今日，生物碱类化合物的数量已超过了12 000 种。生物碱数量的不断增加，原有的定义不断被突破，到目前为止还没有一个令人满意的定义，人们形成的共识是生物碱具有以下几个特点：结构中至少含有 1 个氮原子，一般不包括分子量大于 1 500 的肽类化合物，具有碱性或中性，氮原子源于氨基酸、嘌呤母核和甾体与萜类的氨基化三者之一。

（2）常见食品中的生物碱

①咖啡因、茶碱和可可碱。咖啡因存在于茶叶、咖啡豆和红牛、可乐、咖啡、茶等饮料中，味苦，具有兴奋中枢神经的作用，所以喝这些饮料可以提神。此外咖啡因还具有扩张冠状血管和末梢血管的作用。茶碱存在于茶叶中，味苦，具有降低平滑肌张力、扩张呼吸道，抑制肾小管吸收、增加胃肠分泌的作用。可可豆中的可可碱是茶碱的同分异构体，味苦，具有利尿、心肌兴奋、血管舒张、平滑肌松弛等作用。

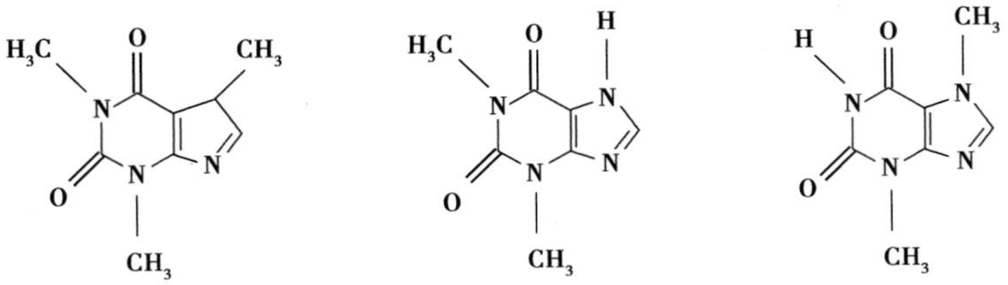

<br>

（a）咖啡因　　　　（b）茶碱　　　　（c）可可碱

图 4.21　咖啡因、茶碱和可可碱

②腺嘌呤、香菇嘌呤和茄碱。腺嘌呤存在于香菇、黑木耳、银耳和灵芝等真菌中，也存在于茄子中。腺嘌呤是重要的抗血小板凝固因子，具有降低血清胆固醇、降低血压和增加血管通透性的作用。香菇中的香菇嘌呤具有降血脂和降胆固醇作用。但是痛风患者不能吃含嘌呤高的食物，因为痛风的发作主要与体内的尿酸有关，而尿酸的生成又主要与嘌呤相关。茄碱广泛存在于茄子、西红柿和马铃薯等茄科植物中，又名龙葵素，具有强心、降压、抗菌、抗过敏和抗肿瘤等作用，同时茄碱对人体有害，过多食用可能会出现恶心、呕吐、腹泻等症状。新鲜蔬菜水果中茄碱含量都是在安全范围之内的，在发芽马铃薯芽眼四周和见光变绿部位，茄碱的含量极高，不能食用。

（a）香菇嘌呤　　　　　　　　（b）茄碱

图 4.22　香菇嘌呤和茄碱

③辣椒碱和胡椒碱。辣椒碱是辣椒中极其辛辣的生物碱，在优质干红辣椒中含量很高，具有很好的镇痛消炎作用，可以治疗关节炎、肌肉疼痛、背痛、运动扭伤和带状疱疹后遗留神经痛等疾病。辣椒碱作为害虫驱避剂，已用作制造防白蚁、防老鼠的功能塑料和涂料，供电缆、地下建筑物和民用家具制造业使用。辣椒碱在军事上可用于制造催泪弹、催泪枪和防卫武器，因此辣椒碱在市场上素有"软黄金"之称。天然辣椒碱粗品还包括二氢辣椒碱、降二氢辣椒碱、高降二氢辣椒碱、高辣椒碱、壬酰荚兰胺、辛酰香荚兰胺等辣椒碱同类物。胡椒中的胡椒碱也是一种辛辣成分，具有免疫调节、抗氧化、抗哮喘、致癌、抗炎、抗溃疡和抗阿米巴痢疾作用。

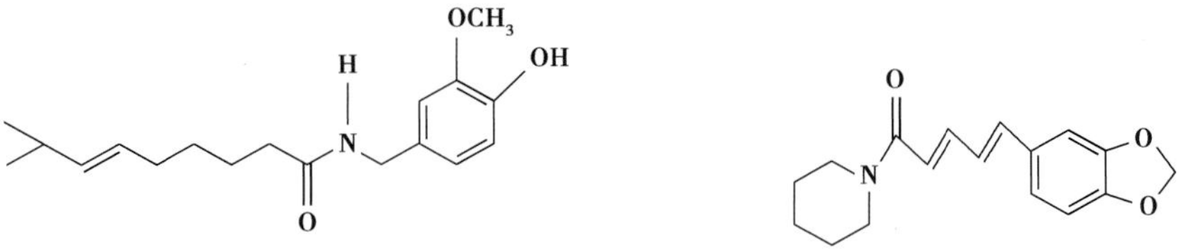

（a）辣椒碱　　　　　　　　　　（b）胡椒碱

图 4.23　辣椒碱和胡椒碱

此外，茄子含有的葫芦巴碱，金针菇和黄花菜中的秋水仙碱和甜菜中的甜菜碱都具有抗肿瘤作用。动物肌肉中的 L-肉毒碱是脂肪氧化分解的促进剂，具有减肥作用，并能在体育运动中增加体力和消除疲劳。

## 4.2.3　萜类化合物

（1）概述

萜类化合物是指由甲羟戊酸衍生而来的、且分子式符合（$C_5H_8$）$_n$ 通式的化合物及其衍生物，$C_5H_8$ 为异戊二烯结构单元，根据 $n$ 的数值依次分为半萜（$n=1$）、单萜（$n=2$）、倍半萜（$n=3$）、二萜（$n=4$）等。萜类化合物在自然界中广泛存在，高等植物、真菌、微生物、昆虫以及海洋生物，都有萜类成分的存在，是天然产物中化合物数量最多的一类，目前已超过 30 000 种。萜类化合物是天然药物中的一类重要的化合物，是许多天然药物的功效成分，2015 年我国科学家屠呦呦获得诺贝尔生理学或医学奖的成果青蒿素就是萜类化合物。同时它们也是一类重要的天然香料，是化妆品和食品工业不可缺少的原料。多萜化合物橡胶是汽车工业和飞机工业的重要原料。

（2）常见食品中的萜类化合物

①单萜。单萜类化合物一般是按其结构中的碳环数目分类，如链状单萜、单环单萜、双环单萜、三环单萜等，其中以单环型和双环型两种结构类型所包含的单萜化合物为多。香叶醇是香叶油、玫瑰油、柠檬草油和香茅油等的主要成分，具有似玫瑰的香气。橙花醇存在于橙花油、柠檬草油和其他多种植物的挥发油中，具有玫瑰香气。香茅醇存在于香茅油、玫瑰油等多种植物的挥发油中……3 种萜醇都是玫瑰香系香料。柠檬醛分为 α - 柠檬醛和 β - 柠檬醛……在柠檬草油、香茅油和木姜子油中含量较高。柠檬醛具有柠檬香气，……和食品工业，是合成维生素 A 的重要原料。薄荷醇是薄荷油中的主要……L - 薄荷醇俗称"薄荷脑"，为白色块状或针状结晶，对皮肤和黏膜有……微弱的麻醉作用，用于镇痛和止痒，也有防腐和杀菌作用。

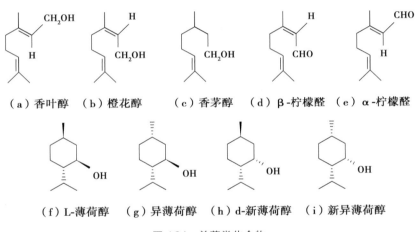

（a）香叶醇　（b）橙花醇　　（c）香茅醇　　（d）β-柠檬醛　（e）α-柠檬醛

（f）L-薄荷醇　　（g）异薄荷醇　　（h）d-新薄荷醇　　（i）新异薄荷醇

图 4.24　单萜类化合物

②倍半萜。倍半萜主要分布在植物界和微生物界，多以挥发油的形式存在，是挥发油高沸程部分的主要组成成分。倍半萜无论是化合物的数目，还是结构骨架的类型都是萜类化合物中最多的一类。金合欢烯存在于生姜、杨树芽、枇杷叶及洋甘菊的挥发油中，有 α、β 两种构型，啤酒花中主要是 β - 金合欢烯。金合欢烯有青香、花香并伴有香脂香气，用于香皂、洗涤剂香精和日化香精。金合欢醇存在于金合欢花油、橙花油和香茅油中。没药烯存在于没药油、柠檬油和八角油中，用于调配柑橘、橙子、香蕉、苹果、生梨等风味食用香精。姜烯存在于生姜、姜黄和百里香等挥发油中，有增进食欲、镇呕止吐的作用。

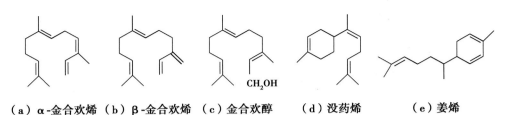

（a）α-金合欢烯　（b）β-金合欢烯　（c）金合欢醇　　（d）没药烯　　（e）姜烯

图 4.25　倍半萜化合物

③二萜。二萜类化合物广泛地分布在植物界，动物和海洋生物也存在许多二萜类化合物。二萜结构骨架的类型超过 100 种，化合物数量近 10 000 个。存在于叶绿素的植物醇，与叶绿素分子中的卟啉结合成酯的形式存在于植物中，曾作为合成维生素 E、维生素 $K_1$ 的原料。A 包括维生素 $A_1$ 和维生素 $A_2$ 两种，维生素 $A_1$ 比维生素 $A_2$ 少一个双键，生物活性却是维生素 $A_2$ 的两倍，通常维生素 A 指的是维生素 $A_1$。尽管二萜一般味苦，但甜叶菊中的甜菊苷却是一类甜味二萜，甜度约为蔗糖的 300 倍，其中又以甜菊苷 A 甜味最强。甜菊苷因其高甜度、低热量、无毒性等优良特性，被作为蔗糖的代用品，广泛用于各种饮料中，供糖尿病患者、高血压患者和低糖食用者使用。此外，存在于银杏中具有抗肿瘤活性的银杏内酯也属于二萜类化合物。

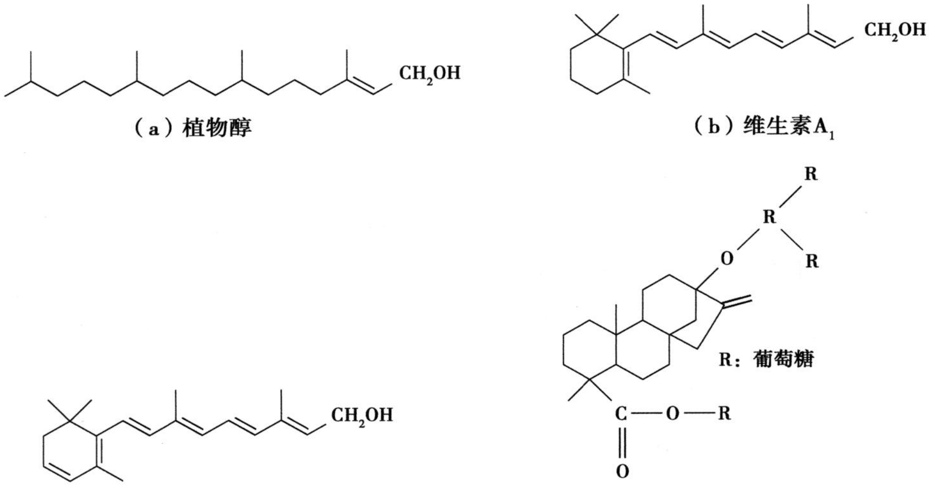

（a）植物醇

（b）维生素 $A_1$

R：葡萄糖

（c）维生素 $A_2$

（d）甜菊苷 A

图 4.26　二萜类化合物

④三萜。角鲨烯是存在于鱼肝油、橄榄油和菜籽油中的一种三萜类化合物，具有降低血脂和软化血管的作用，被誉为"血管清道夫"。此外，角鲨烯还具有提高体内超氧化物歧化酶（SOD）活性、增强机体免疫能力、改善性功能、抗衰老、抗疲劳、抗

肿瘤等多种生理功能。存在于山楂中的山楂酸，具有抗氧化、调节血糖水平和抑制艾滋病病毒等作用。人参皂苷能促进 RNA 蛋白质的生物合成，调节机体代谢，增强免疫功能。目前从人参中发现的三萜数量已超过 200 种。灵芝中的三萜成分具有抗炎、镇痛、镇静、抗衰老、毒杀肿瘤细胞、抗缺氧等作用。大豆中的三萜具有抗脂质氧化、抗自由基、增强免疫调节、抗肿瘤和抗病毒等多种生理功能。

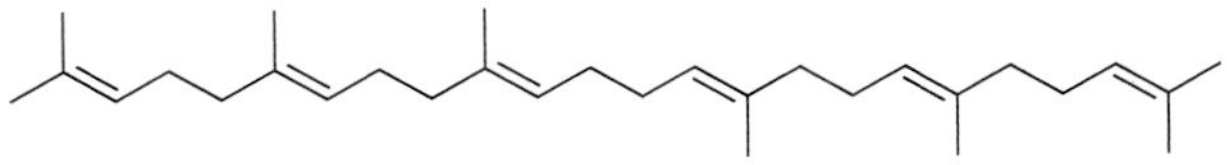

（a）角鲨烯

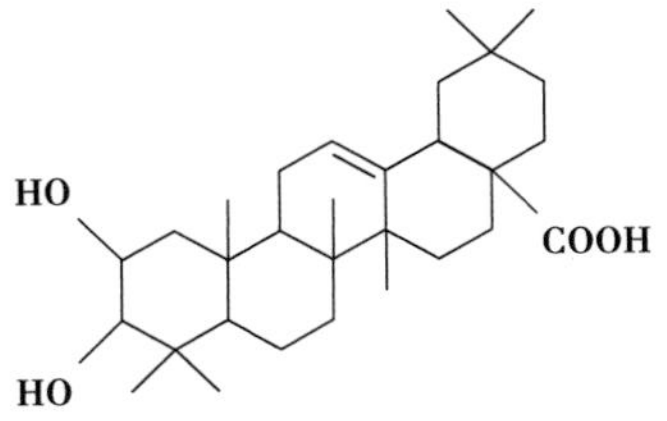

（b）山楂酸 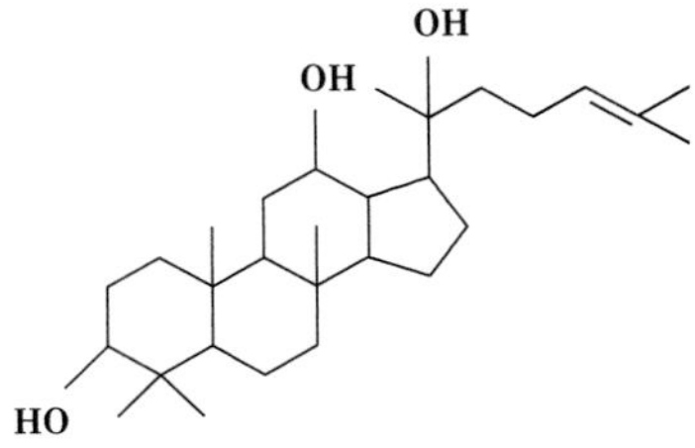　　　　　　　　（c）原人参二醇

图 4.27　三萜类化合物

⑤四萜。β - 胡萝卜素是自然界中最普遍存在，也是最稳定的天然色素。许多天然食物如绿色蔬菜、甘薯、胡萝卜、菠菜、木瓜、芒果等，皆含有丰富的 β - 胡萝卜素。β - 胡萝卜素在动物和人体内经酶催化可氧化裂解成两分子维生素 A，所以被称为维生素 A 原。β - 胡萝卜素具有抗癌、抗氧化、解毒、预防心血管疾病等功能。番茄红素广泛存在于西红柿、西瓜、南瓜、李、柿、胡椒果、桃、木瓜、芒果、番石榴、葡萄、葡萄柚、红莓、云莓、柑橘、萝卜、胡萝卜和甘蓝等果蔬中，具有抗肿瘤、预防心血管疾病、预防动脉硬化、增强人体免疫系统和延缓衰老等功效，而且其抗氧化活性显著优于维生素 E。

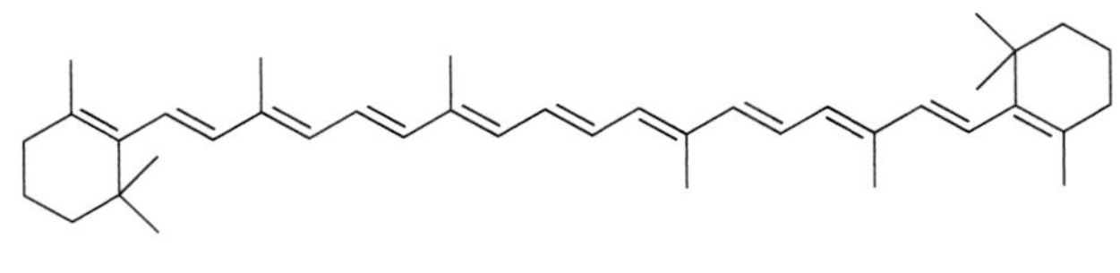

（a）β-胡萝卜素

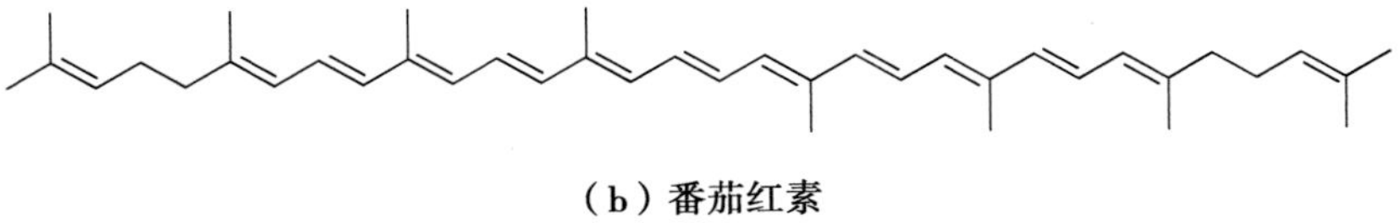

（b）番茄红素

图 4.28　四萜类化合物

## 4.2.4 苯丙素类化合物

（1）概述

苯丙素类化合物是天然存在的一类含有一个或几个 C6—C3 基团的酚性物质，包括简单苯丙素、香豆素、木脂素等，广义上讲黄酮也属于苯丙素类化合物。苯丙素类化合物广泛存在于植物中，不少具有生物活性，在医药、生物、功能食品等领域有广阔的应用前景。

（2）常见食品中的苯丙素化合物

①简单苯丙素。肉桂酸存在于常用炖料桂皮中，用于香精香料、食品添加剂、医药工业、美容、生物农药等领域。肉桂酸的二羟基衍生物咖啡酸在金银花、蒲公英和咖啡中均存在。咖啡酸具有保护心血管、抗诱变抗癌、抗菌抗病毒、降脂降糖、抗白血病、免疫调节、利胆、止血及抗氧化等药理作用。咖啡酸与奎宁酸形成的绿原酸存在于金银花、桑叶、卷心菜、红薯叶和咖啡中，有抗菌、抗病毒和利胆作用。

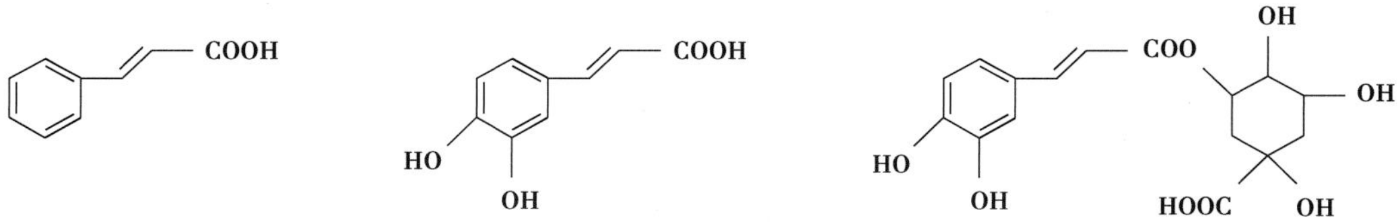

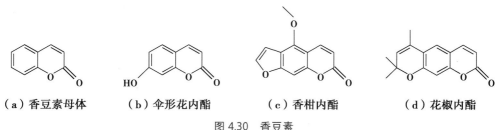

（a）肉桂酸　　　　　（b）咖啡酸　　　　　　（c）绿原酸

图 4.29　肉桂酸、咖啡酸和绿原酸

②香豆素。香豆素是邻羟桂皮酸内酯类成分的总称，具芳香甜味，广泛分布在高等植物的根、茎、叶、花、果、皮和种子等部位，伞形花内酯存在于胡萝卜、西芹、芫荽、小茴香等伞形科蔬菜和柑橘类果实中，具有抗凝血、抗氧化和利尿等作用。来源于芫荽和无花果的香柑内酯具有抗菌、抗血吸虫、降血压和抗凝血等作用。花椒中的花椒内酯具有抗菌、解痉等作用。

（a）香豆素母体　　（b）伞形花内酯　　（c）香柑内酯　　　（d）花椒内酯

图 4.30　香豆素

③木脂素。木脂素是一类由苯丙素双分子聚合而成的天然成分，属于一种植物雌激素，具有抗氧化和防治乳腺癌、前列腺癌和结肠癌等作用。亚麻籽及芝麻中木脂素的含量较高，谷物类食物（如黑麦，小麦，燕麦，大麦等）、大豆、西兰花和草莓中也含木脂素。亚麻籽及芝麻中的芝麻素具有抗病毒、杀菌、抗氧化、杀虫、治疗气管炎等作用。芝麻中的芝麻林素具有消除体内自由基、降低血清胆固醇、调节脂质代谢、保护肝脏等多种生理活性。

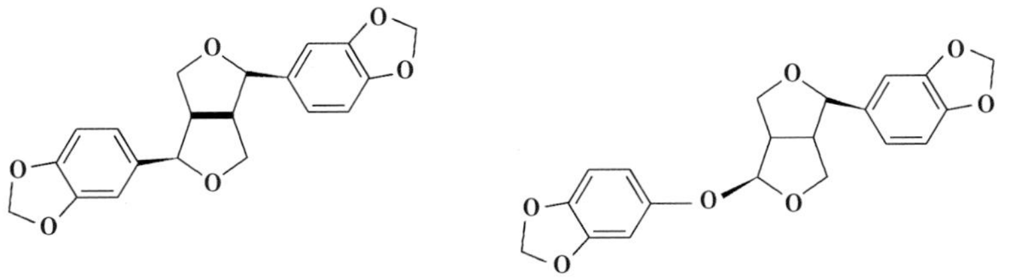

（a）芝麻素　　　　　　　　　　（b）芝麻林素

图 4.31　木脂素

## 4.2.5　甾体化合物

甾体是广泛存在于自然界中的一类天然化学成分，包括植物甾醇、胆汁酸、$C_{21}$ 甾类、昆虫变态激素、强心苷、甾体皂苷等，在保健、节育、医药、农业和畜牧业等方面都有应用。甾体虽然种类繁多，但在结构上有一共同点，即具有环戊烷多氢菲的甾体基本骨架结构。胆固醇和维生素 D 均属于甾体化合物。植物油脂中的植物甾醇主要有 β-谷甾醇、豆甾醇、菜籽甾醇、菜油甾醇和麦角甾醇等，具有降低血液胆固醇、防治前列腺肥大、抑制肿瘤、抑制乳腺增生和调节免疫等作用。麦角甾醇的结构是由我国有机化学先驱庄长恭教授首次提出的。

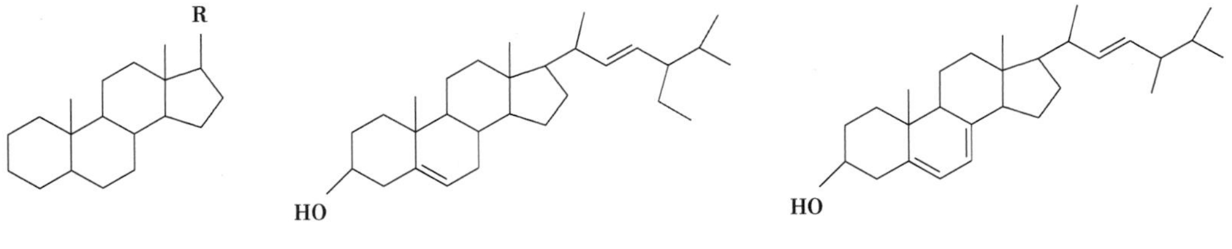

（a）甾体母核　　　　　　（b）豆甾醇　　　　　　（c）麦角甾醇

图 4.32　甾体化合物

## 4.2.6  有机硫化合物

有机硫化合物指分子结构中含有元素硫的一类植物化合物，它们以不同的化学形式存在于蔬菜或水果中，主要分为两大类。第一类是异硫氰酸盐，以葡萄糖异硫酸盐缀合物形式存在于西兰花、卷心菜、菜花、球茎甘蓝、荠菜和小萝卜等十字花科蔬菜中，木瓜中也含有苯甲基异硫氰酸盐，异硫氰酸盐可提高机体免疫能力、增强抗氧化、抗突变和抗癌能力。第二类是葱蒜中的有机硫化合物，大蒜精油含有一系列的含硫化合物，如大蒜素、二烯丙基三硫醚、二烯丙基二硫醚等。有机硫化合物具有抑癌和杀菌作用，如大蒜素可以抑制肿瘤细胞生长和广谱杀菌。切洋葱时的"催人泪下"就是因为切洋葱时生成了强挥发性的丙硫醛—硫—氧化物，扩散到眼睛附近，眼睛出于自保，会促进泪腺分泌眼泪来降低眼睛周围的丙硫醛—硫—氧化物浓度，并将其带走。

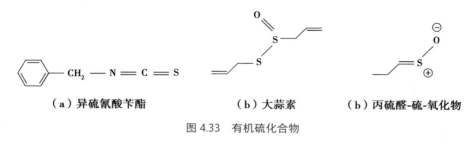

（a）异硫氰酸苄酯              （b）大蒜素              （b）丙硫醛-硫-氧化物

图 4.33  有机硫化合物

## 4.2.7  醌类化合物

醌类化合物是指分子内具有不饱和环二酮结构（醌式结构）或容易转变成这样结构的天然有机化合物。广泛存在于苜蓿、菠菜等绿色植物和猪肝、蛋黄等动物性食物中，能促进血液凝固的脂溶性维生素 K 就属于醌类化合物。来源于胡桃和山核桃的胡桃苷具有抗出血活性，对细菌和真菌也有较强的抑制作用。因具有杀菌、抗炎、美容、强心活血、增强免疫、抗肿瘤、抗衰老、防晒等作用，因芦荟中含有芦荟苷等活性物质，具有杀菌、抗炎、美容、强心活血、增强免疫、抗肿瘤、抗衰老、防晒等作用，近年来越来越受到关注。有些酚类化合物可以氧化生成醌类化合物，酚类化合物种类多，大多具有显著的生理活性。姜酚和姜烯酚是姜的辣味成分，具有促进消化、促进血液循环、抗氧化和抗肿瘤的作用。姜黄中的姜黄素具有降血糖和降低胆固醇作用。

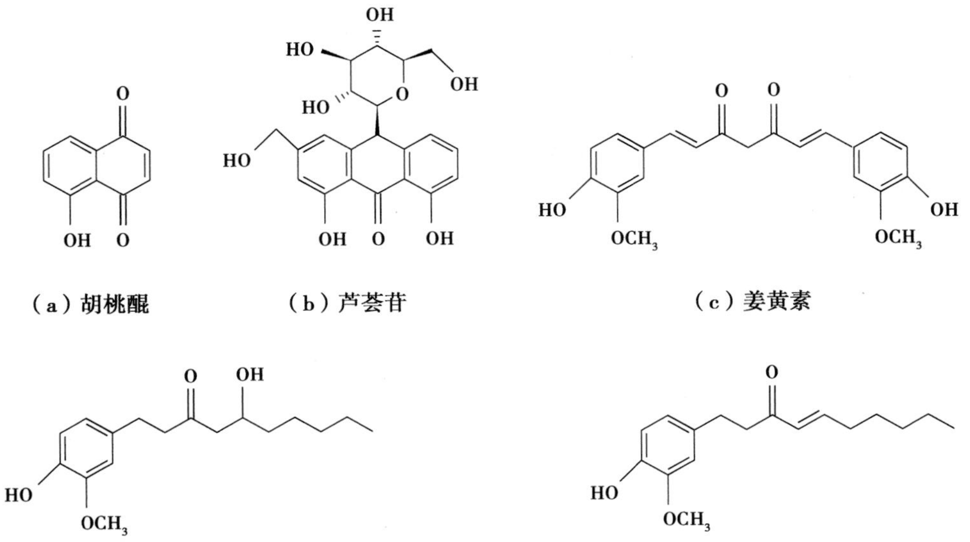

（a）胡桃醌　　　　　（b）芦荟苷　　　　　　　　（c）姜黄素

（d）姜酚　　　　　　　　　　　　　　（e）姜烯酚

图 4.34　醌类化合物

## 4.3　食品风味物质

　　风味是指人以口腔为主的感觉器官对食品产生的综合感觉，包括味觉、嗅觉、痛觉、触觉、视觉和听觉等所产生的综合印象。根据字面意思，"风"指的是飘逸的挥发性物质，一般引起嗅觉反应；"味"指的是水溶性或油溶性物质，在口腔引起味觉反应。所以，狭义的风味一般指味觉和嗅觉的综合感觉。当然，食品风味是一种主观感觉，所以对风味的理解和评价往往会带有强烈的个人或地区的特殊倾向性和习惯性。世界各国对风味的分类也不统一，我国将味感分为酸、甜、苦、咸、辣、鲜和涩 7 种。食品风味除了食品成分在口腔中产生的味感，还包括在鼻腔引起的嗅感，两者结合可使食品具有诱人的滋味。

### 4.3.1　食品甜味物质

（1）天然的甜味剂

天然甜味剂主要以糖、糖浆和糖醇等糖类成分为主，具体介绍如下：

①葡萄糖：甜味有凉爽感，可食用，也可静脉注射。

②果糖：难结晶，易消化，不需胰岛素作用，直接在人体中代谢，不容易升高血糖，

但会在肝脏中合成脂肪，导致血脂升高。

③木糖：不易被吸收、不产生热能、适合糖尿病和高血压患者。

④蔗糖：甜味纯正、甜度大、用量最多最广。

⑤麦芽糖：营养价值最高，不刺激胃黏膜。

⑥乳糖：有助于吸收钙、对气体和有色物吸附性强、易形成金黄色色素。

⑦糖浆：经不完全水解糖化而形成的葡萄糖、麦芽糖、低聚糖及糊精混合物。工业上常用葡萄糖值（DE）来表示淀粉转化的程度，即转化液中所含转化糖（以葡萄糖计）干物质的百分率，将糖浆分为低转化糖浆（DE=30%以下）、中转化糖浆（DE=30%~50%）、高转化糖浆（DE=50%~70%）糖浆3类。

用葡萄糖异构酶能使葡萄糖部分转化成果糖。这种异构糖浆（果葡糖浆）味正、结晶性、发酵性、渗透性、保湿性和耐贮藏性非常好，发展很快。

⑧糖醇：D-木糖醇、D-山梨糖醇、D-甘露醇、麦芽糖醇等。糖醇在人体内代谢不需要胰岛素作用，不妨碍糖原的合成，是一类不使血糖升高的甜味剂，是糖尿病、心脏病和肝脏病患者的理想食品。同时，细菌不能利用木糖醇和麦芽糖醇，所以它们被称为防龋齿的甜味剂。

**拓展阅读6：非糖天然甜味剂**

甘草苷：甘草中的甜味成分，由甘草酸与两个葡萄糖醛酸结合而成（五环三萜皂苷），比甜度为100~300。常用的是其钠盐。不被微生物发酵，有解毒、保肝功效。但由于甜度释放缓慢，很少单独使用，一般与蔗糖和糖精配合使用。

甜叶菊苷：存在于甜叶菊的茎、叶内，由甜叶菊醇（二萜）和葡萄糖及槐糖构成，比甜度200~300，是最甜的天然甜味剂之一。对热、酸、碱稳定，溶解性好，没有苦味和发泡性，有降压、促代谢、治疗胃酸过多等疗效，可作为低能量食品，适宜于糖尿病患者，是已知最有前途的甜味剂之一。

甘茶素：存在于甘茶的叶内，味甜，甜度约为蔗糖的400倍。对热、酸较稳定，兼有防腐、防霉作用，但在水中的溶解性不好。在蔗糖中加入1%的甘茶素可使蔗糖甜度提高3倍。

氨基酸：D型甘、丙、丝、苏、色、脯、羟脯、谷等氨基酸，部分L型氨基酸也有甜味。氨基酸衍生物6-甲基-D-色氨酸的比甜度为1000。

二氢查耳酮衍生物：二氢查耳酮种类很多，有的有甜味，有的无甜味，其甜度可达蔗糖的 100~2 000 倍；有水果香，口感良好，无后苦味，在果汁中添加能增加水果风味的特殊效果；热值低，且不被细菌利用，可广泛用于防龋齿和糖尿病患者食品。但此类化合物耐热性差，使用中受到一定限制。

蛋白质：沙马汀 I 和 II 是从自然界中分离出的具有甜味的蛋白质，它们的甜度约为蔗糖的 2 000 倍。沙马汀 I 由 207 个氨基酸构成，其与甜味受体的作用位点已被确认。莫内林也是从自然界中分离出的具有甜味蛋白质，甜度约为蔗糖的 3 000 倍。

（2）合成甜味剂

①糖精。化学名称为邻苯甲酰磺酰亚胺，甜度是蔗糖的 300~500 倍，吃起来会有轻微的苦味和金属味残留，浓度大于 0.5% 时呈苦味。加热不稳定，产物呈苦味。糖精是历史最久，也最为出名的一种代糖，属于非营养型甜味剂（不产生热量），其名称与俗称"味精"的调味剂齐名，主要用于食品工业，也可用于牙膏、香烟及化妆品中，但自糖精被世界卫生组织国际癌症研究机构公布为 3 类致癌物后，其使用就受到很大限制。

②甜蜜素。化学名称为己胺磺酸钠，比甜度为 40~50，对热、光和空气稳定，加热后略有苦味，属于非营养型合成甜味剂。甜蜜素甜味虽持续时间长且纯正，但是呈现较慢，用量较大。最新研究发现甜蜜素抑制成骨细胞的增殖和分化，危害人体的肝脏和神经系统，使用受到很大限制。

③甜味素。天冬氨酸和苯丙氨酸形成的天冬氨酰苯丙氨酸甲酯，也称为阿斯巴甜，甜度为蔗糖的 100~200 倍，在机体内同其他肽类物质一样被分解成氨基酸，可相互为机体吸收和利用，被广泛应用于药剂加工和食品加工中。但近年来的研究发现阿斯巴甜存在致癌、导致免疫力低下、诱发脑瘤等安全隐患问题，过量使用，可能会危害人们的生命安全。

④安赛蜜。化学名称为乙酰磺胺酸钾，口味与甘蔗相似，甜度是蔗糖的 200 倍，在体内不被吸收利用，不产生能量，化学性质稳定，价格便宜，无致龋性，性能优于阿斯巴甜，被认为是最有前途的甜味剂之一。世界卫生组织和美国食品药品监督管理局、欧盟等权威机构均认定"安赛蜜对人体和动物安全、无害"。当前，全球已有 90 多个国家正式批准安赛蜜用于食品、饮料、口腔卫生、化妆品（可用于口红、唇膏、牙膏和漱口液等）及药剂（用于糖浆制剂、糖衣片、苦药掩蔽剂等）等领域中。

## 4.3.2 食品苦味物质

（1）概述

在食品中有不少苦味物质，单纯的苦味人们不喜欢，但当它与甜、酸或其他味感物质适当调配时，能起到丰富或改进食品风味的特殊作用。如苦瓜、莲子、白果的苦味被人们视为美味，啤酒、咖啡、茶叶的苦味也广泛受到人们的欢迎。

苦味物质一般都含有下列一种原子基团—$NO_2$、$\equiv N$、$-S-$、$-S-S-$、$-SO_3H$、$=C=S$；含 $Ca^{2+}$、$Mg^{2+}$、$NH_4^+$ 的无机盐也有苦味；分子中氢键的存在是苦味物质分子结构的另一特征。苦味感是动物初始排毒的先天性反应，苦味受体对天然毒物的敏感性很高（如奎宁只有 0.000 1%），就能检测出结构破坏离子、蛋白变性物、巯基剥夺物等。俗话讲"良药苦口"，说明苦味物质在治疗疾病方面有着重要作用。但需要强调的是，很多苦味物质的毒性强，如低价态的氮硫化合物、胺类、核苷酸降解产物、毒肽（蛇毒、虫毒、蘑菇毒）等。

（2）食品中重要的苦味物质

①咖啡因、可可碱和茶碱。咖啡因、可可碱和茶碱分别是咖啡、可可和茶中的苦味成分，它们是食品中主要的生物碱类苦味物质，咖啡因在水中的浓度达到 150 mg/kg 时就可表现出中等苦味。

②苦杏仁苷。苦杏仁苷是由氰苯甲醇和龙胆二糖形成的糖苷，存在于许多蔷薇科植物，如桃、李、杏、樱桃、苦扁桃、苹果等的果核、种仁和叶子中，以苦扁桃中含量最高。苦杏仁苷本身无毒，具有镇咳作用。在生食杏仁、桃仁的同时摄入苦杏仁酶会将苦杏仁苷分解为葡萄糖、苯甲醛和氢氰酸引起中毒。

③柚皮苷和新橙皮苷。柚皮苷和新橙皮苷是柑橘类水果中的主要苦味物质，柚皮苷的苦味比奎宁还要强。黄酮苷分子中糖基的种类是决定其是否有苦味的关键因素，如芸香糖和新橙皮糖是同分异构体，都没有苦味。但是与芸香糖形成的黄酮苷都没有苦味，而与新橙皮糖形成的黄酮苷都有苦味。利用这一性质，可以用酶来分解柚皮苷和新橙皮苷，脱除橙汁的苦味。

④胆酸、鹅胆酸和脱氧胆酸。胆汁是动物肝脏分泌并储存于胆囊中的一种液体，味极苦，主要成分是胆酸、鹅胆酸和脱氧胆酸。胆酸的钠盐是利胆药，可用于治疗胆囊炎、胆汁缺乏、肠道消化不良等疾病。

⑤葎草酮、异葎草酮。酒花大量用于啤酒工业，使啤酒具有特别风味，酒花的苦味物质是葎草酮的衍生物。啤酒中葎草酮很丰富，在麦芽汁煮沸时转变成异葎草酮，

当有酵母发酵产生的硫化氢存在时，进一步生成一种带臭鼬鼠味的异戊二烯硫醇。

⑥蛋白质水解物和干酪。蛋白质水解物和干酪具有令人厌恶的苦味，这是由肽类氨基酸侧链的总疏水性引起的，各个侧链的大小和它们的疏水基团性质不相同，苦味也不相同，现在可以通过计算疏水值预测肽类的苦味。

### 4.3.3　食品酸味物质

（1）概述

酸味感是动物进化最早的一种化学味感。许多动物对酸味刺激很敏感，人类由于早已适应酸性物质，故适当的酸味能给人以爽快的感觉，并增进食欲。

酸味是氢离子（$H^+$）刺激舌黏膜引起的，故能解离出 $H^+$ 的物质均有酸味，且不同的酸具有不同的味感，如苹果的酸、橘子的酸和猕猴桃的酸各不相同。而且酸味强度与酸性强弱不呈正相关关系，酸味物质的阴离子对酸味强度有影响。如在有机酸根的 $A^-$ 结构上增加羟基或羧基，则亲脂性减弱，酸味减弱；增加疏水性基团，有利于 $A^-$ 在脂膜上的吸附，酸味增强。

（2）食品中重要的酸味物质

①醋酸。食醋是我国最常用的酸味料之一，其呈味物质主要是醋酸。一般酿醋主要使用大米或高粱为原料，经过适当的发酵，转化为酒精和二氧化碳，酒精再受某种细菌的作用与空气中的氧结合即生成醋酸和水。所以，酿醋的过程就是使酒精进一步氧化成醋酸的过程。食醋的味酸而醇厚，液香而柔和，它是烹饪中一种必不可少的调味品。现用食醋主要有"米醋""熏醋""特醋""糖醋""酒醋""白醋"等，根据产地品种的不同，食醋中所含醋酸的量也不同，一般为 5%~8%，食醋酸味强度的高低主要由其中所含醋酸量的大小所决定。

②柠檬酸。天然柠檬酸在自然界中分布很广，很多种水果和蔬菜，尤其是柑橘属的水果中都含有较多的柠檬酸，特别是柠檬和青柠含有大量柠檬酸，动物骨骼、肌肉和血液中也含有柠檬酸。也可用砂糖、糖蜜、淀粉、葡萄糖等含糖物质发酵人工制备柠檬酸。

柠檬酸及盐类是发酵行业的支柱产品之一，主要用于食品工业，如酸味剂、增溶剂、缓冲剂、抗氧化剂、除腥脱臭剂和风味增进剂等，常见于碳酸饮料、果汁饮料、乳酸饮料等饮料，果酱、罐头、糖果和腌制品等。柠檬酸为食用酸类，可增强人体内正常代谢，适当的剂量对人体无害，但它会促进体内钙的排泄和沉积，如长期食用含柠檬酸的食品，有可能导致低钙血症，并且会增加患十二指肠癌的概率。

③苹果酸。苹果酸，又名 2- 羟基丁二酸，由于其分子中有一个不对称碳原子，有两种立体异构体，所以在大自然中，以 D- 苹果酸、L- 苹果酸和其混合物 DL- 苹果酸 3 种形式存在，最常见的是 L- 苹果酸，存在于不成熟的山楂、苹果和葡萄果实的浆汁中，为天然果汁的重要成分，有特殊愉快的酸味。苹果酸是人体内部循环的重要中间产物，易被人体吸收，且有特殊香味，不损害口腔与牙齿，在代谢上有利于氨基酸吸收，不积累脂肪，是新一代的食品酸味剂，被生物界和营养界誉为"最理想的食品酸味剂"之一，广泛应用于食品、化妆品、医疗和保健品等领域，近年来在老年及儿童食品中正在逐渐取代柠檬酸。

④乳酸。乳酸，即 2- 羟基丙酸，一般由玉米、大米、甘薯等淀粉质原料经发酵法制备。乳酸有很强的防腐保鲜功效，可用在果酒、饮料、肉类、食品、糕点制作、蔬菜（橄榄、小黄瓜、珍珠洋葱）腌制以及罐头加工、粮食加工、水果的贮藏中，具有调节 pH 值、抑菌、延长保质期、调味、保持食品色泽、提高产品质量等作用。乳酸独特的酸味可增加食物的美味，在色拉、酱油、醋等调味品中加入一定量的乳酸，可保持产品中微生物的稳定性、安全性，同时使口味更加温和。在酿造啤酒时，加入适量乳酸既能调整 pH 值促进糖化，有利于酵母发酵，提高啤酒质量，又能增加啤酒风味，延长保质期。

## 4.3.4　食品咸味物质

咸味对食品调味十分重要，没有咸味就没有美味佳肴。咸味对人体健康也十分重要，没有咸味就没有身体健康。咸味是中性盐显示出来的味感，只有氯化钠咸味纯正，故以氯化钠为参照，其他盐均有副味。

氯化钠是主要食品咸味剂，俗称食盐，是人体中不可缺少的物质成分。但是食盐的过量摄入会导致高血压、水肿、胃癌和白内障等，对人体健康造成危害，这就要求对食盐替代物的开发。近年来，研究发现氯化钾、硫酸镁、苹果酸钠和葡萄糖酸钠也具有纯正的咸味，可用于无盐酱油和肾脏病患者的特殊需要。此外，氨基酸的盐也有咸味，且有些复合物，如 86% 的 $H_2NCOCH_2N^+H_3Cl^-$ 加入 14% 的 5'- 核苷酸钠，其咸味与食盐并无区别，有可能成为未来的食品咸味剂。

## 4.3.5　食品辣味物质

辣味是刺激舌、口腔黏膜、鼻腔黏膜、皮肤、三叉神经而引起的一种灼痛的感觉，刺激的部位主要在舌根部的表皮，严格来讲属于触觉。辣味物质的结构包括具有起定味作用的亲水基团和起助味作用的疏水基团。适当的辣味可增进食欲，促进消化液分泌，在食品烹调中经常使用辣味物质作为调味品。

天然食用辣味物质按其味感的不同，大致可分为热辣味、辛辣味和刺激性辣味。热辣味是无芳香的辣味，在口腔中产生灼烧的感觉，常温下不刺鼻，高温下能刺激咽喉黏膜。如红辣椒主要呈辣成分有辣椒素、二氢辣椒素，胡椒中的胡椒碱，花椒中的花椒素。辛辣味除辣外，还伴随有较强烈的挥发性芳香味物质。如姜、肉豆蔻、丁香等。姜的辣味成分是一类邻甲氧基酚基烷基酮，主要成分为 6- 姜醇。鲜姜脱水生成姜酚更为辛辣；受热后生成姜酮，辣味缓和。刺激性辣味除刺激舌和口腔黏膜外，还能刺激鼻腔和眼睛，对味觉和嗅觉器官有双重刺激，常温下具有挥发性，如蒜、葱、韭菜等，主辣成分为蒜素，为二硫化合物，受热后分解生成硫醇，有甜味。芥末、萝卜主要成分为异硫氰酸酯类化合物，受热后水解为异硫氰酸，辣味减弱。

## 4.3.6　食品鲜味物质

鲜味是呈味物质（如味精）产生的能使食品风味更为柔和、协调的特殊味感，鲜味物质与其他味感物质相配合时，有强化其他风味的作用，所以，各国都将鲜味列为风味增强剂或增效剂。

常用的鲜味物质主要有氨基酸类和核苷酸类。氨基酸类包括谷氨酸一钠（俗称味精）、谷甘丝三肽和水解植物蛋白等；核苷酸类包括 5- 肌苷酸、5- 鸟苷酸、5' - 黄苷酸等。有些天然存在的肽类如谷胱甘肽、谷谷丝三肽和植物蛋白质、微生物核酸等水解产物也是鲜味剂。琥珀酸及其钠盐是贝类鲜味的主要成分，琥珀酸多用于果酒、清凉饮料、糖果，其钠盐多用于酿造商品及肉制品。天冬氨酸及其一钠盐也有较好的鲜味，强度比谷氨酸一钠盐弱，是竹笋等植物的主要鲜味物质。

## 4.3.7　食品涩味物质

涩味是因口腔黏膜受到涩味物质的作用，导致黏膜蛋白凝固紧缩而形成的一种味感，因此，涩味不是由于作用于味蕾产生的。食品中天然涩味物质主要是多酚类化合物、醛类和草酸。柿子、茶叶、香蕉、石榴等果实中涩味物质主要是酚类物质。茶叶、葡萄酒中的涩味物质也是酚类物质，加工方法不同，制成的各种茶类所含酚类物质不同，因此涩味程度也不相同，一般绿茶酚类物质多，红茶经过发酵后酚类物质减少，所以绿茶比红茶涩味浓烈。未成熟柿子的涩味是典型的涩味，其涩味成分是以无色花青素为基本结构的配糖体，也属于酚类化合物，随着果实的成熟，酚类物质会被氧化、聚合形成不溶于水的物质，涩味也随之消失。有些蔬菜、水果中由于存在草酸、香豆素和奎宁酸等，也会产生涩味；某些无机物如铁、明矾等也可导致涩味。

除了味感物质外，引起嗅觉的嗅感物质也是食品风味的重要组成。嗅感物质多具挥发性，一般成分多，含量甚少；多数为热不稳定的物质；分子量不大，一般为26~300 等特点。而且任何一种食品的香气都并非由一种呈香物质单独产生，而是多种呈香物质的综合反映。常见的嗅感物质如醛类（C8~C12）的饱和醛有良好的香气，如壬醛有玫瑰香和杏仁香，月桂醛（十二醛）呈花香，甜瓜醛有甜瓜香气；酮类（丙酮有类似薄荷的香气；2-庚酮有类似香蕉和梨的香气；低浓度的丁二酮有奶油香气；茉莉酮有茉莉花香）；羧酸（低级饱和脂肪酸有刺鼻的气味；不饱和脂肪酸很多具有愉快的香气）；酯类（由低级脂肪酸和脂肪醇形成的酯，具有各种水果香气，内酯尤其是 γ- 或 δ-内酯有特殊香气，如芹菜内酯）；芳香族化合物（杏仁香气的苯甲醛，肉桂香气的桂皮醛，香草香气的香草醛，茴香香气的茴香脑和丁香香气的丁香酚等）；萜类（紫罗兰香气的紫罗酮、香辛料香气的水芹烯等）；含硫化合物（葱、蒜、韭菜等蔬菜中的香辛成分的主体是硫化物，如二烯丙基硫醚和二硫化二烯丙基）；含氮化合物，食品中低碳原子数的胺类，几乎都有恶臭，多为食物腐败后的产物。如甲胺，二甲胺，丁二胺（腐胺），戊二胺（尸胺）等，且有毒；杂环化合物（噻唑类化合物具有米糠香气或糯米香气，维生素 $B_1$ 也有这种香气。有些杂环化合物有臭味，如吲哚及 β-甲基吲哚）。

## 4.4 食品添加剂

### 4.4.1 概述

人们对食品添加剂的印象往往都不好，认为它有毒、没有营养和加重身体负担等，事实上食品添加剂却是食品工业中不可或缺的重要组成部分，虽然提出的时间不长，但人们实际使用食品添加剂的历史却非常久远，如2 000 多年前西汉的《淮南子》中记载了在制作豆腐过程中添加的盐卤水；发馒头用的碱面等。食品添加剂大大促进了食品工业的发展，并被誉为现代食品工业的灵魂，因为它给食品工业带来许多好处，如防止变质、改善感官、方便供应和方便加工等。可以这么说，没有食品添加剂，就没有琳琅满目的食品。公众谈食品添加剂色变，更多的原因是混淆了非法添加物和食品添加剂的概念，将一些非法添加物的罪名扣到了食品添加剂的头上。极少数不良厂家对食品添加剂滥用也加大了公众对食品添加剂的不信任。事实上，迄今为止，中国出现的对人体健康造成伤害的食品安全事件，没有一件是因为合法使用食品添加剂造成的。因此，公众了解一些食品添加剂的知识，正确认识食品添加剂很重要。

世界各国对食品添加剂的定义不尽相同，联合国粮食及农业组织（FAO）和世界卫生组织联合食品法规委员会对食品添加剂定义为：食品添加剂是有意识地一般以少量添加于食品，以改善食品的外观、风味和组织结构或贮存性质的非营养物质。美国对其的定义为：由于生产、加工、贮存或包装而存在于食品中的物质或物质混合物，而不是基本的食品成分。我国对食品添加剂定义为：指为改善食品品质和色、香和味以及为防腐、保鲜和加工工艺的需要而加入食品中的人工合成物或者天然物质。食品添加剂具有以下 3 个特征：一是为加入食品中的物质，它一般不单独作为食品来食用；二是既包括人工合成的物质，也包括天然物质；三是将其加入食品的目的是改善食品品质和色、香、味以及为防腐、保鲜和加工工艺的需要。

图 4.35　超市中琳琅满目的食品

根据《食品安全国家标准 食品添加剂使用标准》（GB 2760—2019），我国食品添加剂分为 21 类，包括酸度调节剂、抗结剂、消泡剂、抗氧化剂、漂白剂、膨松剂、胶姆糖基础剂、着色剂、护色剂、乳化剂、酶制剂、增味剂、面粉处理剂、被膜剂、水分保持剂、营养强化剂、防腐剂、稳定和凝固剂、甜味剂、增稠剂，其他。

没有它
雪碧、可乐、橙汁
都是一个颜色

没有它
饼干会硬得能
磕掉大牙

没有它
麻花、坚果会有
一股哈喇味

没有它
我们只能吃到
碎成渣的薯片

图 4.36　食品添加剂在食品工业中的应用

## 4.4.2　常见的食品添加剂

（1）酸度调节剂

酸度调节剂具有增进食品质量的功能，普遍用于各类食品中。相当一部分糖果与巧克力制品采用酸味剂来调节和改善香味效果，尤其是水果型的制品。常用的有柠檬酸、酒石酸、乳酸、苹果酸、磷酸、富马酸、柠檬酸钠、柠檬酸钾、氢氧化钠、碳酸钾、碳酸钠等。

（2）防腐剂

防腐剂是一类加入食品中能防止食品腐败，延长食品保质期的物质，其本质是具有抑制微生物增殖或延缓微生物生长的一类化合物。食品防腐剂的添加方式有直接添加（面包和糕点等食品）、表面喷洒或涂布（水果和蔬菜保鲜）和采用气相防腐处理（月饼包装，乙醇溶液喷洒腐竹等）。常见的防腐剂有有机酸及其盐类防腐剂（苯甲酸及其盐类、山梨酸及其盐类等）、酯类防腐剂（对羟基苯甲酸乙酯）、生物类防腐剂（乳酸链球菌素、壳聚糖和溶菌酶等）。

（3）抗氧化剂

食品在加工和贮存过程中会发生一系列化学、生物变化，其中氧化反应尤为突出，这不仅降低了食品营养价值，使风味和颜色劣变，而且会产生有害物质，危及人体健康。抗氧化剂是指能防止或延缓油脂或食品成分氧化分解、变质，提高食品稳定性的物质。具有抗氧化作用的物质有很多，但可用于食品的抗氧化剂应具备优良的抗氧化效果，本身及分解产物都无毒无害、稳定性好、与食品可以共存、对食品的感官性质（包括色、香、味等）没有影响，使用方便，价格便宜等特点。

食品抗氧化剂按其来源分为化学合成抗氧化剂和天然抗氧化剂。化学合成抗氧化剂由于其良好的抗氧化性能和价格优势，目前广泛使用，主要有丁基羟基茴香醚（BHA）、二丁基羟基甲苯（BHT）、没食子酸丙酯（PG）、叔丁基对苯二酚（TBHQ）等。天然抗氧化剂的毒性远低于人工合成抗氧化剂的毒性，因此，近年来从自然界中寻求天然抗氧化剂的研究越来越受到重视。在天然抗氧化剂中，酚类化合物仍然是最重要的一类，如自然界中广泛存在的生育酚、茶叶中的茶多酚、芝麻中的芝麻酚等均是优良的抗氧化剂。黄酮类化合物（主要抗氧化物的功效成分即总黄酮）和某些氨基酸、肽类也具有抗氧化活性。许多香辛料中也存在一些抗氧化活性，如鼠尾草酚酸、迷迭香酸、生姜中的酚酮和姜脑。此外，维生素 C 及其衍生物抗坏血酸棕榈酸酯、类葫芦卜素等天然抗氧化剂已得到广泛的应用。

（4）着色剂

着色剂又称为食用色素，指使食品着色和改善食品色泽的食品添加剂。特别值得注意的是，常见的着色剂一般不是人体必需的营养素，所以它的使用涉及食品安全性问题，在世界各国都必须获得官方机构的批准认可。着色剂成分复杂，根据来源不同可分为食用天然色素和人工合成色素两大类。

食用天然色素主要是指从天然原料中提取的色素，以植物性色素为主。食用天然色素的安全性高、资源丰富，目前国际上已开发的食用天然色素在 100 种以上，大力发展食用天然色素已成为食品着色剂的发展方向。我国规定允许使用的天然色素已有40 种以上，常见的有红曲色素，其商品名为红曲红，是一组由红曲霉素分泌产生的包含紫色的红斑红曲胺和红曲玉红胺、橙色的红斑红曲素和红曲玉红素、黄色的红曲素和黄红曲素等 6 种酮类衍生物在内的多种成分的混合色素。红曲色素早在我国古代就已用于食品着色，其安全性高、性能稳定、工艺性能好，已广泛应用于酒类、水产品、畜产品、豆制品、酿制食品和各种糕点中。

人工合成色素也大量应用于食品加工中，与天然色素相比，合成色素具有色彩鲜艳、着色力强、化学性质稳定和结合牢固等优点，但多数合成色素具有毒性，安全性较差。我国目前允许使用的人工合成色素主要有胭脂红、苋菜红、柠檬黄、日落黄、靛蓝、亮蓝、

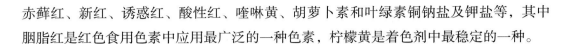

赤藓红、新红、诱惑红、酸性红、喹啉黄、胡萝卜素和叶绿素铜钠盐及钾盐等，其中胭脂红是红色食用色素中应用最广泛的一种色素，柠檬黄是着色剂中最稳定的一种。

（5）乳化剂

食品乳化剂是在添加于食品后可显著降低油水两相界面张力，使互不相溶的油（疏水性物质）和水（亲水性物质）形成稳定乳浊液的食品添加剂。食品乳化剂在食品生产和加工过程中占有重要的地位，广泛应用于饮料、乳品、糖果、糕点、面包和方便面等食品，如乳化剂可以防止淀粉制品的老化、回生、沉凝，使制成的面包、糕点等淀粉类制品具有柔软性，起到保鲜作用；防止巧克力起霜，提高其表面光滑度，具备良好的塑变性及低黏度等。我国已经批准使用的食品乳化剂有脂肪酸多元醇酯、大豆磷脂、吐温、硬脂酰乳酸钠（钙）、木糖醇酐单硬脂酸酯、硬脂酸钾、山梨醇酐单月桂酸酯、山梨醇酐单棕榈酸酯、氢化松香甘油酯等 30 种产品。

（6）增稠剂

增稠剂是一类能溶解或分解在水中，稳定乳状液、悬浮液和泡沫，提高食品黏度或形成凝胶的食品添加剂。食品增稠剂可以改善和增加食品的黏稠度，保持流态食品、胶冻食品的色、香、味和稳定性，改善食品物理性状，赋予食品黏润、适宜的口感，并兼有乳化、稳定或使呈悬浮状态的作用，是食品工业广泛应用的一类重要的食品添加剂。

目前市场上可选用的增稠剂主要有无机增稠剂、纤维素类、聚丙烯酸酯和缔合型聚氨酯增稠剂等。纤维素类增稠剂的使用历史较长、品种很多，有甲基纤维素、羧甲基纤维素、羟乙基纤维素、羟丙基甲基纤维素等，曾是增稠剂的主流，其中最常用的是羟乙基纤维素。聚氨酯类增稠剂是近年来新开发的缔合型增稠剂。无机增稠剂是一类吸水膨胀而形成触变性的凝胶矿物，主要有膨润土、凹凸棒土、硅酸铝等，其中膨润土最为常用。增稠剂还可按来源分为天然高分子及其衍生物（如淀粉、明胶、海藻酸钠、干酪素、瓜尔胶、甲壳胺、黄原胶等）和合成高分子（聚丙烯酰胺、聚乙烯醇、聚氧化乙烯、卡波树脂、聚丙烯酸、聚丙烯酸钠、聚氨酯等）。

（7）其他

护色剂是防止肉类物质发生褐变的一类食品添加剂，常用的是硝酸钠和亚硝酸钠。调味剂：鲜味物质（味精等氨基酸类和鸟苷酸二钠等鲜味核苷酸）；甜味剂（甜蜜素、安赛蜜、麦芽糖醇、木糖醇、三氯蔗糖、阿斯巴甜等）；酶制剂（α- 淀粉酶、纤维素酶、木瓜蛋白酶等）；稳定剂和凝固剂（硫酸钙、柠檬酸亚锡二钠、葡萄糖 -δ- 内酯等）；

水分保持剂（磷酸氢二钠、磷酸二氢钠等）；膨松剂（硫酸铝铵、磷酸氢钙、啤酒酵母等）；漂白剂（二氧化硫、亚硫酸氢钠、硫磺）；胶姆糖基础剂（氢化松香甘油酯）和营养强化剂（富马酸亚铁、硒化卡拉胶、葡萄糖酸锌、乳酸亚铁、牛磺酸、维生素 A 油、维生素 $D_2$、维生素 $D_3$、维生素 E、核黄素、叶酸、肌醇、抗坏血酸）等。

## 4.5 食品污染物

食品污染，是指食品及其原料在生产、加工、包装、运输和贮藏等过程中某些有毒有害物质进入食品，使食品的营养价值和品质降低而对人体产生不同程度的危害。如因农药、废水、污水、非法添加剂、病虫害和家畜疫病等引起的污染，霉菌毒素引起的食品霉变，运输、包装材料中有毒有害物质对食品造成的污染。安全性是食品的第一要素，食品安全要求消费者所摄入的食品没有受到任何有害物质的污染。食品污染物主要来源于 4 个方面：食品中存在的天然有害成分，环境污染物，食品生产、加工过程中一些化学添加剂、色素的不当使用和食品加工、贮藏、运输及烹饪过程中产生的物质以及工具、用具中带来的污染物。

就危害性大小而言，微生物污染产生的有害物质危害最大，来自环境污染的危害次之。农药、兽药、食品添加剂等的滥用都会造成不同程度的危害，同时还要注意一些食品中天然成分的毒性。食品安全性的高低不能只通过判断是否为天然成分而确定，因此"纯天然的""无任何添加物"等食品广告宣传用语没有任何科学性，完全是误导消费者。"不存在任何化学物质"之类的表述，更是完全错误的说法。

### 4.5.1 食品中存在的天然有害成分

（1）有害糖苷类

有害糖苷类又称生氰配糖体类，是指由葡萄糖、鼠李糖等为配基所结合的一类具有毒性的各种糖苷类化合物，主要存在于木薯、甜土豆、干果类、菜豆、利马豆、小米、黍等作物中。消费者如食入过量的有害糖苷类，将表现出胃肠道不适，体内糖及钙的运转受影响，出现甲状腺肿等。有毒糖苷的主要特征是在酶促作用下水解产生硫（代）氰酸盐、异硫氰酸盐和过硫氰酸盐。食品原料中的主要有害糖苷类见表 4.7。

表 4.7　食品原料中的主要有害糖苷类

| 糖苷 | 食物原料 | 水解后的有毒成分 |
|---|---|---|
| 苦杏仁苷和野黑樱苷 | 苦扁桃和干艳山姜的芯 | 氢氰酸 |
| 亚麻苦苷 | 亚麻籽种子及种子粕 | 氢氰酸 |
| 巢菜糖苷 | 豆类（乌豌豆和巢菜） | 氢氰酸 |
| 里那苷 | 金甲豆（黑豆）和鹰嘴豆、蚕豆 | 氢氰酸 |
| 百脉根苷 | 牛角花属的百脉根 | 氢氰酸 |
| 蜀黍氰苷 | 高粱及玉米 | 氢氰酸 |
| 黑芥子苷 | 黑芥末 | 异硫氰酸盐丙酯 |
| 葡萄糖苷 | 各种油菜科植物 | 5-乙烯-2-硫代恶唑烷 |
| 芸台葡萄糖硫苷 | 各种油菜科植物 | 各种硫化氢化合物 |

十字花科植物包括诸如卷心菜、花茎甘蓝、芜箐、芥菜和萝卜和辣根以及水田芥等都含有较多的硫代葡萄糖苷，也是食物中重要的有害成分之一。由皂苷元和糖、糖醛酸或其他有机酸所组成的皂素对消化道黏膜有较强的刺激性，可引起局部充血、肿胀及出血性炎症，以致造成恶心、呕吐、腹泻和腹痛等症状，如来源于茶籽由三萜皂苷元和糖及有机酸三部分所组成的茶皂素，对动物红细胞有破坏作用。

（2）有害氨基酸及其衍生物

有害氨基酸的存在会干扰人体正常氨基酸的代谢。如金龟豆病是尿道病变的一种，把金龟豆作为珍味而食用的人易患此病，因为金龟豆中含有一种今可豆氨酸，与胱氨酸结构相似，干扰了胱氨酸的代谢而使人患金龟豆病。有害氨基酸包括骨质中毒性化合物，如 β-氨基丙腈，β-（N-γ-谷氨酰）-氨基丙腈等和神经中毒性化合物，如 α，γ-二氨基-酪酸，β-氰-L-丙氨酸等。有毒氨基酸主要存在于豆科植物中，据不完全统计，目前约有 130 种豆科植物品种中含有有毒氨基酸，它们主要分布在寒带及热带非洲和南美洲的山区。此外，在真菌属的毒蕈中含有毒肽，易误食而中毒甚至死亡。

（3）凝集素

凝集素是存在于几乎所有食物中的碳水化合物结合蛋白家族，特别是豆类和谷物。豆类中含有植物血球凝集素，有凝血作用，其中毒症状为呕吐、严重的腹痛、腹泻等。由于植物血球凝集素属于蛋白质，加热煮熟即可使蛋白凝固而失去毒性。在豆类、谷物、马铃薯等组织中含有胰蛋白酶抑制剂（存在于豆类、马铃薯）和淀粉酶抑制剂（存在于谷物如小麦、菜豆、生香蕉等）。若不进行加热处理或未成熟食用，会引起消化不良等症状。

此外，广泛存在于马铃薯、西红柿及茄子等茄科植物中的龙葵碱可因破坏人体红细胞而致毒，是马铃薯引起食物中毒的主要因素。主要症状是呼吸困难、心脏麻木。棉酚是锦葵科植物棉花的根、茎和种子所含的一种黄色多元酚类有毒化合物，若人长期食用含有超标棉酚的棉籽蛋白食品，会产生一系列蓄积性中毒反应。黄花菜中的秋水仙碱在体内被氧化成强毒的氧化二秋水仙碱，破坏血液循环。河豚等毒鱼类中的内脏、卵巢、眼睛、血液等均含有毒素，其毒素成分有河豚素、河豚酸、河豚卵巢毒素等，加热烹饪不能除去毒性，烹饪前必须要除去内脏、皮，把血放干净等。河豚毒素是一种毒性极强的神经毒剂，毒性是氰化钠的 1 000 倍以上。

图 4.37　发芽的马铃薯和未成熟的西红柿

## 4.5.2　环境污染物

随着工业化发展带来的环境污染日趋严重，越来越多的有毒有害物质进入食品而使食品的营养价值和质量降低，导致对人体产生不同程度的危害。环境中能够对食品安全造成影响的污染物是多种多样的，它们主要来源于工业、采矿、能源、交通、城市排污及农业生产，并通过大气、水体、土壤及食物链危及人类饮食安全，详见表 4.8。

表 4.8　食品中的环境污染物

| 名称 | 来源 | 污染物成分 | 危害 |
|---|---|---|---|
| 大气污染物 | 煤和石油等矿物燃料燃烧 | $SO_2$、氮氧化物、碳氧化物、碳氢化合物和烟尘等 | 影响钙吸收，肝肾功能受损等 |
|  | 工业生产 | 氟化物(氟气、氟化氢、四氟化硅和含氟粉尘等) | 氟斑牙和氟骨症 |
|  |  | 镉、铍、锑、铅、镍、铬、锰、汞等 | 影响神经系统、内脏功能和生殖、遗传等 |
| 水体污染 | 工业污染、农业污染、生活污染 | 金、银、汞、铜、铅、镉和铬等重金属污染物及其转化的化合物，氰化物 | 重金属中毒，如慢性甲基汞中毒(俗称水俣病)，急性中毒 |

续表

| 名称 | 来源 | 污染物成分 | 危害 |
|---|---|---|---|
| 土壤污染 | 土壤施肥、施用农药、用污水灌溉、地面堆放废物，大气中的污染物沉降 | 无机污染物，如汞、镉、铅等重金属，过量的氮、磷植物营养元素；有机污染物，如各种化学农药、石油及其裂解产物等；放射性污染物，如锶和铯等 | 重金属中毒，农药中毒等 |
| 持久性有机污染物 | 原先进入环境中难以降解的、有毒、有害物质 | 二噁英［70多种多氯二苯并二噁英（PCDD）和130多种多氯二苯并呋喃（PCDF）］和多氯联苯（200多种） | 氯痤疮，皮肤发生增生和过度角化、肝毒性；造成脑部、皮肤及内脏的疾病，并影响神经、生殖及免疫系统 |

### 4.5.3　食品生产、加工过程中使用的化学物质

（1）农药残留

农药广义的定义是指用于预防、消灭或者控制危害农业、林业的病、虫、草和其他有害生物以及有目的地调节、控制、影响植物和有害生物代谢、生长、发育、繁殖过程的化学合成或者来源于生物、其他天然产物及应用生物技术产生的一种物质或者几种物质的混合物及其制剂。许多蔬菜、谷物使用杀虫剂预防或控制病虫害，使用杀菌剂以防止真菌的生长、使用除草剂或生长抑制剂有选择地除去杂草，这些都能造成食物的化学污染，进而对人体造成危害。一般按化学组成可将农药分为有机磷、有机氯、氨基甲酸酯、拟除虫菊酯等类型。

①有机磷类农药。有机磷农药是人类最早合成且仍在广泛使用的一类杀虫剂，早期发展的大部分是高效高毒品种，如对硫磷、甲胺磷、毒死蜱和甲拌磷等。以后逐渐发展了许多高效、低毒、低残留品种，如敌敌畏、乐果、敌百虫（图4.38）、马拉硫磷、二嗪磷和杀螟松等。有机磷农药大多为酯类，性质不稳定，尤其在碱性、紫外线、氧化及热的作用下极易降解。除内吸性很强的有机磷农药外，食品中残留的有机磷农药在经洗净、烹调和加工后会有不同程度的减少。有机磷农药是神经毒素，主要是竞争性抑制乙酰胆碱酯酶的活性，导致中枢神经系统过度兴奋而出现中毒症状。

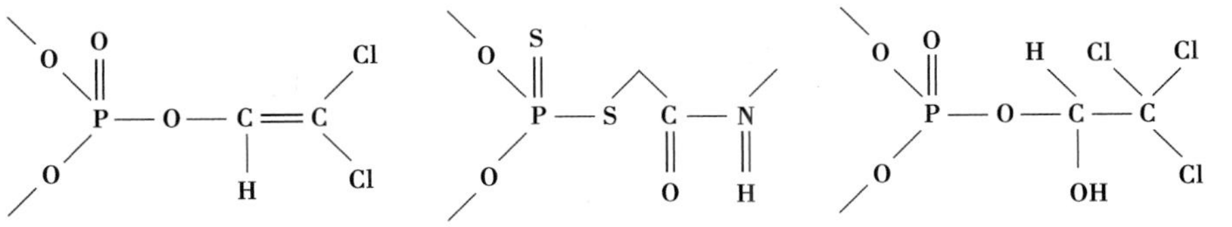

（a）敌敌畏　　　　　　　（b）乐果　　　　　　　（c）敌百虫

图 4.38　有机磷类农药

②有机氯类农药。有机氯农药是用于防治植物病、虫害的组成成分中含有氯元素的有机化合物。主要分为以苯为原料和以环戊二烯为原料的两大类。前者包括使用最早、应用最广的杀虫剂滴滴涕（DDT）和六六六（HCH），以及杀螨剂三氯杀螨砜等（图 4.39），杀菌剂五氯硝基苯、百菌清、道丰宁等；后者包括作为杀虫剂的氯丹、七氯、艾氏剂等。氯苯结构较稳定，生物体内酶难以降解，所以积存在动、植物体内的有机氯农药分子消失缓慢，通过食物链进入人体的有机氯农药能在肝、肾、心脏等组织中蓄积，特别是由于这类农药脂溶性大，所以在体内脂肪中积累很多，目前多数品种已经禁止用于蔬菜、茶叶、烟草等作物上。

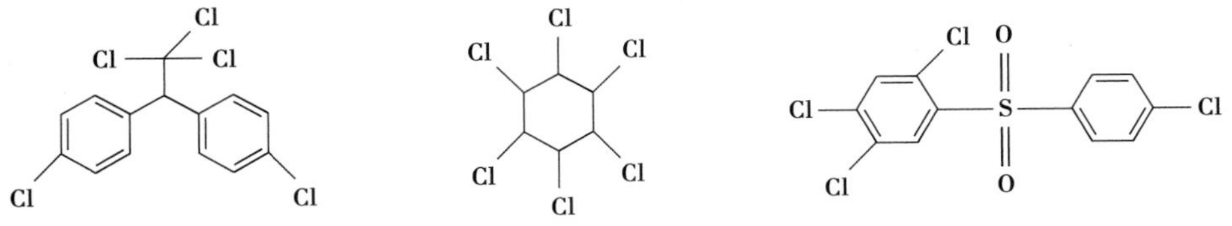

（a）滴滴涕　　　　　　（b）六六六　　　　　　（c）三氯杀螨砜

图 4.39　有机氯类农药

③氨基甲酸酯类农药。氨基甲酸酯类农药是人类针对有机氯和有机磷农药的缺点而开发出的一种新型广谱杀虫、杀螨、除草剂。氨基甲酸酯类农药具有选择性强、高效、广谱、对人畜低毒、易分解和残毒少等特点，在农业、林业和牧业等方面得到了广泛的应用。氨基甲酸酯类农药已有 1 000 余种，其使用量已超过有机磷农药，销售额仅次于拟除虫菊酯类农药，位居第二。氨基甲酸酯类农药使用量较大的有速灭威、西维因、涕灭威、克百威、叶蝉散和抗蚜威等，这类农药一般在酸性条件下较稳定，遇碱易分解，暴露在空气和阳光下易分解，在土壤中的半衰期为数天至数周。急性氨基甲酸酯类农药中毒临床表现与有机磷类中毒相似，具有胆碱毒蕈碱样，烟碱样中枢神经兴奋表现，但是潜伏期短，恢复快，病情相对较轻。

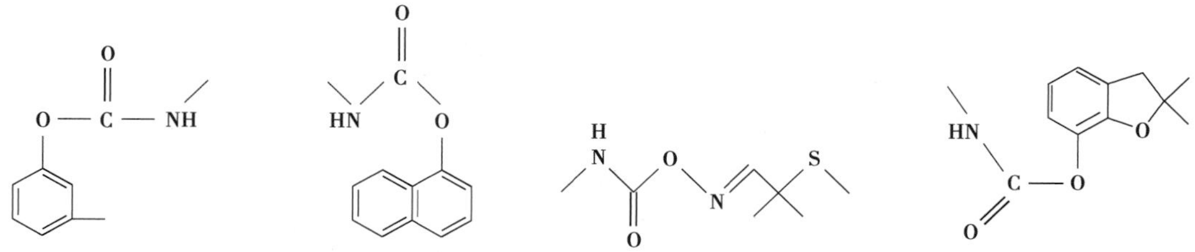
O
O — C — NH
(a) 速灭威
O
C
HN
O
(b) 西维因
H
N
O
N
S
O
(c) 涕灭威
HN
O
C — O
O
(d) 克百威

图 4.40　常见农药

④拟除虫菊酯类农药。拟除虫菊酯类农药是模拟天然除虫菊素由人工合成的一类杀虫剂，有效成分是天然菊素，主要用于防治农业害虫，由于其杀虫谱广，效果好、低残留，无蓄积作用等优点，近 30 多年来应用日益普遍，销售额位列农药类第一。除防治农业害虫外，并在防治蔬菜、果树、棉花、茶叶害虫等方面取得较好的效果；对蚊、蟑螂、头虱等害虫，也有相当满意的灭杀效果。由于其使用面积大，应用范围广、数量大，接触人群多，所以也有中毒事件发生，但毒性不大、危害不大，主要为中枢神经毒害。拟除虫菊酯类农药主要品种有醚菊酯、苄氯菊酯、溴氰菊酯、氯氰菊酯、高效氯氰菊酯、顺式氯氰菊酯，杀灭菊酯、氰戊菊酯等。

（2）兽药残留

兽药残留是指动物性产品的可食部分所含药物的母体化合物和 / 或其代谢物，及与之相关的杂质残留。兽药残留对人体有不少危害，如致癌、致畸、致突变、毒性、现在的过敏反应和引起细菌耐药性增加、疑难杂症的产生和抗菌药物的失效。主要的兽药残留有抗生素类、磺胺类、呋喃药类、抗球虫药、激素药类和驱虫药类。抗生素类如氯霉素、青霉素、四环素等，对治疗动物的一些疾病有很好的疗效，但大量使用抗生素使抗生素滤渣残留在动物肌体中，人长期食用含有抗生素的动物源性食品，易产生抗药性，有的人会对青霉素类药物产生不良反应，轻者表现为接触性皮炎和皮肤反应，严重者表现为致死性休克。磺胺残留主要是磺胺嘧啶、磺胺甲基嘧啶、磺胺二甲嘧啶；激素类药物残留主要是己烯雌酚、己烷雌酚、双烯雌酚和雌二酚。其中抗生素类及激素类药物残留对人类健康的影响最大，是食品中较大的安全隐患之一。另外鱼药对人体的危害也不能忽视，近年来先后出现的氯霉素、恩诺沙星、孔雀石绿、硝基呋喃等违禁兽药的滥用事件就是不科学使用鱼药造成的。

（3）食品添加

硝酸盐和亚硝酸盐是引起食物中毒的常见物质，来源于食品加工发色剂（亚硝酸盐是肉制品广泛使用的发色剂）和防腐剂（亚硝酸盐是过去常用于香肠和火腿加工的防腐剂）。亚硝酸在体外或体内形成的 N- 亚硝基化合物是高毒性物质。亚硝酸盐在氧化剂存在时可被氧化成硝酸盐，提高食品的安全性。因此，腌制过程中在加入亚硝酸盐的同时加入维生素 C 或维生素 E，可以减少亚硝酸盐的用量。

人们最担心的是不良商家为牟取暴利在食品加工过程中添加有毒有害物质或超量使用添加剂，如违法使用已禁用的防腐剂硼酸、水杨酸等，漂白剂甲醛次硫酸氢钠，非法添加苏丹红、三聚氰胺、甲醛（35% ~40%的甲醛水溶液俗称福尔马林）等。另外一些食品添加剂超限使用也危害人体健康，如糖精在食品中的应用有明显的超范围、超量现象。一些厂商为了降低成本牟取暴利，在饮料、果脯甚至专供儿童消费的果冻等食品中，普遍使用对人体有害无益的糖精来代替蔗糖。

## 4.5.4　食品加工、贮藏、运输及烹饪过程中产生的物质

### （1）来源于微生物的有害物质

食品中常见的微生物毒素主要包括细菌毒素和真菌毒素。细菌毒性中毒一般是急性中毒，常见的细菌毒素中毒有肉毒中毒、金黄色葡萄球菌产生的肠毒素、沙门氏菌与副溶血性弧菌和病原大肠菌等造成的感染性食物中毒。肉毒毒素是相对分子量约为15 万的蛋白质，是一种神经毒素。金黄色葡萄球菌产生的肠毒素引起的中毒虽然严重性不高，但在日常生活中发生率高，目前至少有 6 种肠毒素，肠毒素有相当的热稳定性，一般的加热处理并不能将其破坏。副溶血性弧菌在海水、贝类中存在，因此食用未经加热杀菌的海产品极易引起中毒。

真菌毒素是真菌在食品或饲料中生长产生的代谢产物，对人和动物都有害。这类毒素中最主要的成分就是霉菌毒素。霉菌毒素是霉菌的次级代谢产物，人或动物接触到这些代谢产物就会产生中毒反应。霉菌毒素是一些小分子有机化合物，相对分子量小于500。玉米、花生、大豆和谷物等是被有毒霉菌污染的主要农作物，毒性最强的毒素包括黄曲霉毒素、黄绿青霉素、杂色曲霉素、红色青霉素等。黄曲霉毒素 $B_1$ 是食品中最为常见、污染最普遍的黄曲霉毒素，毒性也最强，比 KCN 毒性高 10 倍，比砒霜（$As_2O_3$）的毒性高 70 倍。

沙门氏菌所含有的毒力岛、脂多糖、肠毒素、菌毛、鞭毛、Ⅲ型分泌系统等各种毒力因子的相互作用，形成其致病性。其中毒力岛主要有 SPI-1、SPI-2、SPI-3、SPI-4、SPI-5，可编码毒力基因簇，其编码的Ⅲ型分泌系统与沙门氏菌的侵袭能力相关。由沙门氏菌引起的疾病主要分为两大类：一类是伤寒和副伤寒，另一类是急性肠胃炎。

病原大肠菌的致病物质主要是菌毛、肠毒素和胞壁脂多糖，由其导致的疾病主要是急性胃肠炎和急性痢疾。

（2）烧烤、油炸及烟熏等加工中产生的有害物质

油脂氧化是油脂及油基食品败坏的主要原因之一，油脂在食品加工和贮藏期间，因空气中的氧气、光照、微生物等的作用，产生令人不愉快的气味，苦涩味和一些有毒性的化合物，这些统称为酸败。油脂酸败成分为水解型酸败产物如丁酸、己酸、庚酸等；酮型酸败产物如酮酸和甲基酮；氧化型酸败产物如低级脂肪酸、醛、酮。油脂反复高温加热会产生有毒有害物质。因为油脂反复高温加热后，其中的不饱和脂肪酸经高温加热后所产生的聚合物——二聚体、三聚体，毒性较强。大部分油炸、烤制食品，尤其是炸薯条中含有高浓度的丙烯酰胺，是一种致癌物质。目前认为，氨基酸与还原糖反应产生二羰基化合物，后者与氨基酸经过几步反应产生丙烯醛，丙烯醛氧化产生丙烯酸，丙烯酸和氨或氨基酸反应形成丙烯酰胺。

某些食品经烟熏处理后，不但耐贮，而且还带有特殊的香味。所以，不少国家、地区都有用烟熏贮藏食品和食用烟熏食品的习惯。我国利用烟熏的方法加工动物性食品历史悠久，如烟熏鳗鱼、熏红肠、火腿等。近年来，烧烤备受人们的青睐（图4.41）。烟熏烧烤类食品中含有一种苯并芘的多环芳烃类有机物，这种物质正常情况下在食品中含量甚微，但经过烟熏或烧烤时，含量显著增加。苯并芘是目前世界上公认的强致癌、致畸、致突变物质之一。杂胺类化合物是在食品加工、烹饪过程中由于蛋白质、氨基酸加热产生的一类化合物。食品中杂环胺，从化学结构上可分为氨基咪唑氮杂芬烃类（AIAs）和氨基咔啉两类。AIAs均含有咪唑环，其上的 $\alpha$-位置有一个氨基，在体内可以转化成为N-羟基化合物而具有致癌、致突变的活性。杂环胺对啮齿动物均具有致癌性和致突变性（如基因突变、染色体畸变、DNA断裂、程序外DNA修复合成和癌基因活化等）。

图4.41　烧烤和油炸食品

（3）包装材料中的有害物质

包装材料采用的物质常常是塑料，在制作塑料时通常要加入有机过氧化物或金属盐作为引发聚合反应的催化剂。另外还需要加入塑料助剂如增加柔软性的增塑剂，防止氧化的抗氧化剂，增加稳定性的稳定剂等，当塑料用作食物包装材料时，塑料助剂有可能进入食物中，污染食品，从而影响身体的健康。我国允许使用的食品容器、包装材料以及用于制造食品用工具、设备的热塑性塑料有聚乙烯、聚丙烯、聚氯乙烯等。热固性塑料有三聚氰胺甲醛树脂等。如多氯联苯作为塑料的增塑剂，残留在包装食品中，可引起视力模糊、黄疸、麻木等症状。另外，环氧树脂是目前食品工业中的主要包装材料之一，它可水解为 3- 氯丙醇，氯丙醇具有急、慢性毒性作用，致突变性，致癌性。

 **大师风采**

### 中国甾体化学的先驱者庄长恭

庄长恭（1894.12.25—1962.2.15），男，福建泉州人，博士，有机化学家和教育家，中国甾体化学的先驱者和有机微量分析的奠基人，中央研究院第一届院士；中国科学院学部委员，中国科学院上海有机化学研究所第一任所长。

1919—1924 年，在美国芝加哥大学化学系学习，获得哲学博士学位后回国任教。1931—1933 年，在诺贝尔奖得主、德国哥廷根大学教授 A.温道斯实验室期间，以缜密的计划和精湛的实验技巧，解决了温道斯等尚未解决的麦角甾烷结构问题，并推测出了麦角甾醇的结构，相关成果在《李比希化学年报》发表后，迅速引起关注。他当初用的氧化方法后来成为甾族激素工业生产沿用的方法。

1933 年回国后，先后担任昆明国立"中央研究院"化学研究所所长，上海国立北平研究院药物研究所研究员，昆明国立北平研究院药物研究所研究员和代所长。1950—1954 年，担任上海中国科学院有机化学所研究员兼第一任所长。1955 年，当选为中国科学院学部委员（院士）。1956 年 3 月，被任命为国务院科学规划委委员，参与制定《1956—1967 年科学技术发展规划纲要》等文件。

庄长恭教授数十年如一日，孜孜不倦，致力于有机化学之研究，特别是对甾体化合物的合成以及天然产物结构的研究贡献突出，有力推动了中国有机合成化学的发展。1933 年，他在德国哥廷根大学任客座教授时，从事麦角甾醇结构的研究，从麦角甾烷的铬酸氧化产物中分离到失碳异胆酸，从已知结构的异胆酸降解成为失碳异胆酸，并进行比较，从而证明了麦角甾烷的结构，由此推测麦角甾醇的结构。由于麦角甾醇结构的重要性，表现在它和维生素 D 的结构关系，是国际上富有挑战性的课题，因此，在 20 世纪 40 年代出版的国际通用教科书卡勒（Karrer）的名著《有机化学》（第二版）中所列 166 项文献，其中唯一一篇中国人著作即为庄氏关于麦角甾烷的文章，此后数十年，庄长恭教授主要从事与甾体有关的化合物的合成，以及生物碱结构的研究，做出了一系列富有创见的工作，有力地推动了我国有机合成化学的发展。他在甾体化合物合成方面的研究在国际有机化学界享有盛誉，创建了中国国内第一个有机微量分析实验室，培养了高怡生、黄耀曾等一批学术带头人，倡议的有机化学名词如吲哚、吡咯等仍在沿用。

庄长恭将热情给了化学，把爱给了祖国，对钱财名利却很淡泊。第二次世界大战胜利后，美国的 Lily 药厂以年薪数万美元聘请他，遭到拒绝。德国拜耳药厂想购买他的专利，他回答说成果不属于私人，是国家的。中华人民共和国成立初期，我国缺乏外汇，他就把以前自己到美国考察时省下来的外汇全部捐给了国家。

庄长恭作为中国有机化学界的先驱，时任中国科学院院长郭沫若称他是"中国化学界的一面旗帜"。庄长恭对有机合成，特别是甾体化合物的合成与天然有机化合物的结构研究作出了卓越贡献。戴立信院士指出："庄先生在人工合成甾体化合物方面的工作在当时全世界范围内都很超前，可谓前无古人。"

第 5 章　化学与能源

　　能源即能够提供能量的资源，是支撑现代人类社会生存和发展的柱石。纵观历史，人类所取得的重大进步都与能源的改进和更替相关。从本质上来说，它要么来源于物质，如煤炭、石油、天然气等矿物燃烧，要么来源于物质的运动，如水流、风流、海浪、潮汐等（图 5.1）。人类文明前进的过程，也是开发利用能源的规模与水平不断提高的过程。在当代，能源的开发和利用水平仍然是衡量社会生产力和社会物质文明的重要标志。

图 5.1 能源的开发和利用

# 5.1 自然界中碳的循环及能量的产生与转化

碳既是常规能源的主要组成元素，也是有机质的重要组成部分。碳位于元素周期表中第 2 周期 Ⅳ A 族，其外层有 4 个价电子，不容易得失电子形成离子，易形成共价键。含碳的化合物主要是有机化合物，其结构形式和成键方式丰富，种类众多，碳与碳之间可以互相结合成碳链或碳环，碳原子的数量可以是 1 个，也可以是成千上万个，因此含碳化合物数目可高达几千万种。

## 5.1.1 自然界中碳的循环

碳循环是指碳元素在自然界的循环状态，是维持地球表层生命活动的主要物质循环。地球上主要有大气碳库、海洋碳库、陆地生态系统碳库和岩石圈碳库四大碳库。岩石圈碳库是含碳量最大的碳库，主要为碳酸盐岩石和沉积物，碳的周转时间可高达百万年以上，在碳循环研究中可将其看作静止不动的。海洋可贮存和吸收大气中的 $CO_2$，形成碳酸根离子，其含碳量是大气中的 50 多倍，因此，海洋碳库是第二大碳库。随着海水中碳酸根离子的形成与分解，大气中的 $CO_2$ 与海洋表面不断进行交换，从而影响着自然界的碳循环。碳在深海中的周转时间也比较长，可达到上千年。大气碳库是在几大碳库中最小的，主要成分为 $CO_2$、$CH_4$ 和 CO 等，其中 $CO_2$ 含量最高，也最为重要。陆地生态系统是由陆地生物群落与其所处环境通过能量流动和物质循环构成的统一体，是一个植被—土壤—气候相互作用的复杂大系统。

大气碳库和陆地生态系统碳库在自然界碳循环中受人类活动的影响最大。陆地和海洋中的植物（主要是浮游植物）吸收大气中的二氧化碳（$CO_2$），通过生物或地质过程以及人类活动，再以二氧化碳返回大气中。其过程为：绿色植物在水的参与下经过光合作用将空气中获得的二氧化碳转化为葡萄糖，有机体将葡萄糖合成其他有机化合物，储存在植物体内，形成植物碳化合物。植物碳化合物经食物链传递，将其转化成为动物、细菌体内的碳化合物。同时，植物、动物等生物经呼吸作用将其中一部分碳化合物转化为二氧化碳，释放到大气中。动、植物死后，其躯体在微生物的分解作用下也生成二氧化碳排放到大气中。此外，还存在一部分动、植物残骸在被腐败分解之前堆积埋藏在地底形成有机沉积物。在经历漫长的地质、生物化学以及物理化学作用下转变成矿物燃料——煤、石油和天然气等。当这些矿物燃料燃烧后，碳又以二氧化碳的形式排放在大气中。整个过程形成了大气—陆地植被—土壤—大气生态系统的碳循环（图 5.2）。

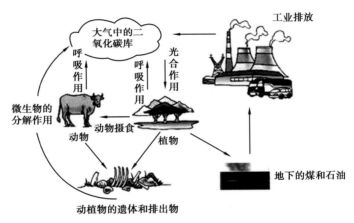

图 5.2　陆地生态系统碳循环

陆地生态系统碳循环不仅会影响生态系统生产力，还会影响陆地生态系统的功能、生物多样性和可持续性。工业革命以来，化石燃料的大量开采和燃烧、土地利用率增加、森林覆盖率减少等已明显改变了全球碳循环，导致大气中 $CO_2$ 浓度不断升高，预计 2040 年全球 $CO_2$ 排放量将超过 45 Gt/ 年。大量 $CO_2$ 的排放远远超过了植物和海洋的吸收能力，引发了一系列严峻的环境问题，如温室效应、海洋酸化、各种极端气候等。全球温度的持续升高，还会引起极地冰川融化，海平面上升，大陆面积减少，严重威胁着诸多生物的生存。20 世纪 90 年代以来，$CO_2$ 引起的环境问题受到了国际上的广泛关注，控制 $CO_2$ 的排放已成为全球性的战略目标，如制定的《京都协议书》《巴厘岛路线图》《哥本哈根议定书》《坎昆协定》及《德班路线图》等，都旨在控制 $CO_2$ 等温室气体的排放。另一方面，$CO_2$ 捕集、封存和转化利用等研究也日渐活跃。

**拓展阅读 1：双碳目标**

2020 年 9 月，习近平主席在第七十五届联合国大会一般性辩论上宣布：中国二氧化碳排放力争于 2030 年前达到峰值，努力争取 2060 年前实现碳中和。这就是碳达峰和碳中和目标，简称双碳目标。碳达峰指在某一个时间点，$CO_2$ 的排放不再增长达到峰值，之后逐步回落，碳达峰是 $CO_2$ 排放量由增转降的历史拐点，标志着碳排放与经济发展实现脱钩。碳中和指国家、企业、产品、活动或个人在一定时间内直接或间接产生的 $CO_2$ 或温室气体排放总量，通过植树造林、节能减排等形式，以抵消自身产生的二氧化碳或温室气体排放量，实现正负抵消，达到相对"零排放"。

## 5.1.2  能量的产生与转化

能量是对一切宏观微观物质运动的描述。根据运动的形式不同，能量可分为机械能（包括动能和势能）、电能、光能、化学能、原子能、内能等。能量既不会凭空产生，也不会凭空消失，只能从一种形式的能量转化为其他形式的能量，或者从一个物体转移到另一个物体，而在能量的转化或转移的过程中，其总量保持不变。这就是能量守恒定律，它是自然界中最普遍、最基本的定律之一。在能量转化过程中，可能存在不用做而不得不做的功称为"无用功"，通常以热的形式表现。

能源的利用，其实就是能量的转化过程。现以火力发电为例来说明能量的转化过程。火力发电是利用煤、石油、天然气等化石燃料的燃烧使得锅炉中产生蒸汽，用蒸汽推动汽轮机转动，再由汽轮机带动发电机发电。其中，煤燃烧放热产生蒸汽的过程就是化学能转化为内能的过程；蒸汽推动发电机发电的过程是内能转化为电能的过程。同样地，电能的利用中也涉及能量的转化，如电动机的使用是电能转化是机械能的过程；通过电灯泡照明是电能转化是光能的过程；电热炉的使用是电能转化热能的过程等。任何人类活动都离不开能量，人们的生产、生活更与能量转化息息相关。

## 5.2  煤炭、石油和天然气开发利用中的化学

煤炭、石油、天然气是重要的化石燃料，它们是由大量的低等生物经历了上亿年的时间变化才形成的，属于不可再生能源。目前，全世界使用的能源 87% 取自化石燃料。

然而，世界化石燃料储量有限，按照全世界对化石燃料的消耗速度计算，这些能源可供人类使用的时间大约还有：煤炭135年、石油54年、天然气51年。我国目前已经成为世界第一煤炭消费大国和第二石油、电力消费大国。我国人均能源可采储量远低于世界平均水平，但能源消耗总量已达到世界第二，由原来的净石油出口国变为净石油进口国。能源紧缺将成为我国实现可持续发展战略目标的一大瓶颈。

## 5.2.1　煤炭经济中的化学

中国是世界上最早利用煤的国家。早在2000多年前，煤与焦炭在我国就已作为商品交易。西汉（前206—公元25）炼铁遗址中，已用煤及煤饼炼铁。我国是世界上少有的以煤炭作为主要能源的国家之一，其储量丰富，成本低廉，分布广泛，产量已经超过了世界总产量的1/3。改革开放以来，我国构建了新型煤炭工业体系，支撑着我国经济的高速发展，在我国能源生产和消费结构中占据了重要地位。在未来，煤炭仍将是我国的主要能源和重要的战略物资。目前，由于煤炭开发利用导致了严重的环境问题和世界低碳发展转型大背景下，我国煤炭在能源结构中的比例呈现下降趋势，但煤炭被其他能源所替代仍然有很长的路要走，因此，我国煤炭工业在国民经济中的基础地位，将是长期的和稳固的。

（1）煤的形成

煤是自然的森林经过复杂的生物化学、物理化学和漫长的地质过程形成的自然资源。随着科学技术的发展，人们在煤层中常发现保存完好的古植物化石；在显微镜下可直接看到原始植物的木质细胞结构和其他残骸；在实验室中通过人工煤化实验，可以将树木加工后得到外观和性质与煤类似的人造煤，以表明煤是由植物（主要是高等植物）转变而来。植物从生长到死亡，其残骸堆演变成煤的过程非常复杂。经地质学家、煤田学家、化学家们的共同努力，现代的成煤理论认为成煤过程可分为泥炭化阶段和煤化阶段，前者主要是生物化学过程，后者是物理化学过程。整个煤化过程如图5.3所示。

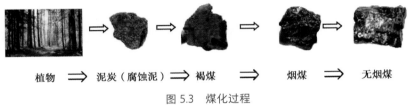

植物　⟹　泥炭（腐蚀泥）⟹　褐煤　⟹　烟煤　⟹　无烟煤

图 5.3　煤化过程

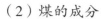

（2）煤的成分

煤主要由 5 种元素组成，即碳、氢、氧、氮和硫。碳是其中的主要组成元素。碳在煤的结构单元中是构成稠环芳烃的骨架，在煤炼焦时是形成焦炭的主要物质基础，在煤燃烧时又是产生热量的主要来源。碳含量是随着煤化度的升高而有规律地增加。烟煤和无烟煤是老年煤，形成时间长，含碳量高，发热量高；褐煤和泥煤比较年轻，含碳量低，发热量低，其含碳量范围见表 5.1。

表 5.1　煤的含碳量和氧含量

| 煤的种类 | 泥煤 | 褐煤 | 烟煤 | 无烟煤 |
|---|---|---|---|---|
| 含碳量 /% | 约 50 | 50~70 | 70~85 | 85~95 |
| 氧含量 /% | 27~34 | 15~30 | 2~15 | 1~3 |

氢在煤中的重要性仅次于碳。氢元素占腐殖煤有机质的质量一般小于 7%，但由于相对原子量小，在煤有机质中其原子百分数与碳在同一数量级。氧是煤中重要组成元素，其在煤中存在的总量和形态直接影响煤的性质。煤中有机氧含量随煤化度增高而减少，它们的含氧范围见表 5.1。煤中的氮含量较少，一般为 0.5%~3.0%，并且氮在煤中完全以有机状态存在。煤中的硫在炼焦、气化、燃烧和贮运过程中会产生不利影响，因此，硫含量是评价煤质的重要指标之一。煤中硫的含量可分为 5 级：高硫煤（>4.0%）、富硫煤（2.5%~4.0%）、中硫煤（1.5%~2.5%）、低硫煤（1.0%~1.5%）和特低硫煤（≤ 1.0%）。

（3）煤的结构

煤是由分子量不同、分子结构相似但又不完全相同的一组"相似化合物"的混合物组成，其结构复杂，一般认为具有高分子聚合物结构，但又没有统一的聚合单体。煤的大分子是由若干基本结构单元通过次甲基键（—$CH_2$—）、醚键（—O—）、硫醚（—S—）、次甲基醚（—$CH_2$—O—）以及芳香碳—碳键（$C_{ar}$—$C_{ar}$）等化学键连接而成的三维结构。这些基本结构单元类似于聚合物单体，具有规则部分和不规则部分。规则部分（称为基本单元的核）由几个或十几个苯环、脂环、氢化芳香环及杂环（含 N、O、S 等）缩聚而成；不规则部分指连接在核周围的烷基侧链、各种官能团和桥键。

目前 Wiser 模型（图 5.4）被认为是比较全面、合理的煤化学结构模型，它展示了煤结构的大部分现代概念。该模型芳香环数分布范围较宽，包含了 1~5 个环的芳香结构，且其元素组成和烟煤样中的元素组成一致，是一种针对年轻烟煤的结构模型。从煤的结构模型中可以看出，煤炭中含有大量的环状芳烃，所以煤可以成为环芳烃的重要来源。其结构中还夹着含 S 和含 N 的官能团，在煤燃烧过程中有 S 或 N 的氧化物产生，会造成环境污染。

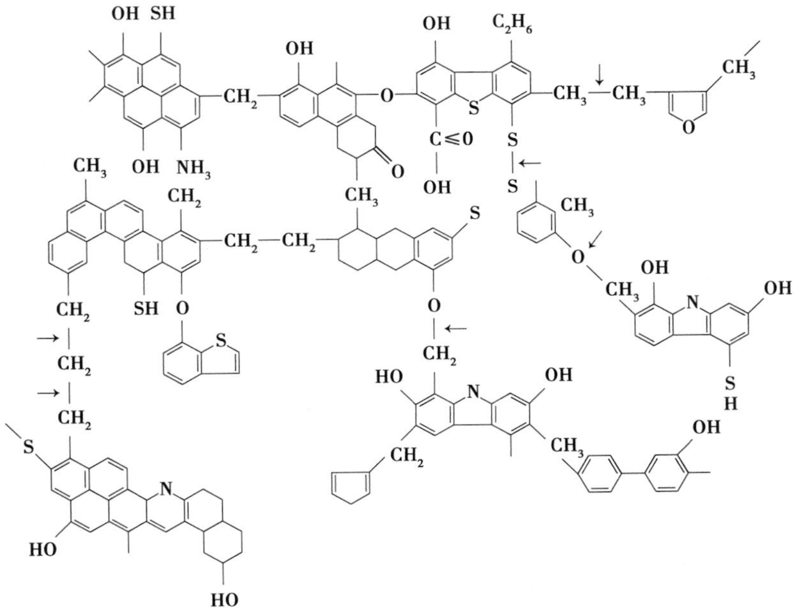

图 5.4　煤的 Wiser 模型

（4）煤的综合利用

煤的直接燃烧会产生二氧化硫（$SO_2$）、氮氧化合物（$NO_x$）等有害气体，不仅是 PM2.5 的主要来源，还能在雨滴形成和降落过程中被部分吸收，形成酸雨。酸雨会酸化土壤、毒害农作物、腐蚀建筑物等。煤炭直接燃烧也会产生的大量 $CO_2$，它是温室气体，会造成全球气温变暖。因此，燃煤不仅给环境带来了严重的污染，同时还威胁着人类的身体健康。为了保护环境，将煤炭转化为洁净的二次能源是煤炭综合利用的主攻方向。转化的主要方法包括煤的气化、液化和焦化。利用这些加工手段，可以从煤中获得清洁的能源和宝贵的化工原料。下面将分别从这 3 个方面作简单的介绍。

①煤的气化。该过程是煤炭的一个热化学加工过程。它是以煤为原料，以氧气（或空气）、水蒸气或氢气等作为气化剂，在高温条件下通过化学反应，将煤或煤焦中的可燃部分转化为可燃性气体的工艺过程。气化设备称为气化炉，气化后所得的可燃性气体称为煤气（即气化煤气）。整个过程的示意图如图 5.5 所示。

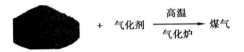

图 5.5　煤的气化

根据所用气化剂的不同，煤气可分为空气煤气、混合煤气、水煤气和半水煤气。空气煤气是以空气为气化剂生成的煤气，其中含有 60% 的 $N_2$ 和一定量的 CO、少量 $CO_2$ 和 $H_2$，该煤气热值最低，主要用作化学工业原料、煤气发动机燃料等。混合煤气是以空气和适量的水蒸气的混合物为气化剂所生成的煤气，含有 $N_2$、CO、$CO_2$、$H_2$，这种煤气在工业上一般用作燃料。水煤气是以水蒸气为气化剂生成的煤气，其中 $H_2$ 和 CO 的含量可达 85% 以上，常作为化工原料。半水煤气是以水蒸气为主，再加入适量的空气或富氧空气同时作为气化剂所制得的煤气，主要用于工业合成氨。

②煤的液化。煤的液化是指通过化学加工将固体状态的煤炭转化成液体产品，如汽油、柴油、石脑油和液化石油气等。煤炭液化石油也称人造石油。通过这种液化方式，可将煤炭中的硫、氮等有害元素以及灰分脱除，得到的汽油、柴油中的硫、氮含量远低于商品油标准。而经过煤炭液化所生产的汽油、柴油都是优质液体燃料，为洁净的二次能源。

根据加工过程的不同，煤的液化可分为直接液化和间接液化两种（图 5.6）。煤的直接液化又称煤的加氢液化法，是指煤在氢气和催化剂作用下，通过加氢裂化使烃类大分子分裂为几个较小分子，从而转变为液体燃料的过程。煤的间接液化是煤先气化制成合成气（CO 和 $H_2$），再在一定温度、压力和催化剂的作用下，将合成气转化为烃类、醇类、醛类等燃料的过程。

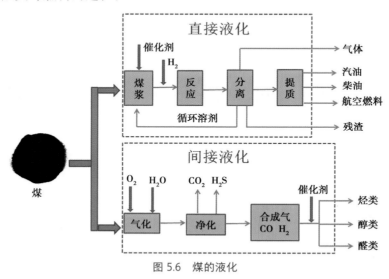

图 5.6 煤的液化

煤炭的直接液化技术明显提高了产品质量，液化油更易于加氢精制，得到高质量的汽油、柴油等；间接液化可获得质量优于石油产品的柴油，其十六烷值高达 70，可作为用于调配其他油品的优质油。

③煤的焦化。煤的焦化也称煤的干馏，指煤在隔绝空气的条件下，受热分解成煤气、焦油、粗苯和焦炭的过程。根据加热温度的不同，煤的干馏可分为 3 种，即低温（500~600 ℃）、中温（700~900 ℃）和高温（900~1 100 ℃）干馏。

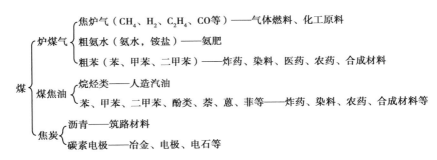

图 5.7　煤的干馏

煤的低温干馏是一个热加工过程，常温、常压、不需要氢气和氧气，就能实现煤的部分气化和液化，其产品为焦油、半焦（产率为 50%~70%）、煤气（主要成分为甲烷和其他烃类物质）。该过程煤气产率低，煤焦油产率高。低温煤焦油较轻，含有较多的烷烃，是人造石油的重要来源之一。半焦可用于冶金。

中温干馏时，半焦进一步分解，析出余下的挥发物，该过程主要生产城市煤气。高温干馏可获得焦炭、煤气和煤焦油。该过程主要产品为焦炭，在我国，80% 的焦炭用于钢铁冶炼，少量用作化工原料制造电石、电极等。

与低温和中温干馏相比，高温干馏的煤气产率高，煤焦油产率低。高温煤焦油中含有的大量芳烃，是工业上获得芳烃的重要来源，可用于染料、农药、炸药、合成材料等行业。煤焦油中含有的沥青可用作筑路材料和制备碳素电极。

综上所述,煤既是能源,也是重要的化工原料.将煤作为燃料直接烧掉,既浪费资源,也污染环境。通过煤的综合利用，不仅可以合理利用煤炭资源，提高经济效益，减轻污染，保护环境，还能促进煤化工与石油化工的相互依存，共同发展。

## 5.2.2　石油经济中的化学

石油（原油）是一种深褐色、黏稠的液体，有"工业的血液""黑色的黄金"等美誉。1 900 多年前，东汉历史学家班固著的《汉书·地理志》中最早记载了石油，书中写道"高奴，有洧水，可蘸"，而"石油"一词首次提出是在北宋科学家沈括的《梦溪笔谈》中。历史上，石油常用于燃烧、润滑、照明和医药中，甚至还用于军事上。地球上的石油资源有限。2023 年全国油气储量统计快报数据显示，我国剩余储量为 267 亿桶，折合仅 38.5 亿吨。我国人口基数十分庞大，随着重工业的发展，经济建设对石油资源的需求量越来越大，但我国石油后备可采储量不足，石油开采技术不够成熟，使得我国成为世界原油进口大国，石油供需矛盾日益严峻。

（1）石油的形成

关于石油形成的原因有几种不同的观点，目前比较公认的是生物成油理论。该理论认为石油像煤和天然气一样，是古代有机物通过漫长的压缩和加热后形成的，即石油是史前海洋动物和藻类死亡后，其身体的有机物质发生分解，与淤泥混合，被埋在沉积岩下，随着温度和压力的升高，最后演化形成了液体和气态的碳氢化合物。

（2）石油的成分

石油的元素组成主要是碳（C）和氢（H）、其次是硫（S）、氧（O）、氮（N），以及一些微量元素（钒、镍、铁等）。和煤相比，石油的含氢量较高、含氧量较低。在石油的元素组成中，碳、氢是石油的主体，其主要组成元素的含量和来源见表5.2。

表 5.2　石油主要组成元素的含量和来源

| 主要组成元素 | 含量 /% | 来源 |
|---|---|---|
| C | 83~87 | 主要存在烃类化合物中 |
| H | 11~14 | |
| S | 0.06~0.8 | 大多存在于沥青、渣油和胶质中 |
| O | 0.08~1.83 | |
| N | 0.02~1.7 | |

石油中的化合物组成主要为烃类，另外还含有部分非烃类化合物。在烃类化合物中，饱和烃占大多数（主要为烷烃和环烷烃），一般为石油组分的50%~60%；不饱和烃主要是芳香烃和环烷芳香烃，占石油组成的20%~40%。

（3）石油的炼制

通常所说的石油炼制是指将原油经过分离或反应生成燃料、润滑油、沥青及其他产品。常见的炼制工艺包括原油的分馏（常压、减压分馏）、裂化、重整、精制等。在石油工业中，把常压分馏和减压分馏称为一次加工，这是物理变化过程，而裂化、重整和加氢精制等则称为二次加工，它们属于化学变化过程，都涉及催化剂。

①分馏。将原油加热气化和冷凝液化，收集不同沸点范围馏分的过程称为分馏，所得的产品称为馏分。分馏是原油的一次加工工艺，利用简单的物理方法将沸点不同的馏分分离开来。分馏过程在分馏塔里进行，分馏塔里设计有层层塔板，塔板之间有一定的

温度差。根据分馏塔压力的不同，分馏可分为常压和减压分馏。常压分馏是在常压（或稍高于常压），温度控制为 300~400 ℃ 进行，在常压塔的不同高度能分别提取出石油气、汽油、煤油和轻柴油等。在塔底留下的高沸点组分的重油，可在减压（温度为 300~400 ℃）下进行减压分馏。这样不仅能防止重油的分解，还能加快分馏速率。

a. 石油气。在石油炼制中，沸点最低的气态烃（$C_1$~$C_4$），统称为石油气。其中还有部分不饱和烃，如乙烯、丙烯和丁烯，它们是优良的石油化工原料。如乙烯（$CH_2$＝$CH_2$）在 $TiCl_4$ 的催化作用下，可制得强度较高的低压聚乙烯，它是制造水桶、脸盆等器皿的重要原料；在银的催化作用下，乙烯可生成环氧乙烷，它是制造环氧树脂的原料之一；在 $KMnO_4$ 催化下，乙烯可加水生成乙二醇，它是制造涤纶的重要原料之一。丙烯（$CH_3CH$＝$CH_2$）是三大合成材料的基本原料，主要可用于生成聚丙烯塑料。此外，还能通过丙烯制备丙烯腈、异丙醇、丙酮、甘油等物质。丁烯（$CH_3CH_2CH$＝$CH_2$）主要用于制造丁二烯，再经聚合生成顺丁橡胶（可做轮胎）。另外，丁烯还可用于制备甲基乙基酮、仲丁醇、丁烯聚合物等。

b. 汽油。在石油的炼制产品中，需求量最大的是汽油。它是引擎的一种重要燃料，主要为沸点 40~80 ℃ 的 $C_6$~$C_{10}$ 馏分。汽油产品根据用途可分为航空汽油、车用汽油、溶剂汽油三大类。汽油质量用 "辛烷值" 表示。汽油中以 $C_7$~$C_8$ 成分为主，据研究，抗震性能最好的是异辛烷，将其定标为辛烷值等于 100，抗震性最差的是正庚烷，其辛烷值为零。若汽油辛烷值为 85，即表示它的抗震性能与 85% 异辛烷 15% 正庚烷的混合物相当（并非一定含 85% 异辛烷），即商品上的 85 号汽油。常见的 92 号和 95 号汽油也是同一个意思，只是辛烷值不同。

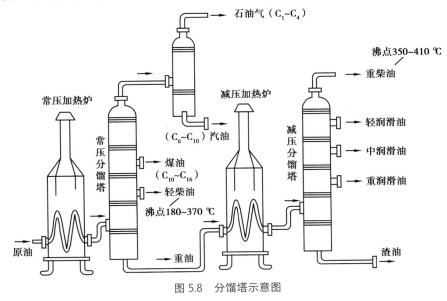

图 5.8　分馏塔示意图

图 5.9　常见的商品汽油

**拓展阅读 2：为何要求无铅汽油?**

　　四乙基铅常作为抗震剂加入汽油中，其燃烧可生成氧化铅，该物质能减少气缸内汽油—空气混合物的自燃倾向，起到抗爆作用。然而，汽车尾气中排放的含铅废气，是大气铅污染的主要来源。资料显示，空气中 98% 的铅污染来自含铅汽油的燃烧。铅对人体危害很大，它通过呼吸道、消化道和皮肤进入人体，在体内积蓄，几乎可以损害所有的器官，其中大脑和肾脏受害最严重。自 2000 年以来，全国禁用含铅汽油，取而代之的是甲醇、甲基叔丁基醚等抗爆剂。

　　c. 煤油。$C_{10}$~$C_{16}$ 的多种烃类混合物，主要为饱和烃，还含有部分的不饱和烃和芳香烃。纯品为无色流动性油状液体，易挥发，略有臭味。主要用作燃料、溶剂、杀虫喷雾剂等。不同用途的煤油，其化学成分不同。各种煤油的质量依如下顺序降低：航空煤油、动力煤油、溶剂煤油、灯用煤油、燃料煤油、洗涤煤油。

　　d. 柴油。蒸馏温度升高后，可以获得柴油（$C_{17}$~$C_{20}$）。根据柴油沸点的不同，可分为轻柴油和重柴油，沸点范围分别为 180~370 ℃和 350~410 ℃。柴油用途广泛，可用于喷气机、重型卡车、拖拉机、轮船、坦克等。由于高速柴油机（汽车用）比汽油机更省油，因此，一些小型汽车也改用柴油。

　　② 催化裂化。裂化工艺是利用石油制取低碳烃和烯烃的重要途径之一。通过裂化可将长链烃分裂成短链烃，增加轻质油产量。催化裂化是在裂化过程中加入催化剂，加快反应速率、加大反应深度，从而获得产率更高、质量更好的轻质油。我国原油成分中重油比例较大，因此，催化裂化就显得特别重要。通过催化裂化获得的轻质油收率可达 70%~80%，且获得的汽油辛烷值高，汽油的安定性好。在裂化气体中，$C_3$、$C_4$ 气体占 80%，主要为丙烯和丁烯。

③催化重整。这是炼油和石油化工中的一种重要的二次加工工艺。在一定的温度压力下，汽油中的直链烃在催化剂表面上进行结构的"重新调整"，使烷烃和环烷烃转化为异构烃和芳烃。通过这种方法可生产高辛烷值的汽油和石油化工原料的芳烃，具有基本不含硫、氮、氧等杂质、安定性好等优点。现用催化剂是贵金属铂（Pt）、铱（Ir）和铼（Re）等，其中的铂催化剂具有高的活性、选择性和稳定性等优点。

④加氢精制。该方法主要用于油品精制，其目的是除掉油品中的硫、氮、氧等杂原子以及金属杂质，生产清洁的燃料。石油中的这些杂质通常具有以下危害：会造成炼油设备和管线的腐蚀；导致催化剂失活或中毒；降低油品质量；燃烧时排放出 $SO_x$ 和 $NO_x$，污染环境，危害人类健康。油品精制的方法有多种，但加氢精制仍然是目前解决上述问题最有效的措施和最佳的选择。加氢精制的目的是通过加氢脱硫（HDS）、加氢脱氮（HDN）、加氢脱氧（HDO）和加氢脱金属（HDM）等反应，将非烃类物质中含有的硫、氮、氧、金属等杂质分别转化为硫化氢（$H_2S$）、氨（$NH_3$）、水（$H_2O$）和金属硫化物加以脱除，其主体部分生成相应的烃类。

综上所述，石油经过分馏、裂化、重整、精制等步骤，获得了各种燃料和化工产品。有的可直接使用，有的还可以进行深加工。通过这种深加工，炼制出不同的产品，更加充分发挥了石油巨大的经济价值。

## 5.2.3　天然气经济中的化学

天然气是一种高效、高能、低污染的优质能源。清洁取暖、煤改气、煤改电等对PM2.5下降的贡献率可高达 1/3 以上，是改善空气质量必由之路。据估计在不久的将来，天然气有望取代煤和石油成为第一大能源。我国受制于"富煤、贫油、少气"的资源特点，在能源消费结构中仍然以煤炭消费为主。随着人们节能减排和环保意识的提高，对于清洁能源天然气的重视日益提高，我国天然气市场进入快速发展阶段。我国天然气储量较为丰富，但主要以页岩气的形式存在，受当前技术条件的限制，其开采难度极大。因此，我国的天然气日常消耗对外依存度仍较高。

从能量角度上理解，天然气是指天然蕴藏在地层中的烃类和非烃类气体的混合物，主要存在于油田气、气田气、煤层气、泥火山气和生物生成气中。近年来，我国天然气消费结构得到了不断优化，形成了以城市燃气为主的利用结构。可以预见，在不久的将来，天然气将逐步成为我国城市燃气市场中的主要燃料。

（1）天然气的形成

天然气是古生物遗骸长期沉积在地下，经过漫长转化和变质裂解产生的气态碳氢化合物，它与石油的生成既有联系又有区别。石油主要形成于深成作用阶段，而天然气的形成贯穿于成岩、深成、后成直至变质作用的始终。因此，天然气的生成更广泛、更迅速、更容易。

（2）天然气的成分

天然气的主要成分是甲烷，也有少量乙烷、丙烷、丁烷、异丁烷及新戊烷，另外还有部分非烃类物质，如氢气、氮气、二氧化碳、硫化氢以及惰性气体等。

（3）天然气的分类

天然气的分类方法很多，根据目前技术条件下能否作为资源进行开采和利用可将天然气分为常规天然气和非常规天然气。

①常规天然气。常规天然气是指目前技术条件下能作为资源进行开采和利用的天然气，可分为气田气、凝析气田气和石油伴生气。气田气为产自天然气气藏的纯天然气，甲烷含量最高（不少于90%）；凝析气田气是指从深层气田开采的含有少量石油轻质馏分的天然气，其甲烷含量约为75%，2%~5%戊烷以及戊烷以上的碳氢化合物；石油伴生气是指与石油共生的、伴随石油一起开采出来的天然气，主要成分为甲烷、乙烷、丙烷、丁烷，此外还有少量的重烃，其中甲烷含量约为80%。

②非常规天然气。非常规天然气指受目前技术条件的限制尚未投入开采和利用的天然气，包括天然气水合物（可燃冰）、煤层气、页岩气等。

**拓展阅读3：可燃冰**

可燃冰即天然气水合物，是一种由水分子和碳氢气体分子在一定条件下形成的结晶状固态笼形化合物。其外形如冰雪状，通常呈白色。在天然气水合物中通常含有大量的甲烷（超过99%）或其他碳氢气体分子，极易燃烧，燃烧后几乎没有残渣。每立方米的天然气水合物可释放出160~180 $m^2$ 天然气。天然气水合物储量巨大，目前探明的天然气水合物储量相当于非再生能源总储量的2.84倍，可望成为21世纪替代煤、石油、天然气的新型能源矿产。

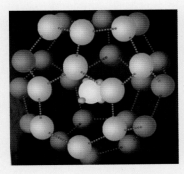

图 5.10　"可燃冰"微观结构图　　　图 5.11　正在燃烧的"可燃冰"

　　我国"可燃冰"储量巨大，仅南海北部蕴藏量就相当于陆地石油和天然气资源的一半。2017 年，我国在南海北部神狐海域设立"可燃冰"勘探试验区，首次实现连续稳定产气 187 h，并于 2017 年 5 月 18 日宣布实现海域"可燃冰"试采成功。标志着我国成为全球第一个实现海域"可燃冰"试开采中获得连续稳定产气的国家。2020 年 2 月 17 日—3 月 30 日，我国海域可燃冰第二轮试采圆满成功，创造了产气总量、日均产气量两项世界纪录。但是目前可燃冰开采成本高；开采技术还没成熟，无法大规模开采；开采会对环境造成影响，还需要更多的试采和研究来改进，因此可燃冰暂时无法大规模商业化开采。

## 5.3　生物质能源开发中的化学

　　生物质是地球上广泛存在的有机物质，包括植物、动物和微生物，以及由它们派生、代谢和排泄出的有机物质。生物质具有的能量称为生物质能。生物质能涉及范围很广，广义上讲是指太阳能以化学能形式贮存在生物质中的能量形式，即以生物质为载体的能量。它直接或间接地来源于绿色植物的光合作用。因此生物质能可以说是太阳能的一种表现形式，然后通过某种技术将其转化为常规的燃料。

### 5.3.1　生物质能的特点

　　与其他能源相比，利用生物质能的技术难题相对较小。由于太阳能是可再生能源，理论上来说生物质能也是可再生资源。其最大的优点是地球总的蕴藏量十分丰富，属于清洁、可再生和廉价易利用的能源，并且可以从另一个方面提高太阳能的利用效率。

但是生物质能分布分散，在利用的过程中，收集、运输以及前处理的投资成本会比较高。再者，不同种类的生物质能源分布不均衡，在利用的过程中与传统的农林业资源的使用不协调。总之，当前生物质能存在规模小、利用率低下和环境污染严重等缺点。

## 5.3.2　生物质能的利用

（1）燃烧法

在相当长的一段时间内，生物质的利用均通过直接燃烧来转化成热能，尤其在农村。但这种方式的能量转化效率低，并且环境污染严重，正逐渐被淘汰。通过与传统的燃煤联合燃烧（图 5.12），不仅能提高生物质能利用效率，还能减少对环境的污染（与燃煤相比）。

近年来，随着固化成型技术的出现，能在一定程度上提高生物质燃烧法的能量转化效率。固化成型技术是指以无定形的生物质（如木材屑末下脚料、植物庄稼秸秆、各种糠渣谷壳等）为原料，在一定的温度和机械压力作用下，利用固化成型设备挤压制成各种形状的燃料，如颗粒型、棒型（图 5.13）、块型等。

图 5.12　煤的燃烧

图 5.13　棒型燃料

（2）热化学转换法

生物质的热化学转换法是指在特定的条件下（如温度或压力），让生物质发生汽化、液化或者热解，从而产生可以直接利用的气体或液体燃料的技术。生物质气化是指在不完全燃烧的情况下，对生物体进行加热处理，使大分子固体物质的化合键断裂产生一氧化碳、甲烷、氢气等气体的过程，这些气体是非常好的能源物资。再加上剩余的固体生物质，可以整体提高生物质能的利用效率。液化是指通过化学反应，将生物质转换为液态的过程。液化的实质是在一定条件下，将大分子的固态物质变为液态小分子有机物的过程。热解是将生物质先进行干燥，然后通过研磨、粉碎处理，再将碎渣放入反应釜，进行高温加热使其充分燃烧成炭灰形式，最后对其冷却收集。

（3）生物和化学转换法

在微生物的作用下，生物质能够转换成沼气、酒精等能源产品。根据转化过程中利用的介质不同，生物质生物转换法可分为厌氧消化技术和酶技术（图5.14）。厌氧消化技术是指在缺氧的环境中，利用厌氧微生物将生物质转化为可燃气体（如沼气）的过程。酶技术则直接利用微生物体内的酶来分解生物质，从而制造液体燃料（如甲醇或乙醇）的过程。此外，利用生物工程技术对植物进行改造，可以将其变成能源植物，进而发展能源农场，如麻风树、桉树和油楠等。

图 5.14　生物发酵

化学转换法是指按照相应的化学式进行反应，使生物质产生不同的生物质，通常新生成的生物质能够作为能源被更好地利用。

（4）电转换法

瑞典是一个传统化石能源匮乏的国家，但其近年来大力发展生物质能利用技术，其中最重要的一个方面就是用生物质来发电。通过技术创新，热能效率可以高达90%，在替代传统火电发电方面表现出巨大的潜能。

## 5.3.3　生物质能发展的挑战

近年来，生物质能在全球发展迅速，然而仍然面临着诸多挑战和质疑：如生物质能的发展是否为导致2008年全球粮食危机的主要原因？巴西甘蔗乙醇的生产是否会对亚马孙流域造成环境影响？全球生物燃料生产是否会诱发大规模天然林木采伐，从而导致碳排放量增加、污染空气和诱发温室效应？面临这些质疑，生物质能的发展应全球协同作战，依靠科技进步，制定生物质能可持续发展的政策和标准，打消公众的疑虑，从而更好地发挥生物质能在人类社会进步中的作用。

## 5.4　氢经济与氢燃料电池

世界能源发展已经表现出了新的特点，即能源类型由高碳向低碳、非碳发展。氢气的能量密度为 140 MJ/kg，是汽油能量密度（43 MJ/kg）的 3.25 倍、固体燃料能量密度（50 MJ/kg）的 2.80 倍。氢气燃烧的生成物是水，不污染环境。氢能也是一种公认的清洁的、无二次污染的"绿色能源"。目前，氢能和氢燃料电池已在部分领域中初步实现商业化，其中日本、美国和欧洲等发达国家商业化发展较为迅速。中国拥有世界上最大的制氢能力，在 2018 年生产了 2 000 万 t~2 200 万 t 氢气，开启了"氢能元年"，2023 年，燃气年产量达 3 300 万 t。因此，中国具备良好的生产基础，能够满足未来氢经济的潜在需求。

### 5.4.1　高纯氢气的获得

发展氢能的前提是简单、高效、廉价地获得高纯的氢气。氢虽在自然界中广泛存在，但极少以游离态的形式存在，从而需要人工合成氢气。人工制氢是指通过一定的技术手段，从工业原料中大规模制取可燃气态氢的过程。目前人工制氢主要以化石燃料为原料。根据中国氢能联盟统计，2021 年我国人工制氢原料的 97% 都来源于传统化石资源的热化学重整。该工艺具有技术难度低、原料价格相对便宜等优点，但也会排放大量的温室气体，严重污染环境。

地球上的水资源极其丰富，通过电解水的方法制氢是一种非常有前景的策略。电解水制氢的能量效率比较高，通常大于 70%，但需要消耗电能，成本较高。如果能与其他可再生能源（如太阳能）结合使用，能有效降低电能的消耗。目前，电解析氢性能最好的催化剂是铂（Pt）基催化剂，但其储量少、价格贵，无法满足大规模氢气生产的现实需求。因此，寻找铂的替代催化剂显得非常有必要。非贵金属催化剂有很多种，其中包括过渡金属元素，如铁（Fe）、钴（Co）、镍（Ni）、铜（Cu）、钼（Mo）、钨（W）；非金属元素，如硼（B）、碳（C）、氮（N）、磷（P）、硫（S）、硒（Se）等，但与贵金属相比仍有很多不足之处，如催化活性较低、稳定性较差、成本仍然较高等。

生物制氢是指在某些微生物的作用下，将自然界储存于有机化合物（如植物中的碳水化合物、蛋白质等）中的能量高效地转化为氢气的过程。生物制氢的来源广泛，甚至可以是有机废水、城市垃圾等，成本较低。其生产过程清洁、节能，且不消耗化石资源，受到了越来越多的关注。生物质通过化学反应也能制取氢气，所用技术包括气化、热解和超临界转化等。目前，受技术条件的制约，生物质化学制氢技术仍面临许多问题，主要为如何提高选择性、制氢效率和降低成本等。

## 5.4.2　氢气的存储与运输

安全、高效的储运氢技术是实现氢能实用化的关键。氢能的存储方式主要包括高压气态储氢、低温液态储氢、固态储氢和有机液态储氢等。不同的储氢方式具有不同的储氢密度，其中气态储氢方式的储氢密度最小，有机液态储氢的密度最大。

常压下氢气的密度是 0.089 88 g/L，体积能量密度很低。通过采用超高压压缩技术处理氢气，可以提高能量密度，再将其储存于耐超高压复合材料的罐中以便储运。另一种提高氢气能量密度的方法是低温液体储氢。在压力为 70 MPa、液氮温度为 77 K 的情况下，氢气能被液化，该条件下，氢气的密度约为常压（温度为 77 K）时的 1 000 倍，为常温（压力为 70 MPa）时的 2 倍。因此，低温液态储氢技术相对于高压气态储氢具有更大的吸引力。然而，液化氢气需要大量的能量、低温氢气具有较低的燃烧焓，以及液态氢的汽化损耗，这些都是低温储氢技术需要解决的技术难题。

固态储氢技术可以通过物理吸附的方式储氢，也可以通过化学反应生成其他物质来储氢。固态储氢方式是非常有发展潜力的一种储氢方式，能有效克服上述两种储氢方式的不足，同时具有储氢体积密度大、操作容易、运输方便、成本低、安全程度高等优点。目前，固态储氢技术主要受到以下因素的影响：①储氢原料价格昂贵；②在储氢过程中会释放大量的热，需要额外的设备来处理；③生成的储氢物质自身稳定性差；④储氢原料的再利用困难等。

此外，通过氢气与不饱和有机物液体可逆的加氢、脱氢反应也能实现储氢。这种方法具有密度高、安全、易运输和可长期储存等优点。但该方法仍处于研发阶段，面临着技术条件不成熟、成本昂贵、脱氢效率低、催化剂容易失活和副反应较多等问题。目前，工业氢气主要采用高压气态方式存储，但随着技术的不断进步，预计到 2050 年液态储氢将成为工业储氢的主要形式。

### 5.4.3　氢能的利用

氢能研究的主要目的是将其应用于实际生活，如炼油术、氢燃料电池、电动汽车等，并致力于不断扩大应用范围。氢能的利用技术大致可分为以下 4 类。

（1）与氧直接反应燃烧产生热能

这一技术包括氢气直接燃烧产生水蒸气（通过水蒸气将能量转化成其他形式可以直接利用的能源）、内燃机和涡轮发动机燃料以及低温催化氧化（在催化剂的作用下，使氢与氧在较低的温度下生成水蒸气，产生热能）。

（2）氢化物中的化学能与氢能相互转换

在适当的条件下，金属与氢的可逆反应生成金属氢化物，不仅可以储氢，还伴随着热量的释放与吸收，以及氢气压力的变化，具有用作制冷制热技术、气体压缩技术等的潜能。

（3）清洁化石能源

化石能源直接使用会造成环境污染，对化石原料进行加氢等处理（如加氢脱硫），可显著提升其品质。

（4）燃料电池的研发转化成电能

氢燃料电池通过电化学反应产生直流电，其最具潜力的应用是在电动汽车领域。

**拓展阅读 4：氢燃料电池**

氢燃料电池工作原理如图 5.15 所示：装置中，两片金属电极浸入导电性良好的酸性或碱性电解液中，外界分别向两个电极提供氢和氧，就会发生电极反应产生电流。中间为防止两种气体的扩散相混而设的隔膜，电解液在隔膜中的迁移不受影响。氢燃料电池中的氧化剂（$O_2$）和还原剂（$H_2$）不在电池内部，而是从外部输送进去，是一种连续电池，不存在充电问题，其产物只是水蒸气，能实现零排放，其最具潜力的应用是在电动汽车等领域。配合强政策导向和加强产业及市场的协同，目前我国正在加强合作创新，加快推动氢能燃料电池产业全面发展。

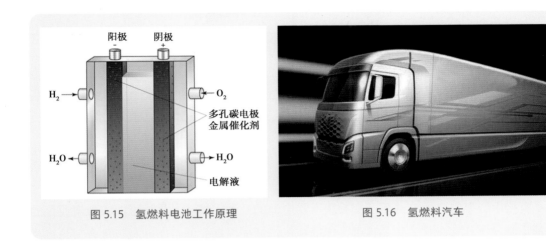

图 5.15　氢燃料电池工作原理　　　　图 5.16　氢燃料汽车

## 5.5　甲醇经济与直接甲醇燃料电池

　　近年来，石油价格持续攀升，环境压力日益沉重，寻找新的可替代能源迫在眉睫。甲醇汽油作为液态清洁燃料，在国际上早已作为清洁汽车燃料被广泛使用。中国是世界上最大的甲醇生产国和消费国，甲醇作为工业产品的应用已经非常普遍，但作为燃料消耗占比很低。甲醇燃料来源丰富，燃烧性能优良，可以完全或部分取代石油作为内燃机燃料，不仅可以缓解石油供应紧张的问题，还能降低有害物质的排放，具有较强的经济效益和社会效益。国际上甲醇主要由天然气（约 78%）、重油（约 10%）、石脑油（7%）、液化石油气（3%）和煤炭（2%）生产。我国煤储量丰富，而约一半是属于高硫高灰废煤，随着我国煤化工的快速发展，利用这些废煤制甲醇具有巨大的经济潜力。因此，我国的甲醇主要以煤炭为原料进行生产。

表 5.3　甲醇和汽油的物理化学性质

| 性质 | 甲醇 | 汽油 |
|---|---|---|
| 分子式 | $CH_3OH$ | $C_6$~$C_{10}$ 烃类 |
| 分子量 | 32 | 约 100 |
| 含氧量 /% | 50 | 0 |
| 密度（20 ℃，g/cm³） | 0.792 | 0.72~0.75 |
| 沸点 /℃ | 64.7 | 30~220 |
| 闪点 /℃ | 11 | 43 |
| 饱和蒸气压（38 ℃，kPa） | 32.18 | 62~82.7 |
| 汽化潜热 /（kJ·kg⁻¹） | 1 109 | 310 |

续表

| 性质 | 甲醇 | 汽油 |
|---|---|---|
| 辛烷值 RON | 112 | 84~96 |
| 理论空燃比 / （kg/kg） | 6.5 | 14.8 |
| 质量低热值 /（MJ·kg$^{-1}$） | 19.92 | 44.52 |

### 5.5.1 直接甲醇燃料电池

直接甲醇燃料电池，是质子交换膜燃料电池的一种，被认为是最可能实现商业化的电池，具有工作温度低、可靠性强、无噪声、清洁无污染、能量密度高等优点。与氢能源相比，甲醇是一种液态燃料，便于存储、易运输，且具有更高的理论能量密度，在移动通信、可穿戴设备等小功率，便携式的电源、新能源汽车等领域具有很好的应用潜力。

直接甲醇燃料电池主要由阴极极板、阳极极板、膜电极组件 3 部分构成，如图 5.13 所示。目前，直接甲醇燃料电池的开发和利用面临的两个巨大挑战，即需要开发出两种关键材料：阳极电极催化剂和电解质膜。目前阳极电极催化剂主要采用铂纳米材料制成，价格昂贵、成本高，使得该燃料电池发展和商业应用受到限制。此外，传统铂纳米材料在制备过程中，容易出现 CO 中毒现象，使得铂纳米催化剂的有效面积活性和质量活性逐渐降低，明显降低了甲醇燃料电池的使用寿命。近年来，为了提高直接甲醇燃料电池的反应活性和降低成本，多元复合催化剂和以非金属作为载体的负载型催化剂变成了目前燃料电池中的研究热门。此外，直接甲醇燃料电池的性能还与电解质膜有关。电解质膜越薄，内阻越低，但太薄容易使膜穿孔，从而使得甲醇从阳极渗透到阴极，引起阴极极化损失、燃料利用率的降低以及影响膜的导电性能。目前，国外广泛使用的直接甲醇燃料电池电解质膜是全氟磺酸膜，具有代表性的是 Nafion 系列膜和 Dow 系列膜。另外，研制成功的还有 Aciplex 系列膜、Flemion 膜和 BAM 膜等。然而目前市售的仅有 Nafion 系列膜，但在 Nafion 膜中甲醇透过现象尤为严重，这已成为阻碍直接甲醇燃料电池发展的瓶颈。目前，人们从 Nafion 膜的膜电极结构和操作条件，以及改性处理 Nafion 膜等方面研究，从而可从源头上克服甲醇严重透过现象。

### 5.5.2 甲醇燃料汽车

甲醇作为车用替代燃料是发展新能源汽车的重要组成部分。甲醇可作为内燃机的燃料，主要具有以下优良特性：甲醇辛烷值比较高，具有良好的抗爆震性能；甲醇为富氧燃料，在内燃机中燃烧较均匀，减少了局部富氧和缺氧的概率，降低了 CO 的排放量；甲醇的汽化热远高于汽油，能吸收沿途管壁或高温零件的热量使自身蒸发，减少了热量的外传，从而提高热效率；甲醇含碳量较低，燃烧的最终产物为 $CO_2$ 和 $H_2O$，减少了碳粒和 CO 的排放，有利于环境的保护等。

然而，甲醇作为汽车燃料也具有一定的缺陷，如甲醇会使橡胶、塑料器件发生溶胀；甲醇反应过程中产生的甲醛、甲酸、水蒸气等会腐蚀金属表面；产物甲醛不同于常规汽油车的特有污染物，它具有致癌作用；甲醇沸点较高，汽化困难，难以着火启动等。

目前，甲醇燃料汽车的发展处于低谷时期，但 HCCI（双燃料的均质压燃）燃烧新概念的提出以及甲醇燃料电池的开发，可能会促进甲醇燃料在汽车上的应用。

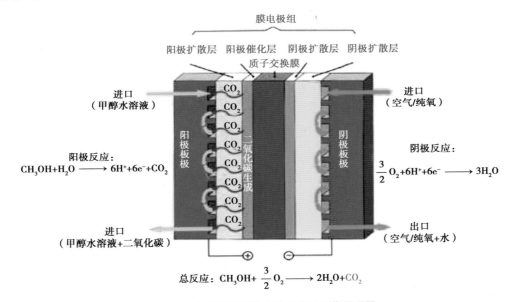

图 5.17　直接甲醇燃料电池结构及工作原理图

（图片来源：陈晓婷 . 直接甲醇燃料电池非均匀性流道设计与电池性能优化研究［D］. 湖南大学，2019.）

## 5.6　电动汽车时代的车载动力电池

### 5.6.1　电动汽车的现状

随着生产力的发展、汽车数量的增长，车用能源的需求越来越大，传统内燃机汽车排放的尾气对环境的污染也越来越严重。能源短缺和环境污染问题日益成为全世界关注的突出问题，我国面临的形势更为严峻。基于此，在汽车领域开发利用新能源已急不可待，以车载电源为动力的电动汽车取代传统动力汽车将是引领汽车行业新的发展方向。与传统内燃机汽车相比，电动汽车有以下优点：①结构简单；②污染小，更环保，纯电动汽车甚至有可能做到零污染；③噪声小，更舒适；④更节能；⑤更安全。尽管如此，目前电动汽车仍然存在价格高、充电慢、续航里程短、动力性能差等问题，而这些问题的关键因素就在于电池技术，因此，电动汽车应用的关键就在于蓄电池的研究。

### 5.6.2  电动汽车电池种类

电动汽车的动力电池能为整个系统提供电力，它以较长时间的中等电流持续放电为主，在启动和加速时以大电流放电，并以深循环使用为主。目前研发的电动汽车电池种类较多，下面介绍主要的几种。

（1）铅酸蓄电池

世界上第一辆电动汽车使用的便是铅酸蓄电池（图 5.18）。它由氧化铅、海绵铅及硫酸水溶液组成，具有原料易得、价格相对低廉、高倍率放电性能良好等优点，在游客观光车、短途车等交通工具上有着一定应用。但铅酸蓄电池存在充放电过程中容易受到损坏、容量较小、使用寿命较短等缺点，使其在电动汽车上的广泛应用受到了一定的限制。

（2）镍氢电池

镍氢电池循环寿命长，能量密度高，可快速大电流充放电，无记忆效应，不含重金属污染的问题，其性能远优于铅酸蓄电池。因此，镍氢电池在电动汽车中的应用较多，特别是美、日等国，其油电混合动力汽车均使用的镍氢电池，如混合动力汽车第三代丰田普锐斯就采用此类电池作为储能元件，其安装位置在行李箱内（图 5.19）。但镍氢电池也存在一些问题，如电池价格较高，放电速度较大，以及有爆炸的可能性，目前尚未被广泛使用。

图 5.18  采用铅酸蓄电池的游客观光车

图 5.19  第三代丰田普锐斯动力电池

（3）锂离子电池

锂离子电池质量轻，体积小，无污染，没有记忆效应，使用寿命长。与镍氢电池相比，锂离子电池具有更高的工作电压和比能量，其单体电压是镍氢电池的 3 倍。因此，锂离子电池是目前运用最广泛的纯电动汽车的动力电池之一。其工作原理如图 5.20 所示。以电解液作为锂离子流动的介质，通过锂离子的嵌入和脱嵌，使得锂离子在正极和负极之间移动，从而实现锂离子电池的充放电。

目前在电动汽车领域应用较多的锂离子电池是磷酸铁锂电池，它的高温性能好、容量大和安全性能高，同时价格相对便宜，已应用于长安逸动纯电动、腾势电动车、比亚迪唐、东风风神 E30、荣威 550 Plug-in 等车型中。

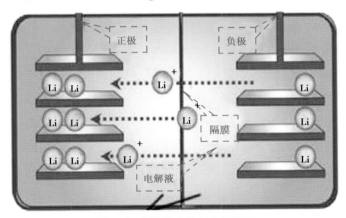

图 5.20　锂离子电池工作原理图

（4）燃料电池

燃料电池的种类较多，质子交换膜燃料电池被认为是最理想的燃料电池之一。燃料电池汽车可直接将燃料（一般是高纯氢气或高含氢重整气）的化学能转化成电能，不需要将发动机输出的机械能转化成电能的这个过程。因此，这个过程的效率比发动机的热效率高得多。燃料电池汽车在行驶途中不会排放二氧化碳，只会排水，几乎可实现零排放，绿色环保，同时还是一种静态能量转换装置，运行过程中较平稳、噪声小。此外，燃料电池还具有成本低、燃料范围广、安装维修方便、比能量高、一次补给加氢续航里程长、加氢时间短等优点。目前，宝马、丰田、通用、现代等汽车企业都在开发相应的燃料电池汽车。尽管如此，受氢的制备、氢燃料电池系统、氢能源基础设施等技术限制，燃料电池技术及其产业形成还需很长时间的努力。

（5）金属空气电池

金属空气电池的正极活性物质是空气中的氧，负极活性物质是金属锌( 或铝、锂等 )，它发挥了燃料电池的优点，空气中的氧气不断地通过气体扩散电极到达电化学反应界面，与金属锌（或铝、锂等）反应从而放出电能。金属空气电池具有清洁无污染、成本低、比功率高、比能量高等优点，被称为"面向21世纪的绿色能源"。传统的锂离子电池只是储存能量，不产生能量，而金属空气电池可将电池能量密度提高10倍，能解决电动汽车的续航里程短的问题。目前，金属空气电池的应用推广仍然面临很多问题，如催化剂活性较低，阴极极化电阻较大，阳极自腐蚀严重等。

　　（6）高温钠硫电池

　　钠硫电池以熔融的金属 Na 为负极活性物质，熔融的单质 S 为正极活性物质，固体 β-Al$_2$O$_3$ 为电解质，在一定工作温度下，钠离子可通过电解质隔膜与硫发生可逆反应，实现能量的释放与储存。钠硫电池的活性物质和电解质都无毒无害，是一种绿色环保电池。此外，钠硫电池还具有体积小、电流大、效率高、容量大、寿命长、无自放电等优点。目前，固体电解质 β-Al$_2$O$_3$ 陶瓷管的制备是钠硫电池的主要技术难点，高质量的陶瓷管不仅产量较低，而且成本也较高。钠硫电池需在高温下运行（300~350 ℃），因此，电池在工作时需要加热保温，而高温下作为车载动力电池的电解质容易破损，使得液态 Na 和 S 直接接触，将释放出巨大能量，容易造成安全事故。

## 5.6.3　电动汽车发展动向

　　目前，由于电动汽车在成本和性能上都不如传统燃油汽车，因此，电动汽车尚不具备大规模商业化的条件。尽管如此，在全球气候变暖，能源短缺和环境污染严重的背景下，目前社会各界以及多国政府对电动汽车抱有极大的热情。在美国、日本等国，随着新技术发展和对汽车尾气排放的严格要求，电动汽车的研究开发比较迅速，新的产品不断被推出。近几年，一些国家甚至将电动汽车的普及提升到国家战略或法律层面，如欧盟的一些国家在一定时间范围禁止销售燃油汽车，对燃油汽车采取"限行"政策，而对电动汽车购买者实行一定的优惠政策，从而促进电动汽车的发展。我国拥有广阔的汽车市场，汽车拥有量和汽车销售量均居全球第一。虽然我国的传统内燃机汽车相对比较落后，但拥有较强的电力系统及工程建设技术。近年来，在国家和地方政府相关政策的支持下，我国新能源汽车实现了飞跃式发展。

　　未来发展电动汽车已势在必行，并具有以下趋势：①随着人们环保意识的提升，以及电动汽车的不断优化、普及，越来越多的人出行选择清洁、便捷的交通工具，电动汽车市场将由政策导向型向市场驱动型发展。②随着汽车行业的电动化、网络化、智能化和共享化的不断深入，电动汽车由于更适合演变成高智能移动终端，将迎来高速发展。③随着电动汽车款式增多，系统的不断优化，功能丰富化，续航里程不断地增长，电动汽车的保值性将越来越差。④电动汽车租车行业将得到飞速发展，电动汽车简单、便捷，而租车人群为了满足出行过程中的交通需求，更愿意选择落地就租车的方式。⑤电动汽车在彻底地改变汽车行业同时，也许还在对其他行业造成一定的影响，如传统汽车的零部件制造行业、燃油供应等。

## 5.7　光伏发电技术中的化学

太阳能（太阳辐射能）是太阳内部连续不断的核聚变反应过程产生的能量，太阳每秒钟所产生的能量相当于 1.3 亿亿 t 标准煤燃烧放出的热量，其中 1/22 亿传到地球，但已高达 173 000 TW，相当于 500 多万 t 煤燃烧释放出的热量。太阳能取之不竭，使用方便，可再生，清洁无污染。目前，人类直接利用太阳能主要有三大技术领域，即光热转换、光电转换和光化学转换。其中，光电转换采用的就是光伏发电技术，它是一种利用半导体界面的光生伏特效应将光能直接转变为电能的技术。该技术的关键元件是太阳能电池。

### 5.7.1　太阳能电池的工作原理

太阳能电池的能量转换应用了 PN 界面的光伏效应，其工作原理以硅系材料为例来进行说明，在没有经过掺杂的硅晶体中，具有相同数目的自由电子和空穴数。如向硅晶体中掺入少量富电子的杂质（如元素磷）后，将会多出一个价电子，成为自由电子，形成 N 型半导体。而向硅晶体中掺入缺电子的杂质（如 +3 价元素硼）后，则会多余一个空穴，产生 P 型半导体。将上述的 N 型和 P 型半导体连接（或熔合）在一起时，在两部分的接触面就会形成一个特殊的界面，称为 PN 结。

当光线照射在太阳能电池上时，光在界面层被吸收，产生电子—空穴对，并在 P 型和 N 型交界面两边形成势垒电场。在势垒电场的作用下，电子向 N 型区移动，空穴向 P 型区移动，因此，在 PN 结的附近形成了与势垒电场方向相反的光生电场。如果在 P 型层和 N 型层用金属导线连接起来，形成一个闭合回路，则外电路便有电流通过，从而形成电池元件。界面层吸收的光能越多，电池面积（界面层）越大，光照在界面层产生的电子—空穴就越多，在太阳能电池中形成的电流就越大。以上便是太阳能电池的工作原理，如图 5.21 所示。

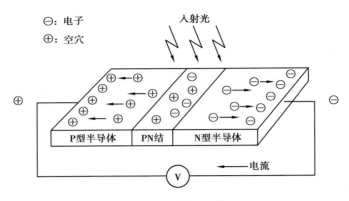

图 5.21    太阳能电池工作原理

## 5.7.2    太阳能电池的分类

根据发展历程，太阳能光伏电池大致可以分为 3 代。第一代是硅系太阳能电池，按硅材料的结晶形态又可分为单晶硅、多晶硅和非晶硅太阳能电池；第二代是薄膜太阳能电池，包括硅基薄膜电池、碲化镉薄膜电池、铜铟镓硒薄膜电池、砷化镓薄膜电池和染料敏化薄膜电池等；第三代是高效太阳能电池，如叠层太阳能电池、上、下转换太阳能电池、热光电效应太阳能电池、杂质带和中间带太阳能电池、热载流子太阳能电池、碰撞离化太阳能电池等。目前，大规模应用的仍然是第一代硅系太阳能电池，而单晶硅太阳能电池技术也最为成熟，转换效率最高（可达到24.7%），工厂规模化生产出的单晶硅太阳能电池的转换效率也在12%以上。但该类电池对硅材料消耗量大，对纯度要求高（99.999%），成本也高，大幅度降低其成本比较困难。相比于第一代的晶硅太阳能电池，薄膜太阳能电池具有原料充足、用硅量极少，弱光性好，容易与建材整合应用等特点，但还存在效率低、稳定性差等缺点。目前，已经能进行产业化大规模生产的薄膜电池主要有 3 种：硅基薄膜太阳能电池、碲化镉薄膜太阳能电池、铜铟镓硒薄膜太阳能电池。这 3 种薄膜电池的市场份额正在逐步扩大，在国际光伏市场中具有广阔的前景。第三代太阳能电池结合了第一、二代太阳能电池的优点，克服了前两代太阳能电池的不足，在提高电池的光电性能和转换效率的同时兼顾了原材料成本、无毒、性能稳定、耐用性以及对环境的影响，在未来的太阳能电池市场中会有很好的发展前景。

## "干法选煤之父"陈清如院士

陈清如（1926—2021），男，浙江杭州人，著名科学家，中国矿物加工工程学科领域的奠基者、开拓者和领军人物之一，在业界被誉为"干法选煤之父"。1995 年当选为中国工程院院士，2010 年获国际选煤大会"终身成就奖"，2019 年被中国煤炭学会授予"煤炭科技功勋"荣誉称号。

1948 年，抱有科学救国思想的陈清如考入唐山工学院采矿工程系。1952 年，陈清如以优异的成绩毕业并留校任教，从此开始从事选煤方面的教学和科研工作，做起了这门"灰头土脸"的大学问。"我做的科研都以国家利益为第一位。"陈清如是这样说的，更是这样做的。为解决"难选煤"的分选问题，1964 年，作为技术负责人的陈清如，全过程指导、参与了我国第一座用重介质旋流器处理末煤选煤厂的建设。同年，他还指导研制了我国第一台筛下空气室跳汰机，从而解决了选煤用跳汰机的大型化问题。

1984 年，陈清如率先提出空气重介质流化床干法选煤。然而，这一想法却受到了不少质疑。认为美国、加拿大等国家早在 20 世纪六七十年代就开始研究，还一直停留在实验室阶段，国外多年都没有研究出来的技术，我们怎么能搞成？陈清如这样回答："中国人不比外国人笨，就算外国人搞不成，我们也一定要搞成！"为了尽快建成世界上第一座工业示范性空气重介质流化床干法选煤厂，陈清如带领科技人员吃住在现场，终于在 1994 年 6 月调试成功，干法选煤的"天方夜谭"就此成为现实。

1990 年底，正当干法选煤的研究和开发工作如火如荼地进行时，病魔却悄悄地降临。陈清如由于长期熬夜工作，生活不规律，身体日渐衰弱。12 月 18 日，陈清如突然便血，后被诊断为肾癌。学校领导去医院看望他时，他提了两条意见："如果癌细胞还没有扩散，就尽快手术；如果癌细胞已经扩散，就立即出院，我还有很多工作要做。" 左肾切除手术后 20 天，病情刚刚稳定，陈清如就坚决要求出院，没休息几天就坐火车赶往七台河。当时从徐州到七台河需要 38 小时，中途还要转一次车。对于刚动过大手术的患者来说，不仅辛苦，而且危险。

晚年的陈清如仍心系洗煤事业。面对日益严重的空气污染问题，他将干法选煤研究进行了拓展和延伸，提出了中国洁净煤战略的构想。这一战略思想为我国发展洁净煤技术、保卫蓝天作出了重要贡献。

陈清如常对学生讲这样一句话："做学问要顶天立地——顶天，就要站在国际前沿，瞄准世界一流；立地，就要结合行业和产业需求，解决我们国家的重大问题。空气重介质流化床干法选煤从科学理论到工程技术都是开创性的，需要几代人长期不懈的努力。"

# 第6章 化学与材料

　　数千万年波澜壮阔气势恢宏的历史长河中，人类对自然的探索从未停止。从烧制古朴的陶器到优雅精美的瓷器、从简单的青铜铸造到繁杂的碳纤维加工成型工艺，人们用越来越高超的材料制造技术推动着人类文明不断向前发展。以至于在高度现代化的社会里，材料与人们的关系极其密切（图6.1）。形形色色的材料如钢铁、玻璃和陶瓷等，在生活中随处可见，甚至可以说我们生活在一个由材料构成的世界里。你想知道材料及其背后的化学原理吗？你想知道材料如何支撑未来智能社会的发展吗？

　　在此，我们将从材料的角度观察世界，开启一段开阔眼界的化学与社会文明之旅。通过讲述常见材料背后的故事，揭示各种材料的发展历史及其蕴含的化学原理，带你领略异彩纷呈又光怪陆离的材料世界。

图 6.1　我们生活的材料世界

# 6.1　材料与我们现代化的生活

材料对我们日常来说是如此的熟悉，它时时刻刻陪伴着我们，而我们几乎很少关注它们的存在，只有在用到它、少了它不行时，才能够感受到它对我们是如此重要。

## 6.1.1　材料推动了人类文明的发展

不妨这样说，任意一件人造的完整器件，从最简单的灯具、天平到复杂的飞机、轮船、计算机，都是在充分掌握各种材料物理化学性质基础上制造出来的完好工艺品。而人类运用材料制造工具和器件的历史就是整个人类文明的发展史，材料是如此重要，以至历史学家按照材料的发展划分了我们人类文明的不同阶段。

（1）石器与青铜器拉开了人类文明的序幕

人类祖先通过对自然界的石头进行加工，制成了狩猎用的各种石器，让人类告别了茹毛饮血的时代，进入人类文明的第一个阶段——石器时代。从某种程度上说，石制材料的出现将我们人类与自然界的动物区分开来，拉开了人类文明进化的序幕。

①从孔雀石到青铜器。人类祖先在寻找石料加工的过程中，发现了一种颜色碧绿、纹理与孔雀羽毛一样艳丽的石头——孔雀石（主要成分为 $Cu_2(OH)_2CO_3$）。这种石头只要与木头放在一起煅烧就能冶炼出来一种金黄色的物质，该物质表面泛着迷人的光泽，看起来既漂亮又华贵，这就是青铜刚刚铸造出来的样子。长期深埋地下之后，金黄色的青铜器发生了复杂的化学反应，表面生成多种化合物，呈现灰绿色，因而被今天的我们

视作一种青色的铜器。

与石块这种直接取自自然界的材料不同，青铜是人类将自然界中两种毫不相干的物质——孔雀石和木材——放在一起发生化学反应，再加工出来的全新材料。青铜是真正意义上的人造原材料，完全可以被视作祖先们的智慧结晶，著名青铜制品及其原料孔雀石如图 6.2 所示。

（a）天然孔雀石　　　　（b）兵器——青铜戈　　　　（c）器具——四羊方尊

图 6.2　著名青铜制品及其原料孔雀石

青铜的制作过程并不容易，无论是范铸法、失蜡法还是浑铸法，都需要经过开采、制模具和高温浇注冶炼，才能制造出来。与石材相比，青铜最大的优点就是它的可铸造性，只要高温加热成铜水，就可以被制成任意形状的青铜器皿，可以用作水具、酒具、兵器和饰品等。纯铜的质地柔软，可轻易弯折，加入锡的青铜质地却非常坚硬。这样选取不同产地（锡含量不同）的矿石来冶炼，就可以得到不同硬度的青铜制品，大大拓宽了铜制品的使用范围，比如质地柔软的可以制作酒杯饰品，质地坚硬的可以制作武器刀具等。

②青铜器——中国古代文明的重要标志。青铜制器皿和刀具在公元前 2000 年的广泛应用，使得这个时代被称作青铜器时代。青铜器时代兴衰历时 15 个世纪，历经夏、商、西周、春秋、战国和秦汉等多个朝代。这漫长的历史岁月中，无数能工巧匠耗费心力，不断改进青铜器的炼制工艺，提高冶炼水平，各种各样的矿石原材料加入冶炼炉中，期望得到性能更加优良的材料和外观更加精美的器皿。

祖先们的努力使得青铜器时代遗留下数不尽的历史财富和文化瑰宝，耳熟能详的司母戊鼎、突目铜面具和曾侯乙编钟等均是这个灿烂文明时代极具代表性的珍宝，其复杂的工艺技巧和超乎想象的创意，迄今令人叹为观止。

（2）铁冶炼技术精进促进了文明的发展

①性能优数量少的陨铁。在长期炼制青铜器的过程中，人们发现如果把木头不完全燃烧制成的木炭加入冶炼炉中，会大大提高炉温。更高的炉温不仅能够融化孔雀石矿，还可以融化一种黄色的矿石——黄铁矿石，炼制后得到的产物漆黑却泛着金属光

泽。这种黑漆漆的物质就是最原始的海绵铁，其外观结构疏松多孔，但是它与自然界的陨石铁有着一样的颜色质感，而且都有磁性。

陨铁是人类最早使用的铁。因单质铁性质活泼，易于被氧化，自然界中几乎不存在单质铁。早在 4 000 多年前，尼罗河流域和幼发拉底河流域就有人使用陨铁加工成的铁珠和匕首，在冶炼技术不发达的年代，陨石铁一度是铁的唯一来源，而陨石铁只需要经过简单的敲打就可以变成极为锋利的刀具。

战国时期，诸国争雄，战争愈演愈烈，能否制造更先进的武器，直接成为决定诸侯国命运和前途的事情。作为战斗必备武器的青铜刀具，过于笨重，不够锋利，也易于损毁。与青铜和海绵铁对比，陨铁的性能实在是太优良了，它锋利无比，且制成的刀具坚韧结实耐用，几乎不锈蚀。但陨铁的数量实在是太少了。

②铁器时代的到来。时代的背景促进了冶铁技术的发展，人们便开始寻找不同的铁矿石加以分辨，通过改变煅烧条件，以提高原始铁的性能。因为纯铁熔点高达 1 553 ℃，远高于纯铜的熔点，而且天然铁矿石大多含有较多的杂质，这对冶炼技术提出了更高的要求。铁匠们认识到必须改进手拉风箱和熔铁炉的质量，才能提高冶炼炉温，提高脆性海绵状铁的质量。尤其是他们将所制成的工件经过高温烧红捶打后放入水中，然后又重新将工件烧红捶打，再投入水中，如此多次反复锤炼可得到性能更加优良的铁器，经打磨后变得锐利。这就是北宋著名科学家沈括在《梦溪笔谈》说的"千百次捶打炼钢法"。这类铁器被贵族们用来装饰青铜器制成的刀具，其中最著名的当属考古发现的商代铁刃铜钺。这类刀具坚韧而锐利，不仅可以在战场上大显身手，也可以在铜器上刻出细如发丝的线条，或者刻出暗纹后嵌入金银细丝。

当人们逐渐掌握冶铁技术后，铁器时代就到来了。中国在春秋战国时期已掌握了冶铁技术，领先欧洲国家 1 900 多年，使用铁制工具的文字最早记载在《左传》中。受铁易生锈、发脆等固有缺陷的影响，在很长一段历史时期内，铁材料的切削和其他加工性能很不好，难以被加工成各种复杂形状的物品。到了汉代，进一步改进了冶炼炉膛和鼓风技术，大幅提高了铁的冶炼温度和冶炼效率。不仅能够制造军事上所需的各种武器诸如剑、刀、戟、矛、箭镞、战斧以及盔甲等，而且能够制造农业生产上的各种农具，大大推进了社会生产力的发展。

在铁器时代，人们在炼制铁器的过程中就得到了比铁更坚硬的钢，但此时，由于冶炼技术不成熟，炼钢技术非常依赖于原材料。直到现代科技的发展，才揭开了炼钢的内部原理，在纯铁里面加入碳就能够得到坚韧的钢。只是这个添加过程一定要谨慎，如果钢里面含碳量高于4%，那就钢就变得过硬，没有办法做成任何工具，含碳量太少钢就太软。现今，根据钢中碳含量可把钢分为 3 种，即碳含量小于 0.25% 为低碳钢；大于 0.25%，小于 0.60% 为中碳钢；大于 0.60%，小于 2% 为高碳钢。

古代工匠通过反复锤炼多次的办法，降低了铁表面其他杂质元素（碳、硅和锰等）的含量，所得到的工件表面一层变成了低碳钢，使钢材有韧性。真正现代化的炼钢技术起源于英国工业革命时期。为了避免不同产地铁矿石对所冶炼钢质量的影响，1856 年英国的亨利·贝西默提出了一种非常简单但非常实用的冶炼方法，首先高温加热将铁矿石熔化成数千摄氏度高温的铁水，将空气从炼钢炉底部吹入铁水中，氧气氧化除掉铁矿石里面的碳、硫等杂质，然后再根据实际需要加入碳，制备不同性能的钢。贝西默炼钢工艺能够大规模生产钢材，从而迎来了钢铁时代。

**拓展阅读 1：不锈钢是如何发明的？**

第一次世界大战期间，布雷尔利受雇于英国国防部，尝试将不同的元素加入铁水来制造合金改良枪管。思路很简单，既然钢是碳和铁的合金，那其他元素比如铝和镍也可以被加入铁水中，用于增强铁金属的性质。

实验很久毫无进展，有一天他经过实验室，发现生锈的钢管里有东西在闪闪发亮，他把它拿了出来，他拿着的就是世界上第一块不锈钢。他掺入的两种成分是碳和铬，因比例刚好，故得到了特别的金属晶体。在这种金属晶体中，Cr 原子均匀分散于由铁和碳原子构成的晶格中，由于其特殊的结晶形态，当与空气接触时，多个 Cr 原子能够快速与空气中的氧气发生反应生成钝态氧化薄膜。因为这层氧化薄膜非常致密，可以牢牢地阻挡大气中的水气及氧气分子，保护内层的基材不再因继续受氧化而被腐蚀。

在不锈钢发明后的很长时间内，其除了好看，基本没什么用。因为做成枪管不够坚硬，做成刀不能用于切割任何东西。后来偶然发现其非常适合制作水槽，因为它什么都不沾染，不管是油渍还是酸碱物质都对它的表面造不成损伤。而不锈钢真正用作刀具，是在多年后不锈钢制造技术与刀具锻造技术日臻成熟之后的事情了。

（3）钢筋混凝土构筑了现代文明的独特景观

①水泥的发现。水泥的使用起源于古罗马时期，古罗马人将石灰与火山灰混合制成砂浆，用来浇注碎石子，硬化后强度高且抗淡水腐蚀。工业革命促进了英国航海业

的迅速发展，船只触礁、搁浅事件时有发生，传统罗马砂浆建造的导航灯塔因海水的侵蚀而时常损坏。为了航运安全，修建不会被海水侵蚀的灯塔成为英国经济发展中亟待解决的问题。

1756 年，土木工程师史密顿（J. Smeaton）受雇于英国国会，承担建设灯塔的任务。在建造过程中，他发现含有黏土的石灰石被煅烧粉碎后，加水制成的砂浆能慢慢硬化，硬化后强度远远高于罗马砂浆，在海水中也可以经久耐用。根据这一发现，史密顿研制出了世界上第一种水硬性水泥，著名的普利茅斯港的漩岩（Eddystone）大灯塔就是用这种砂浆建造的。由于硬度不够，故这种砂浆并没有得到广泛应用。真正意义上的现代水泥是 1824 年英国的泥水匠阿斯普丁（J. Aspdin）研制的"波特兰水泥"，阿斯普丁也被认为是现代水泥的第一发明人。水泥在空气中、水中均可以硬化，使人类的建筑工程由陆地发展到水下和地下。

②钢筋混凝土的发现。广泛用于诸多领域的钢和水泥，这两种材料看似毫无关联，却被法国人约瑟夫·莫尼尔（Joseph Monier）在一个偶然的情况下组合在了一起，并在 1867 年制成钢筋混凝土材料，成为当今最主要的建筑材料。在此之前，人们使用陶器或者铁器作花盆，陶器易碎，铁器易锈蚀，二者都造价不菲；换用当时的新材料水泥制花盆，不用加热就可以成型，价格低廉，但是容易裂开。约瑟夫·莫尼尔在移植植物的过程中，看到植物的根茎将泥土牢牢地结合在了一起，从而得到启发，尝试在水泥花盆中放入钢筋。钢筋的加入能够将水泥表面局部受到的冲击力，扩散到材料的整体，可有效避免材料局部裂缝导致的大规模破碎或者断裂。这一点的变化制成了现代人普遍使用的钢筋混凝土材料。

水泥主体为硅酸盐材料，硅酸盐表面的氧原子可以视作闭合的触手；遇水后触手伸开，连接上水分子，也就是水分子与硅酸盐分子表面结合形成羟基；水分蒸发时，为了尽可能减少水分蒸发的速度，伸开的触手不断与邻近的触手手拉手地"牵"在一起，也就是触手顶端的羟基不断地与邻近的其他硅酸盐分子发生聚合反应，形成凝胶；这种凝胶状物质不断的生长、变长，最后可以延长到钢材的表面，将钢材牢牢地固定住，形成强烈的键合作用。现代研究更是表明，钢筋和水泥这两种看似完全不相同的材料，热膨胀系数居然几乎完全相同，即受热和冷却时钢筋和混凝土可以同时膨胀和收缩相同的倍数，这就完全避免了自然界温度变化产生的热胀冷缩对材料造成的整体损害。

钢筋混凝土结构材料，原料来源广泛，便宜廉价，经久耐用。简单地用木材做模具就可以在常温下硬化，可以被塑造成各种各样的形状，如高楼大厦和道路桥梁等，从此构成了我们现代都市的特有高楼大厦林立的自然景观，使文明的发展在 1900 年进入一个全新的阶段——钢筋水泥的时代。

（4）材料划分了人类文明的不同时代

石制品、青铜器、铁器和钢筋混凝土至今我们仍然在应用，是我们生活中离不开的常用材料。时代的发展伴随着各种新材料的不断出现，尤其随着计算机技术的兴起，以硅为代表的半导体材料，将人类社会在公元 1950 年之后，带入了一个全新的时代——硅时代。与之前所有的时代相比，硅时代大大加强了全世界范围内人们的交流和沟通，开创了互联网及后来的物联网、未来的人工智能时代，加速了全球范围内信息的交流，创造了更为辉煌的文明。

2000 年后，材料的发展进入一个全新阶段，以纳米材料、智能材料、航空航天材料、光电转换材料、环保生物材料等为代表的各种新材料层出不穷，大大促进了从互联网到物联网的发展，加速了全球范围内的优质资源配置。没有任何一种材料可以代表这个时代，可以被称作新材料时代。

由此可见，历史上人类社会每一个新时代都是因为一种新材料的出现而形成的。各种各样更先进的材料的出现，推动着人类文明一步步地向前发展，材料是人类辉煌灿烂文明背后的推动力。

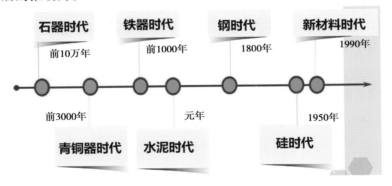

图 6.3　材料划分了人类的文明时代

## 6.1.2　材料造就了我们现代化的生活

钢筋混凝土结构材料构筑了现代都市的高楼大厦，各种各样的发光材料构成了繁华都市的灯红酒绿。如今，我们生活在一个现代化的社会里，智能计算机、物联网和大数据使我们的生活变得更加的快捷和方便，动动手指就能从 App 里购物 / 订购车票机票，汽车 / 轻轨 / 飞机让我们可以轻松开始"一日千里 / 万里"的旅行，智能家居让我们住得更安心，智能医疗设备可以随时监控我们的身体健康，远程网络可以让人足不出户就享受国内外最先进的教育。

构成现代化生活的核心是科技的现代化。科技的进步促进了各种节能型交通工具和智能型计算机的发展，而先进的材料是科技发展进步的基石。尤其以高纯硅（元素半导体材料）和砷化镓（化合物半导体材料）为代表的半导体材料大大地促进了计算机技术的进步；而人类的航空航天发展史，就是轻质高强度材料不断更新换代的历史。

（1）半导体材料促进了计算机科学的进步

生活在现代化社会的人，似乎已经远离了半导体收音机的时代，但我们与半导体的关系却越来越密切。半导体这种熟悉又陌生的材料，陪伴着你每一天的生活，你每天看的电视、拿的手机、用的计算机和车载导航等里面都有半导体芯片。基于半导体材料的芯片是现代化社会的神经中枢，它成就了我们周围形形色色方便快捷高效的高科技智能设备和通讯交通工具。芯片产业在未来将会进一步推动信息技术的发展和应用，同时也将为产业和城市的发展提供更多可能性和动力。

①半导体材料的起源及发展阶段。在近代科学发展到 20 世纪，人们清楚地明白金属材料是良好的导体，拥有良好的导电性，其导电性会随着温度的升高而降低；而木头和陶瓷材料没有导电性，属于绝缘体。还有很多材料，它们的导电性能介于导体和绝缘体，因导电性差绝缘性也差，既不能用来作导线，也不能用作绝缘封装材料，在电学上没有实用价值。以致在爱迪生发明灯泡 100 多年后，这类材料才首次得到了"半导体"这个名字，而为这个名字赋予确切含义又是 30 多年后的事情了。

半导体的优点就在于导电性非常特殊，完全不同于导电材料，它独有 4 个导电特性，即热敏性、光敏性、方向性和整流效应。而且半导体的导电性可以被人为控制。纯半导体材料导电性极差，通过人工掺杂入微量的磷或者硼就可以极大地提高它的导电性。利用半导体的这一独特性质，人们可以将电路刻蚀在半导体材料上，制成集成电路（Integrated Circuit，IC），即芯片。这一发现极大地促进了半导体材料的实际应用。

至此，半导体材料才得到了它真正意义上的含义——具有独有导电特性并且可用来制作电子器件和集成电路的电子材料。目前半导体材料的更新换代和发展主要经历了 3 个阶段：第一个阶段是以硅和锗为代表的元素半导体，主要用于数据快速运算和存储，比如用作手机、计算机的 CPU 和内存；第二个阶段是以砷化镓为代表的化合物半导体，可实现电信号朝光信号 / 微波信号的转化，比如用于激光发射器和红外探测器；第三个阶段是以 GaN 和 SiC 为代表的新型半导体材料，具有光存储、光显示、光照明等功能，未来在通信、汽车、航空航天和国防等领域具有广阔应用前景。

②从廉价的沙子到金子般的半导体。1947 年，世界上第一个半导体点接触式晶体管诞生于美国贝尔实验室，随后世界上第一个集成电路诞生于美国得州仪器公司，二

者均是用锗材料制作的。因为锗导电性良好，锗晶体管使计算机的处理能力比电子管时代提升了数百个数量级，很快被用到了收音机等日用电器上。但锗元素在自然界太稀有了，造成锗晶体管造价高，另外在使用过程中锗晶体管易发热，也导致昂贵且不耐用的锗晶体管很快被更廉价优质的硅晶体管替代，从此开创了人类的硅时代的文明。

时至今日，半导体硅仍然是制造芯片的主要原材料，世界上 90% 以上生产用的晶圆材料都是高纯的单晶硅片。硅晶体管的运用大大提升了冯·诺伊曼结构计算机的计算速度，今天大部分智能手机的 CPU 主频都在 2 500 MHz 以上，是半个世纪前登上月球的阿波罗 11 号飞船所搭载计算机 CPU 主频（0.043 MHz）的 5 万多倍！

与锗相比，硅是地球上含量非常丰富且极为常见的元素。但是，自然界大多数硅元素以二氧化硅和硅酸盐的形式存在，极少有单质硅的存在。芯片生产使用的硅片就来自毫不起眼的沙子，将沙子制成石英，也就是纯净的二氧化硅，然后经碳还原后就可以得到硅。这个工艺路线成熟，都是较为简单和基本的化学反应，看起来似乎没有什么难度，但要获取制造芯片集成电路所需要的高纯硅却极具难度，因为微量的杂质掺入就会完全改变硅的导电性，使成品芯片因出现缺陷而报废。

高纯硅的纯度通常用小数点后有多少个 9（99.999 9…%）来表示，制造芯片用的高纯硅纯度至少要达到 6 个 9，也就是 99.999 999%。纯度低于 6 个 9 的硅只能用于制造其他低性能的电子元件，而 4 个 9 纯度的硅只能用作太阳能电池板。实际上，制造更高纯度的硅成为各大芯片生产厂家相互竞争的核心技术。

沙子经过多步骤的分离纯化后制成高纯硅，但对于芯片生产过程而言，只是开始了万里长征的第一步。此后，还需要经过切割晶圆、影印、蚀刻、重复、分层以及封装等多个步骤，最终高纯硅会变成结构复杂、功能强大的芯片。这是一个极其复杂，又需要极其先进的制造工艺的过程。在科学家的眼里，芯片的制造就是一个沙子变黄金的过程。

③昂贵的化合物半导体材料。硅属于元素半导体，硅原子和硅原子之间以纯共价键形式连接在一起，其最大的缺点之一就是功能单一且导电性差，传输速度甚至低于锗。1952 年，德国人威尔克（H. Welker）在研究过程中发现了砷化镓（GaAs）具有类似硅和锗的半导体性质。不同于单质硅和锗，砷化镓属于化合物半导体材料，是由镓原子和砷原子排列在一起组成规则的结构。由于砷原子吸电子能力强于镓，导致成键电子偏向于砷原子，镓原子和砷原子之间的化学键，既具有共价键性质，也具有离子键性质。这使得砷化镓具有不同于元素半导体的独特性质。比如，砷化镓具有快速的传导性，电子在砷化镓中的运动速度比在硅中的运动速度快 510 倍；砷化镓具有高温稳定性，

在 600 ℃下都可以具有稳定的半导体性质，而普通单晶硅工作温度不能超过 60 ℃。这就使砷化镓非常适合制作半导体材料，运用于运行速度较快的电路中和操作功率更高的场合，是超高速、超高频器件和集成电路的必备材料。

砷化镓单晶缺点主要是价格昂贵，其单晶片的价格是同尺寸硅单晶片的 20~30 倍，砷化镓常被称作"半导体贵族"。另外，镓元素在自然界中含量很低，且难以提纯；砷元素因在空气中易被氧化而变为有毒有害物质，严重污染环境。这些方面的原因限制了砷化镓在更广泛范围内的应用。以氮化镓（GaN）和碳化硅（SiC）等为代表的第三代半导体材料得到了飞速发展，这类材料具有更宽的禁带宽度。以氮化镓为例来说，室温下氮化镓禁带宽度可达 3.39 eV，远高于硅（1.24 eV）和砷化镓的禁带宽度（1.42 eV）。更宽的禁带宽度使电子在高温下也难以吸收热辐射的能量跃迁到导带，这样就能使这类材料在 600 ℃高温下也可以维持半导体作用，在实际应用中具有发热量低、热导率高、击穿电压高和抗辐射能力强等优点。另外，氮化镓是一种电致发光材料，可以被制成高效蓝、绿发光二极管（LED），替代人类传统照明技术。

因此，氮化镓是具有独特光电双重属性的半导体材料，以氮化镓为基础的电子技术在众多领域中替代硅后，能耗可降低了一半以上，还可以使设备体积大大缩小，比如，笔记本电脑适配器体积可减小 80% 左右。以氮化镓为基础半导体 LED 发光器件具有发光亮度高、体积小、能耗低和使用寿命长等优点。

目前氮化镓的应用主要在下述两个方面：一是利用其在高温高频大功率条件下的优势，可替代硅和其他化合物半导体材料，用于通信卫星、高频雷达、高性能计算机和工业电子设备等。二是运用其激发蓝光的独特性质开发光电应用元器件和产品，比如大功率晶体管、蓝光激光器、光学存储器等元器件和高亮度照明 LED、全色大屏幕显示器、激光打印等产品。

④半导体材料成就未来智能化社会。半导体材料的发展推动着社会不断向前发展，直接引导人类文明进入互联网、物联网和人工智能的时代。1992 年全球人类每天在网络产生的全部交流数据量只有 100 GB，而今天每一个人每天登录网络产生的数据量就可高达 1.5 GB。这样海量的数据信息，推动了自主学习的智能机器人的进步。为了研究计算机能否具有学习能力，2012 年谷歌科学家动用了 1.6 万个 CPU 和 1 000 台计算机，创造出当时世界上最大的神经网络，让它从 1 000 万张图片中识别猫咪的照片。此后计算速度的提升驱动着人工智能识别快速的发展，2020 年谷歌之父吴恩达重新做了一次猫脸识别实验，同样的计算只用了 16 台计算机、64 个 CPU 就能轻松实现。用人工智能技术实现从无人驾驶、工业机器人到远程医疗的不断跨越，建设信息化智能

化的社会对材料的发展提出了全新要求。

半导体材料企业在半导体行业中占据着至关重要的地位，半导体基础材料的研发制造能力是国家科技竞争力的体现。未来哪个国家掌握了最先进材料的制造技术，就能在先进科技的竞争方面赢得最后的胜利。

（2）轻质高强度材料推动了航空航天工业的发展

世代生活在地球的人类，时常仰望湛蓝的天空，幻想着能够像鸟儿一样摆脱重力的束缚，自由自在地翱翔于无边的天际。而今，日新月异的航空航天飞机让人类可以轻易实现飞天梦，人类不仅可以顺利登上月球，在不远的将来还可以登上火星，并最终走出太阳系，走向遥远的银河甚至宇宙星系。

①人类最早的飞行器。美国国家航空航天博物馆是世界上最大最全的飞行博物馆，博物馆里按航空发展的年代顺序陈列着飞行历史上具有纪念意义的飞机、火箭、导弹和宇宙飞船等。但是，进入展馆第一眼看到是一只中国风筝，上面写着"人类最早的飞行器是中国的风筝"。轻盈的纸张与细细的竹子被我们的老祖先聪明地组合在了一起，成为最早能飞上天际的飞行器。性能优良的纸张是风筝能飞上天的基础保障，它来自东汉蔡伦革新了的造纸术。可以说，利用化学原理，蔡伦将木质素从木材中提取出来，制成轻质廉价的纸张，才使得风筝广为流行，自宋代起便是深受人们喜爱的户外活动。

风筝需要纸张和竹子，现代航空航天器也需要各种优质材料来作为支撑。回顾整个航空航天发展史不难看出，这就是各种各样轻质高强度材料不断更新换代的历史。风筝虽然是最早的飞行器，但它的飞行主要依靠来自空气的风力和来自提线的牵引力。没有牵引线的话，风筝是飞不起来的。有牵引线时，放风筝的人，可根据风力的大小，减小或增加牵引力。但缺乏动力驱动，负重太轻，不能将重物和人带到天空。第一架有动力驱动的飞行器是美国莱特兄弟在 1903 年试飞的"飞行者 1 号"。它也是世界首架可载人且受人工操控、能够持续飞行的飞机。莱特兄弟的飞机以钢材制作发动机，用杉木作螺旋桨和连续梁，用松木作衍架式机翼，用粗棉布包裹在机翼外侧作蒙皮。这架飞机尽管只飞行了短短数秒，飞行了仅 36.5 m，却开创了人类全新的航空时代。

②崭露锋芒的铝合金材料。罐头盒铁皮被德国人容克斯用来在 1915 年制造了世界上第一架全金属壳的飞机 J-1。彼时恰逢第一次世界大战期间，残酷的战争促使人类越来越渴求新武器。作为新发展的科技，飞机的制造受到各国重视。飞机开始被应用于战场上，全金属壳的飞机不易损毁且飞行速度快，很快替换了木布框架，飞机机体材料的发展也在快速更新换代。

钢比铁结实耐用，铝比钢和铁都轻质。铝的密度（2.7 g/cm³）远远低于钢的密度（7.9 g/cm³），用铝替代钢材做机身可以降低飞机自身的质量，从而在不增加驱动力的情况下也可以大大提高飞行的速度。铝材替代钢材用于制造机身材料很快成为主流趋势。但与钢相比，铝用作机身的最大问题在于，它太软了，承受过高的压力容易变形，也就意味着铝机身的飞机飞行不了太快，而且极易损毁。

如何让铝变得更硬呢？美国铝业公司在1943年把Mg/Si元素和Zn/Mg元素分别成功添加进铝材，发明了6 063铝合金和7 075铝合金材料，它们的抗拉强度是工业纯铝的3~4倍，开创了高强度铝合金的新纪元。高强度铝合金材料引起了美国波音公司的工程师们的关注，他们随后将欧洲的大功率发动机和铝合金的机身融合设计了多种型号的全金属客机。

总之，得益于铁和钢等金属的使用，使飞机的飞行速度很快打破了地面最快的摩托车行驶速度（220 km/h）；而更加轻盈的铝合金材料的加入，使飞机的飞行速度很快超过了600 km/h。而今，各种各样的轻质高强度的铝合金材料早已从航空界走出，成为我们日常随处可见的常用材料，不仅成为高速列车、家用轿车必不可少的组成部分，而且化身为我们日常熟知的行李箱、储物柜、操作台和支架等。

表 6.1　飞机机体材料发展阶段

| 发展阶段 | 年代 | 机体材料 |
| --- | --- | --- |
| 第1阶段 | 1903—1919 | 木材、布等天然纤维 |
| 第2阶段 | 1920—1949 | 铝、钢等传统纯金属 |
| 第3阶段 | 1950—1969 | 铝、钛、钢等金属及其合金 |
| 第4阶段 | 1970—21世纪初 | 铝、钛、钢等合金材料和复合材料（以铝合金为主体） |
| 第5阶段 | 21世纪至今 | 复合材料、铝、钛、钢等材料（以复合材料为主体） |

**拓展阅读 2：为什么纯金属很软而合金很硬呢？**

青铜、钢和铝都是金属，金属发明之前，人们用木头、燧石和兽骨做工具，这些材料一敲就会碎裂。金属与这些材料不一样，金属可以锻造，单纯地敲打可以让金属变得强韧，变得更硬，只要把它放入火中，就可以让金属重新变软。不仅如此，高温加热金属熔化后会流动且具有可塑性。金属可以让人类充分发挥自己的想象力和创造力，随意塑造任意形状的物品，而且还可以无限重复使用。

　　与钢相比，铝的最大优势在于的密度低（2.7 g/cm³），约只有钢的 1/3；最大的劣势在于铝很软，就是硬度很低。钢是碳和铁的合金，碳的加入大大增强了材料的硬度，如果将铝也制成合金呢，硬度会不会提高呢？答案是肯定的，常见铝合金的抗拉强度是工业纯铝的 3~4 倍，但这是为什么呢？为什么纯金属很软而合金很硬呢？

　　从化学上讲，物质的结构决定物质的性质，毫无疑问，金属性质就是由其微观结构所决定的。

　　金属由金属晶体构成，晶体里原子和原子之间有规则的堆积形成了立方晶格，在锋利的剃刀刀刃上就是这种规则的晶体结构。在使用金属的过程中，金属晶体里面的部分原子在外力作用下会偏离原有的位置或者发生移位，也就是让金属晶体中的原子发生位错。变钝的剃刀刀刃上就是这种发生了位错的晶体结构。位错是金属晶体的瑕疵，表示原子偏离了原本完美的构造，是不该存在的原子断裂。实际上正是位错让金属能够改变形状，经得起锻造，让金属可以成为广泛应用材料。

　　金属的熔点代表晶体内部金属键的强度，也代表位错不容易移动。铅的熔点不高，因此位错移动容易，使铅非常柔软。铜的熔点较高，因此比较坚硬。加热会让位错移动，重新排列，结果是金属变软。完美金属晶格的排列如图 6.4 所示，瑕疵金属的位错晶格的排列如图 6.5 所示。

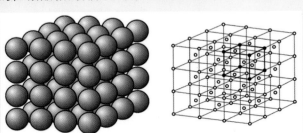

图 6.4　完美金属晶格的排列

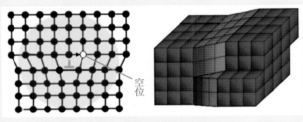

图 6.5　瑕疵金属的位错晶格的排列

其实在日常生活中我们见到的金属很少是纯的，大都是合金，因为合金通常比纯金属要坚硬，原因很简单，外来原子的嵌入让位错更难以移动，这就意味着金属形状更难改变，金属也就更坚硬。青铜、钢和航空铝材都是合金，自然比纯铜、纯铁和纯铝坚硬。再比如 925 银一般是指含银量 92.5% 左右的银质品，纯度在 92.5% 左右即认定为纯银。纯度过高的银柔软并且容易被氧化，925 银加入了 7.5% 的其他金属，使其具有理想的硬度。同理，18 K 白金最高纯度为 75%。是由 75% 的黄金加上 25% 的银、镍、铜等金属混合而成的，也就是白色的 K 金，标注成 18 K 白金。

这种原子的替代和嵌入不仅是人为的，在自然界里面也有非常多的例子。纯氧化铝晶体是透明的，但其中含有铁原子就会变成蓝色，俗称蓝宝石。纯氧化铝晶体包含的 Cr 原子会变色，成为红宝石。

③昂贵优质的钛合金材料。制造飞得更快、结构更牢固的飞机是航空制造业不懈的追求。尤其当飞机的飞行速度超过声音传播的速度时，飞机表面的温度可达到 400 ℃以上，这就对材料的耐高温性能提出了新的要求。与熔点高达 1 500 ℃的铁相比，铝的熔点只有 660 ℃。这意味着铝原子在常温下比铁更易于发生位错，先天的不足不可避免地影响其后天的性能。

与铁和铝相比，金属钛的优点突出又鲜明，钛密度远远低于钢铁，而纯金属钛的熔点与铁相当，可高达 1 668 ℃，这使得最普通的钛合金也能在 500 ℃的高温下稳定长期使用，不会发生任何变形，而性能优良的钛合金甚至可以耐受 1 040 ℃的高温。不仅如此，有些钛合金还具有良好的耐低温性能，即使在 –253 ℃的低温下，仍能保持一定的塑性。

钛合金兼具了钢铁的高强度耐高温和铝材轻质两方面性能，一经面世，便成为飞行器设计师们竞相追捧的材料，不断被用来替代飞机的各个零部件。钛合金取代发动机中的大量钢制部件，可增加其耐磨性；取代飞机机身高温部位的铝合金部件，提高其耐热性。这种替代可以大幅度减轻飞机的内部结构质量，提高飞机的推重比。现今，钛不仅用在机体结构和发动机上，很多军用对地攻击机还在飞行员座舱两侧加装了钛合金装甲，以提高低空作战时的防护能力。一般来说，飞机性能越先进，使用的钛合金就越多。在民用客机领域，波音第一架客机"波音 707"机身钛合金仅占到总机身质量的 0.2%，到最新一代客机"波音 787"，钛合金质量占比已达到 15%。我国的大飞机 C919 的钛合金用量与波音 777 相当，占到 9%~10%，而俄罗斯新一代客机 MS-21 钛合金用量占比达到 25%。而对飞机飞行速度和飞行操控性要求更高的战斗机，其钛合金含量更高，用钛量已达到飞机结构总质量的 93%。

④谜一般存在的碳纤维基复合材料。在自然界数以百万千万计的形形色色的材料中，金属基体材料只占其中的很少一部分，而占比 90% 以上的材料是形形色色的有机材料。这些有机材料中的大部分并不来自自然界，而是来自实验室，来自人们为主动改变世界而利用自然界的物质加工出来的材料。这些材料现今已广泛应用于我们生活的方方面面，比如我们逛街拎的塑料袋、沙发座椅上的皮革和填充物，甚至是每天打字接触的计算机键盘等，它们大多数都属于有机高分子聚合物材料。

碳纤维的密度只有铝合金的 1/2、钛合金的 1/4。虽然其强度与合金相比并没有特别的优势，但其密度低、价格低廉、触感舒适却是其他任何金属基材料都比不上。不仅如此，碳纤维具有最为优良的耐腐蚀耐高温性能，不溶于各种有机、无机溶剂，在惰性环境中，高温时也不会熔化熔融，而且是在 2 000 ℃下唯一强度韧性均不会下降的材料。因此，碳纤维材料不仅可以应用于普通民用飞机的发热组件和非发热组件，而且适合用于制造各种类型的航天飞行器。

当碳纤维与树脂、金属、陶瓷等基体复合后制成的材料，就是碳纤维复合材料。用碳纤维环氧树脂复合材料制造出来的飞机结构件，与常用的铝合金构件相比，可以减轻质量 20%~40%。目前复合材料的用量在军用飞机整体结构中占比可达到 30%，而飞机的框架结构每减轻 11 磅的质量，燃料节能效益都可以达到 100 万美元。

碳纤维是由有机高分子聚合物材料，经过一系列热处理过程转化而成的，含碳量高于 90% 的无机高性能纤维。碳纤维复合材料种类繁多，先进飞机框架结构主要使用碳纤维增强树脂基复合材料。该复合材料是碳纤维与环氧树脂复合后形成的材料，在航空航天领域，复合方式主要采用连续纤维增强的层压方式。

总之，人类文明的发展的每个阶段都离不开材料，材料的发展促进了整个社会的进步，造就了我们现代化的生活。

## 6.2　充满创意的纳米材料

佛家有句禅语："一花一世界，一叶一菩提。"这句话的意思是从一朵花一片叶子就能认识和领悟整个世界。从现代科学的角度来理解这句话的意思就是从一朵花一片叶子便能得出整个世界运转的客观规律，整个科学的发展历史也不过是认识自然，发现规律的历史。而纳米材料及其特性就是由科学家观察自然，进而总结出来的一系列科学规律。纳米材料究竟有什么独特而区别与常规材料的性质呢？让我们从观察自然开始吧。

## 6.2.1　植物叶面的微纳米结构

（1）荷叶的一尘不染

树木和花草都有叶子，但荷花的叶子却非常与众不同，荷花和荷叶是人们心目中圣洁的象征，宋朝周敦颐的《爱莲说》里有"出淤泥而不染，濯清涟而不妖"的表述。荷叶叶面如此特别的自然现象也被德国植物学家巴斯洛特（Barthlott）注意到，在用显微镜观察植物叶面时他发现大部分植物的叶子表面都有灰尘，要清洗干净才能用显微镜来观察。而有些植物叶子表面无论什么时候都很干净，尤其是荷叶的表面总是干干净净的，不会沾染任何灰尘。如果刻意撒一些灰尘在荷叶表面，一场大雨过后，荷叶表面仍然干干净净。

为什么荷叶表面总是一尘不染呢？仔细观察下雨天滴落在荷叶上的水滴，不难发现，在荷叶上与在其他植物的叶面上截然不同，水滴在很平的荷叶表面上是滚圆的，在略微倾斜的荷叶表面上可以非常快速地滚动滑落（图6.4）。在材料学上，我们把水滴在荷叶表面滚圆的现象称为荷叶表面的超疏水现象，把荷叶表面不沾染灰尘的性质称为自清洁效应，具有超疏水现象的材料称为超疏水材料。

图 6.6　水滴在荷叶表面的形态

**拓展阅读3：如何来界定一种材料是不是超疏水材料呢？**

非常简单，用水滴实验！这是一个只要有针筒注射器就可以做的实验！实验开始，我们把要测定的材料（比如木材、塑料、钢铁等的表面）放平，用带细针头的注射器把一颗很小的水滴轻轻放在材料表面。从侧面快速拍照观察小水滴在不同材料表面是什么形状，如果水滴是摊开的，表面就是亲水的。如果水滴是滚圆的，材料表面就是疏水的。在材料学上，亲疏水的界定原理与此相同，不同之处在于，科研工作者使用的是专业的接触角测量仪，它可以在密闭空间喷射微纳米级别的小水滴，用高速摄像机拍摄水滴的侧面照片，并测量接触角的大小，根据接触角大小来判断材料表面的亲疏水性质（图 6.7）。

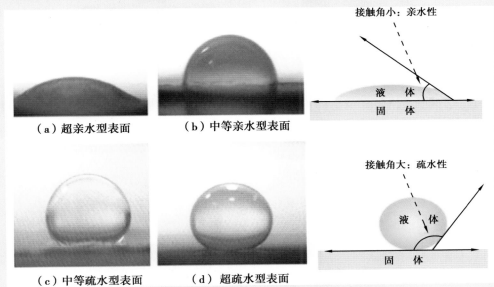

图 6.7 界面亲疏水性质与接触角的关系

小水滴在固体表面是摊开还是呈水珠状，取决于水滴中的水分子会和材料表面产生多少相互作用力，这可以看成交界面上的一场拔河比赛。如果水滴和固体表面亲和力比较强，水滴就被材料拉住了，容易在水面上摊开，水滴在材料表面就呈扁平状。也就是水滴与固体表面形成的接触角很小，小于 20° 就属于超亲水材料，比如水滴在棉布和纸张表面就属于这种情况［图 6.7（a）］。

如果水滴和材料表面亲和力比较弱，水滴内部水分子与水分子之间的相互作用就会占上风，这样一来，表面的水分子就会被内部的水分子拽着，水滴呈滚圆状，与材料的接触面就变小了，就不容易附着在材料表面了。水滴在固体表面呈滚圆状，就是说水滴与固体表面形成的接触角很大，大过 150° 就属于超疏水材料［图 6.7（d）］。

生活中我们常见的光滑固体如桌子、钢铁、大理石板等的表面，均属于中等亲水和中等疏水的情况，水滴在它们表面接触角位于 20°～150°［图 6.8（a）］。而水滴在荷叶表面的接触角和滚动角可达到 161.0°±2.7° 和 2°，符合超疏水材料的界定［图 6.8（b）］。

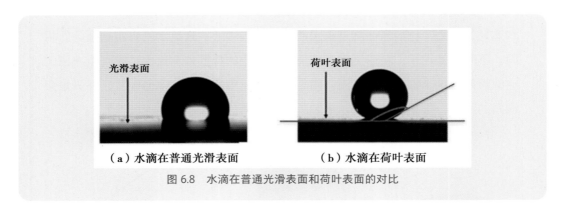

（a）水滴在普通光滑表面　　　　　（b）水滴在荷叶表面

图 6.8　水滴在普通光滑表面和荷叶表面的对比

植物学家巴斯洛特和尼惠斯（Neihuis）1997 年前后用显微镜观察近 300 多种植物的叶面后，得出结论：荷叶叶面的超疏水自清洁特性是由粗糙叶面上均匀分布的微米结构的乳突和表面的蜡状物共同引起的。我国材料学家江雷等在 2003 年用更精密的扫描电子显微镜，仔细观察研究了荷叶后，进一步注意到荷叶表面的微米乳突上还存在着非常均匀的直径为几百纳米的细绒毛，认为这种微纳米尺度复合的阶层结构才是荷叶表面超疏水的根本原因（图 6.9）。

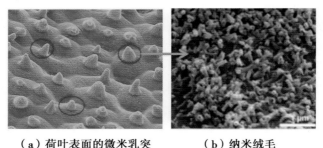

（a）荷叶表面的微米乳突　　　　　（b）纳米绒毛

图 6.9　荷叶表面的微米乳突与纳米绒毛形成的微纳米复合阶层结构

（2）微纳结构的超疏水与自清洁

微纳米复合阶层结构如何产生超疏水作用？水滴的尺寸通常为 20~140 $\mu$m，滴在表面粗糙度一般为 30 $\mu$m 的固体桌面上［图 6.6（a）］。大的水滴（比如直径 100 $\mu$m）与桌面亲和力小，可以滚落。小的水滴（直径约 30 $\mu$m）与桌面亲和力大，就平摊在桌面上了。这也是我们经常看到的现象，当一杯水不小心洒在倾斜桌面上时，大部分水直接流走了，小水滴留下形成水印，如果多个水滴流动时合并成大水滴又会重新流走。

自清洁效应又是如何产生呢？在荷叶表面上，由于荷叶表面不仅存在微米乳突还有纳米尺寸的绒毛，当水滴落在荷叶表面时，水滴仅与纳米绒毛的顶端接触［图 6.10（b）］。荷叶表面的蜡状物本身具有疏水的功能，而表面微小凸起的纳米绒毛结构可以吸附和储存空气，这一层薄薄的气垫可以托起落在表面上的水滴。这就会使水滴与荷叶表面之间的实际接触面积很小，水滴就会被内部水分子牢牢拽住，所以水滴就呈滚圆状，且可以在荷叶表面快速自由滚动。同理，纳米凸起结构使灰尘颗粒物（尺寸为数十微米）与叶面的接触面很小，相互作用力也很小。滚圆的水滴从荷叶表面滑落时，不断旋转前进，在前进过程中碰到小尘埃颗粒物，就很轻松黏附起来并在滚动中带走，这就产生了自清洁效应。

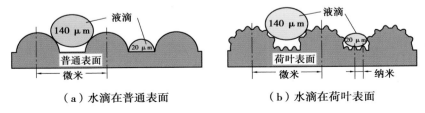

图 6.10　水滴在普通表面和荷叶表面的对比

　　观察自然，模拟自然，总结规律，并制造出超越自然的人造物质，是科学发展的历程，也是材料科学发展的历程。科学家通过对植物叶面的观察，最终得出荷叶的超疏水性依赖于表面低能疏水的蜡状物和表面独特的微纳米尺度复合的结构。

　　通过对荷叶超疏水自清洁效应的认识，科学家进一步延伸了超疏水的概念到超疏油，通过仿荷叶表面的低能表面物质和微纳米复合结构，开发了拒水拒油处理技术。经过该技术处理过的织物面料，水滴和油滴其表面形成犹如水在荷叶上滚动的效果，同时具有防水防油的特性，不沾染任何灰尘和油渍。并且经处理过的面料仍然保持原织物的原有特性（透气性、柔软性等），处理后的服装更容易清洗或者根本不用清洗。经过该技术处理过的水槽，也是不沾染任何污染物，非常适合日常应用（图 6.11）。

图 6.11　超疏水超疏油自清洁鞋子和水槽

## 6.2.2　动物体表的微纳米结构

　　荷叶上的一滴水给了科学无限的启发，解决了人们生活中遇到的诸多难题。但是这还远远不及在地球上生活了数万年的动物。各种动物在漫长久远的进化历程中，形成了自己远超其他动物甚至是人类的本领，每一种高超本领的背后都有独特材料的身影。

（1）水上嬉戏的水黾

"水上漂"功夫于普通人而言，似乎遥不可及。但于动物界而言，"水上漂"功夫可不是稀罕事，有一种昆虫，它们无须刻苦修炼，与生俱有"水上漂"功夫，这种昆虫就是水黾，它被称为"池塘中的溜冰者"。它不仅能在水面上简单地漂浮着，还可以水平跳跃滑行，就像溜冰运动员在冰面上优雅地跳跃和玩耍一样，轻松实现这种高难度的动作。最高明之处在于，水黾在水上做各种花样动作时，既不会划破水面，也不会浸湿自己的腿［图6.12（a）］。

水滴实验发现，水滴在水黾腿部的接触角大于170°，这表明水黾腿表面具有超疏水效应［图6.12（b）］。物质结构决定其性质，用高倍显微镜观察其微观结构，发现水黾腿部有数千根按同一方向排列的多层微米尺寸的针状刚毛结构，微米刚毛结构的表面上具有螺旋状纳米结构的沟槽（图6.13）。这些沟槽能够吸附气体，在水黾腿拍向水面时沟槽表面形成气泡，无数根刚毛一起组成了气垫。

 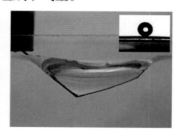

（a）水黾在水面上　　　　　（b）水黾单条腿陷入水中

图6.12　水黾在水面上和水黾单条腿陷入水中

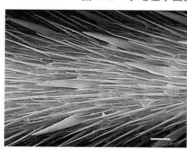 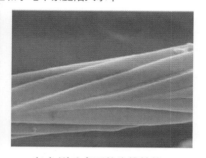

（a）水黾腿部的刚毛状结构　　　（b）刚毛表面的沟槽结构

图6.13　水黾腿部的刚毛状结构和刚毛表面的沟槽结构

这些气垫在水黾腿和水面之间封闭了大量空气，阻碍了水滴的浸润，也让水黾一条腿排开了300倍于自身体积的水，产生最大可达到自身体重15倍的支撑力。而水黾有4条腿，能够轻松负载起相当于自身质量的60倍。材料学上将这种能够负载远超自身体重的性能被称作超负载性。正是这种超强的负载能力使得水黾在水面上行动自如，即使在狂风暴雨和急速流动的水流中也不会沉没。

水黾"水上漂"这种如此有趣又好玩的特殊技能，一经发现就成为各国科学工作者争相模仿的对象，尤其使用各种疏水性材料制造各种性能优良的微型机器人风靡一时。卡内基·梅隆大学机械工程学宋演武和梅丁·西蒂等，运用疏水性的特氟龙材料，制造出世界上第一个能够模仿水黾漂浮的机器人，即"机器水黾"，学名为"表面张力机器昆虫动力学探测器"。它身体重 1 g，有效载荷最高达 9.3 g，拥有 12 条长 5 cm 的腿，由压电马达驱动，产生"双桨式划水"动作。前进速度为每秒 3 cm，虽然远低于水黾的前进速度，但该机器人也可以实现转向、旋转和后退等类似水黾的基本动作（图 6.14）。

图 6.14　拥有 12 条腿的仿水黾机器人漂浮在水面上

哈尔滨工业大学张新彬和浙江大学张世豪等通过将仿生水黾腿部改为中空材料，提高了机器人在水面的负载能力，研制出了可通过调整自身状态而趋于运动平稳的机器人，增加了机器人在不稳定水面的平衡性。为了模仿水黾在水面的跳跃能力，韩国首尔大学 Je-Sung Koh 用超高速摄像机对水黾的跳跃过程进行拍摄，研究其高速运动的影像，制作了更加逼真的仿生水黾机器人。该机器人重 68 mg，主要利用平面形状记忆合金材料制作强引力控制系统，来模拟水黾在水面的跳跃能力。当对机器人进行加热时，加热温度超过合金的相转变温度时，合金执行刚度发生改变，机器人像水黾一样直接跳出水面。

（2）垂直倒立爬行的壁虎

很多汽车，尤其是全时四驱车，都会在车尾贴上一个小小的"壁虎"车标，车标有金色，有银色，你知道为什么贴壁虎车标吗？全时四轮技术是能够把发动机的动力时刻有效地分配到 4 个车轮，确保 4 个车轮对路面都有等同抓地力的技术。这又与壁虎有什么关系呢？使用壁虎的标识是因为壁虎有很强的攀爬能力，可以在垂直墙面上爬行，利用壁虎爬墙的姿态形象地传递给广大消费者一个信息，就是使用全时四轮驱动技术的车具有类似壁虎一样强大的攀爬能力（图 6.15）。

（a）壁虎车标　　　　　　　（b）攀爬的壁虎

图 6.15　壁虎车标和攀爬的壁虎

　　为什么壁虎可以在垂直墙面上爬行？因为壁虎脚掌具有超黏附作用，而且这种能力非常强大。实验研究表明，从 10 cm 高度滑落的壁虎，只要与树叶表面在滑行过程中有 1.1 cm 长度的接触，壁虎便能牢固地抓住树叶。进一步观察发现，壁虎脚掌这种超强攀爬能力和超黏附性来自壁虎脚掌特殊的微纳米结构：壁虎的每只脚底长着大约 50 万根极细的刚毛（刚毛长约 100 μm），刚毛末端又有 400~1 000 根更细小的针状分支（图 6.16）。这种极其微小的刚毛状结构在接触到固体界面时，会在刚毛和界面之间形成相互作用力——"范德华力"。虽然每根刚毛产生的力量微不足道，但 50 万根刚毛累积起来形成的力量就非常可观。据计算，单只壁虎的刚毛就可以提起 20 kg 的重物。

（a）壁虎掉落试验　　　　　（b）壁虎脚掌的刚毛状结构

图 6.16　壁虎掉落试验和壁虎脚掌的刚毛状结构

　　壁虎脚掌的结构带给科研工作者无限的启发，关于壁虎脚掌的仿生材料研究层出不穷，促进仿生机器人的攀爬能力变得日益强大。斯坦福大学研究人员以人造橡胶制成数百万极其微小的人造毛发，用作仿壁虎机器人的脚足和脚趾，实现了壁虎脚掌在附着面的吸附脱附功能。我国南京航空航天大学的研究人员以同样的原理模拟壁虎脚掌微细结构，用硅胶材质制成具有较低附着力的万根绒毛，开发了被称作"大壁虎"的仿生机器人。该仿壁虎机器人利用基于分子间的"范德华力"，能够轻松实现在垂直 90° 的玻璃、水泥、木材等平面上自由爬行，未来在航空航天领域、反恐、救灾搜索等方面具有较大的应用前景。

　　为了进一步模仿并超越壁虎脚掌的黏附能力，佐治亚理工学院的王中林教授等创新地制备了结构可控的直立型碳纳米管阵列，用于模仿壁虎脚掌的微观结构，这种仿生壁虎脚既能在垂直表面上轻松吸附远超自身重量的物体，同时也能够从不同角度轻松取下。比如，一个 4 mm × 4 mm 的碳纳米管阵列，自吸附在垂直玻璃的表面上可悬挂一瓶约 650 g 的瓶装可乐饮料，自吸附在垂直砂纸表面上则能够悬挂一个金属钢圈。这些自吸附的碳纳米管阵列轻松晃动一下就取下来，不会在被吸附物上留下任何痕迹，具有强吸附、弱脱附的性质（图 6.17）。

（a）壁虎脚掌结构图　　　　（b）垂直生长的碳纳米管

　　（c）4 mm × 4 mm的　　　（d）挂起金属钢圈
　　碳纳米管阵列自吸附
　　挂起一瓶可乐

图 6.17　直立型碳纳米管阵列仿生壁虎脚掌的微观结构

（3）缤纷靓丽的微纳米结构色

　　鲜花盛开的美景，少不了惹人喜爱的蝴蝶，翩翩飞舞地点缀其间。蝴蝶是自然界美丽的精灵，艳丽的色彩引人注目，缠绵悱恻的《蝶恋花》词牌更是引得古今无数诗词人的争相吟唱。苏轼的《蝶恋花·春景》、欧阳修的《蝶恋花·庭院深深深几许》

都是历代经久不衰的绝唱。花丛中的蝴蝶,我们每个人都见过(图6.18)。但蝴蝶翅膀上绚丽多彩的颜色,却完全不同于我们平时穿着的衣服颜色,这二者有什么区别呢?

(a)迁粉蝶                    (b)斑粉蝶

图6.18 迁粉蝶和斑粉蝶

①来源于色素的化学色。人们衣服的颜色,以最常见纯棉衣服为例。天然棉纤维是由棉花纺织成线的,棉花只有白色一种颜色,用化学染料给棉纤维染色固色之后,可以制成各种不同颜色的纺织品,并加工成衣服。这些用于染色的化学染料俗称色素。简言之,色素就是附着在棉纤维上能够产生颜色的物质。色素能够有选择性地吸收、反射和透射特定波长的光线而呈现出颜色。它不同于人类最早使用在陶瓷上的颜色,即来自炭黑的黑色和三氧化二铁的红色。炭黑和三氧化二铁是无机化合物,而印染用色素属于有机化合物,准确地说属于有机分子的离子型化合物。

色素是自然界植物产生颜色的主要途径,来自植物的天然色素也是人类最早使用的色素,比如用植物茜草染制的玫瑰紫色、从雌性胭脂虫中提取的胭脂红色、用蓼蓝的叶子发酵制成的靛蓝色。而人工合成的色素直到1850年才被英国人帕金斯(W. H. Perkins)首次制备出来。色素产生的颜色属于化学色,从各个方向看,颜色都是一致的,但是有个致命的缺点,就是长时间放置后,色素分子会被空气中的氧气所氧化,发生退色。

②源于微纳米结构的物理色。蝴蝶翅膀不包含任何色素成分,翅膀的颜色与色素也毫无关系。它来自蝴蝶翅膀上的鳞片,这些鳞片与鱼鳞片的主要成分类似,是类似玻璃一样不吸收任何波长光线的透明物质,那它的颜色是如何产生的呢? 蝴蝶翅膀上不同尺寸的鳞片如屋瓦般有序地覆盖着,就形成了特殊的微纳米结构。白色的太阳光,实际上是由红、橙、黄、绿、青、蓝、紫七种单色光组成。当光作用于鳞片表面脊、沟等微结构时,可见光中不同颜色的光会发生不同的光散射、干涉以及衍射,最终导致某些特定波段的光被显现出来,就产生了蝴蝶翅膀上各种各样的颜色。蝴蝶翅膀的颜色其实是鳞片上排列整齐的微纳米结构,选择性反射日光的结果。这是由结构排列方式不同所形成的不同颜色,这不同于化学色素的颜色,属于物理结构色。

生活在非洲的大蓝闪蝶被称作森林的宝石,是艳蓝色的美丽蝴蝶,它的翅膀呈现宝石般的蓝色。这种蓝色来源于成千上万层层叠叠排列的翅鳞（长约 150 μm，宽约 60 μm），每个翅鳞表面分布等间距排列的片层和平行的脊状物，脊状物上还存在着约 50 nm 宽的纳米级肋状物，其间隔约为 150 nm（图 6.19）。

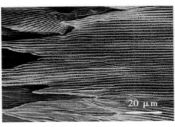

（a）大蓝闪蝶翅膀切片数码照片　　（b）翅鳞局部扫描电镜图　　（c）翅鳞微纳结构扫描电镜图

图 6.19　大蓝闪碟翅鳞及其电镜图

小天使翠凤蝶是生活在东南亚的一种稀有的燕尾蝶，翅膀中间区域为靓丽的绿色。借助超景深体视显微镜，可以观察到其绿色翅鳞区被大量闪耀的绿色鳞片覆盖，这些鳞片尺寸相近（长的 122 μm，宽的 61 μm），沿着翅脉的方向有序地排列成阵列模式。每个翅鳞的表面充斥着密密麻麻微小的闪耀"斑点"，这些点状物沿着鳞片纵轴方向均匀分布。正是这些闪亮的微米尺度的鳞片阵列以及纳米尺度的斑点，组成了宏观上肉眼可见的绿色特征翅鳞区（图 6.20）。

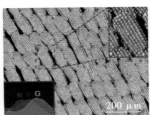
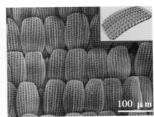

（a）雄性小天使翠凤蝶　　（b）绿色翅鳞阵列光学照片　　（c）翅鳞阵列扫描电镜图

图 6.20　小天使翠凤蝶及其翅鳞放大图

③蝴蝶翅鳞的仿生学研究。受蝴蝶翅鳞及其微纳结构启发，近几十年来，材料学家进行了数不尽的研究，涉及内容十分丰富。最具代表性的研究是以蝴蝶翅膀为模板制备光子晶体的研究。比如，美国佐治亚理工大学的 Huang 等在对 Morpho Peleides 蝴蝶翅鳞的微观精细结构进行了详细观察后，采用低温气相沉积技术，用氧化铝涂层逐层均匀沉积多晶结构，对蝴蝶翅膀的精细结构进行了完整复制。通过控制涂层厚度，多晶氧化铝壳呈现出不同的结构色彩，比如 10 nm 为绿色、20 nm 为黄色、40 nm 为紫色等（图 6.21）。此外，氧化铝蝶翅仿生品还"继承"了蝶翅原型的光子带隙等光学性质，具有与波导分束器相似的功能结构，可作为制备重复性好、制造成本低的光子晶体的基本材料。

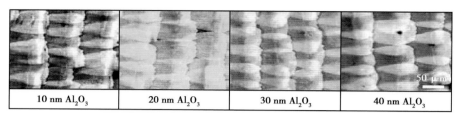

（a）不同厚度氧化铝涂层包裹的仿生蝶翅光学显微镜照片

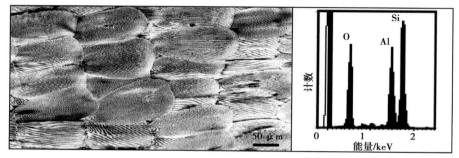

（b）微观精细结构　　　　　　　　　（c）元素分析图

图 6.21　不同厚度氧化铝涂层包裹的仿生蝶翅光学显微镜照片、微观精细结构和元素分析图

　　根据模仿蝴蝶翅膀产生颜色的原理，日本 3 家公司（日产汽车公司、田中贵金属工业公司和帝人公司）合作，用高分子聚合材料开发了一种光干涉纤维面料，称作 Morphotex 面料（图 6.22）。具体制备方法是：将聚酯和聚酰胺两种聚合物依次叠合组成 61 层结构，并控制每一层的厚度精确到微米尺度（如 0.07 μm），通过厚度和沉积方式的改变控制面料颜色的改变。该面料不需要用色素染色，就可以呈现紫色、蓝色、绿色及红色等光干涉色调，这些色调的颜色是透明且带有金属光泽的，而且随着观察的角度的改变而变色，比如从蓝色变成紫色、从红色变成绿色等。

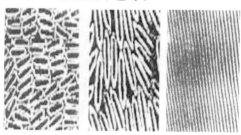

图 6.22　Morphotex 面料及其表面结构扫描电镜图

　　更为广泛的研究发现，物理结构色不仅仅存在于蝴蝶翅膀中，孔雀、鸟类、甲虫和其他鳞翅目昆虫中都可以观察到结构色的存在。模仿这些动物得到的材料不仅包括光干涉纤维面料，还有其他光干涉涂料、光干涉陶瓷玻璃工艺品等。结构色的特点是从不同的角度观察颜色会出现明暗和色调的差异，最大的优点是不会随着时间的流逝而出现褪色现象。

**拓展阅读 4：什么是光子晶体?**

　　从专业上讲，光子晶体是具有光子带隙的人造电解质结构。通俗点说，光子晶体就是能够选择性传播光的导体。

　　以可见光为例，我们知道可见光是红、橙、黄、绿、青、蓝、紫等颜色的复合光，这些光透过玻璃时，均可以在玻璃中间传播。此时，如果把玻璃换成某种光子晶体，有些光（比如红、橙、黄）可以在该光子晶体中传播，就透过了光子晶体；有些光（比如绿、青、蓝、紫等）不能在该光子晶体中传播，就会成为反射光。白光的部分透过、反射以及干涉和衍射就让光子晶体呈现出颜色。

　　以结构最简单的蛋白石为例，它是由不同大小的二氧化硅纳米微球沉积形成的矿物，其色彩缤纷的外观与色素无关。它的颜色是由微球的大小和几何结构上的周期性控制的，随着微球大小和排列方式的变化，反射光的颜色也跟着变化，形成靓丽的色彩（图 6.23）。

（a）蛋白石的缤纷色彩　　　　（b）蛋白石扫描电镜图

图 6.23　蛋白石的缤纷色彩和扫描电镜图片

**（4）刚柔并济的贝壳珍珠母层**

　　生长于海洋的贝类的外壳，作为最原始的货币是人类社会最初财富的象征，对于人类社会的影响至深。汉字中与钱财有关的字，如财、贵、贪、货、购、贫、费、败、贬、贩、贯等，全和贝壳有关。不仅中国人如此，非洲原始部落的印第安人也将贝壳视作财富的象征，朝代更替社会变迁后，贝壳化身为印第安人的头饰或者身上的饰品。

　　①贝壳珍珠母层的刚柔并济。作为装饰品，贝壳内层泛着莹莹的光泽，坚硬耐用。贝壳珍珠母层是贝壳结构中最主要的组成部分，其主要化学组分与我们小河边常见的石头一样，都是由碳酸钙组成的。石头中的碳酸钙，多与硅酸钙和二氧化硅结合在一起，

属于无机化合物复合材料，这类材料最显著的特征是非常坚硬，但是缺乏韧性，拿锤子用力敲击一下，石头就会碎裂。而你用同样大小的力敲击贝壳珍珠母层，它仍然能够完好无损。这是因为贝壳珍珠母层具有非常良好的韧性。

经实验测定，贝壳珍珠母层的韧性达到惊人的 $1.24\ kJ/m^2$，是普通碳酸钙矿石的 3 000 多倍，沿着片层方向的拉伸强度和杨氏模量分别为 80~130 MPa 和 60~70 GPa。不仅如此，从这些数据上看，贝壳珍珠母层在强度、韧性和硬度等综合性能方面超越了人工合成的金属、陶瓷、塑料等诸多材料。

②珍珠母层力学性能优异的原因。为什么珍珠母层韧性远优于普通碳酸钙？甚至，超越了很多常规人工合成的材料？与石头相比，贝壳珍珠母层的优良力学性能可归因于其独特的化学组分和微观结构两方面。从化学组分上来看，贝壳珍珠母层不仅含有95%（体积比）的文石碳酸钙片，另外还含有 5%（体积比）的有机柔性生物高聚物成分，也就是蛋白质和多糖。碳酸钙属于无机化合物、生物高聚物属于有机化合物，因此贝壳珍珠母是一种典型的有机—无机复合材料。

从微观结构上来看，贝壳以无机的文石薄片（直径 5~8 m，厚度约 0.5 m）为"砖"，以有机高聚物（厚度 20~30 nm）为"泥"，形成了多尺度、多级次"砖—泥"组装结构。一方面，有机基质犹如水泥一样，将文石薄片牢牢地黏结在一起。另一方面，这样特殊的结构可以有效地分散施加于贝壳上的压力（图 6.24）。

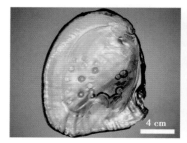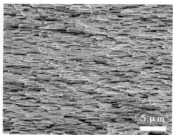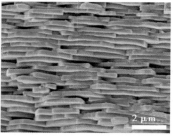

图 6.24　天然贝壳珍珠母层及其"砖—泥"状结构横断面

更进一步的研究表明，这样一种有机相和无机相在微纳米尺度规则堆叠形成的"砖—泥"结构是贝壳珍珠母层最大的特色，也是导致其具有优异力学性能的本质原因。

③仿贝壳陶瓷材料的研究。贝壳结构中这种利用有机质将脆性的碳酸钙片变为韧性良好的结构材料的特点，引发了科研工作者们研发仿贝壳材料的极大热情，其中有代表性的就是仿贝壳陶瓷材料的研究。

为了让陶瓷变得不那么脆，传统上，大家通过向陶瓷材料中添加颗粒、晶须或者纤维等来增强陶瓷的韧性，但现有研究证明，这些简单添加增强相的做法提高陶瓷韧性的空间很有限。为了进一步提高陶瓷的韧性，Sarikaya 和 Akasay 等人尝试通过仿照贝壳珍珠层的层状结构，制备出具有叠层结构的 Al-B$_4$C 复合材料，实验结果发现其断裂韧性比单组分的陶瓷的断裂韧性提高了约 40%。

Ritchie 课题组将氧化铝陶瓷离子利用冰模板法进行可控组装，制备得到层状陶瓷骨架，并与聚甲基丙烯酸甲酯（PMMA）复合，得到了具有贝壳珍珠母砖泥结构的 Al$_2$O$_3$/PMMA 层状复合材料。该复合物材料的韧性和抗弯强度分别达到约 200 MPa 和约 30 MPa，韧性为纯氧化铝陶瓷的 10 倍，强度接近铝合金。仿贝壳在微米尺度的层间变形是该材料具有优异力学性能的关键（图 6.25）。

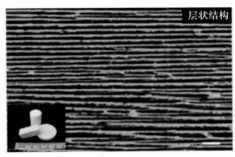

（a）Al$_2$O$_3$-PMMA层状复合材料的SEM照片

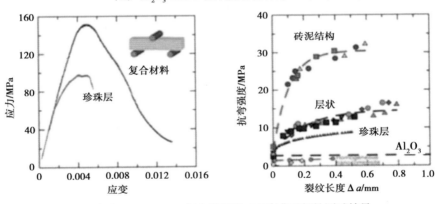

（b）Al$_2$O$_3$-PMMA复合材料的三点弯曲和韧性测试结果

图 6.25　陶瓷基层状复合材料

（5）刚柔并济的蜘蛛丝

在《西游记》中，吴承恩在盘丝洞一回，描写了蜘蛛精以蛛丝作为神通法宝，在蓝天白云和绿树繁花之间结网狩猎，形象地让我们看到了蜘蛛丝的优良性能。在漫威电影中，蜘蛛侠靠着一束蜘蛛丝就能在摩天大楼之间飞檐走壁，在《蜘蛛侠2》里有个镜头，蜘蛛侠用一束蜘蛛丝牢牢地拉住了火车，在电影里这显然是加了特技，常人看来不可思议，但在材料学家看来，蜘蛛丝完全可以做得到。蜘蛛丝到底有多强？蜘蛛丝的拉伸强度可达 717.5~1 490 mN/m$^2$，弹性模量为 2 175~3 725 mN/m$^2$，断裂功为

93.3~298 MJ/m²。对比钢材，蜘蛛丝的强度是同等质量钢丝的 5 倍，韧性是钢丝的 10 倍。

因此，蜘蛛丝的综合力学性能非常优异，完胜人类合成的诸多高科技纤维，如广泛用于防弹衣材料的凯夫拉纤维，或者最为常用的轻质高强度纤维材料碳纤维。蜘蛛丝为什么这么强？从精细结构上来讲，单根蜘蛛丝实际上是由 2 500 多根纳米线束构成的，这些微细的纳米线呈半螺旋状交织在一起组成了一根蛛丝，这是蜘蛛丝之所以强大的很重要的原因。继续朝微观尺度看，每根纳米线成分都极为复杂，由分子量很大的蛋白质（如 MaSp1 和 MaSp2）以及多种低分子量蛋白质复合组成。从形成过程看，蜘蛛丝是由蜘蛛的丝腺里纺织出来的，这是一个生物纺丝过程。在这一过程中，由蜘蛛丝腺分泌的高浓度蛋白质纺丝液经过细细的吐丝器，经挤压失去水分并变成丝状，蛋白质分子之间相互叠合，形成长链。这些长链的氢键在空间上有规律地高密度排列，大大增强了蜘蛛丝的强度。

蜘蛛丝和蚕丝成分结构非常相似。二者都属于动物纤维材料，由蛋白质组成，主要化学成分是甘氨酸、丙氨酸、亮氨酸等 21 种常见氨基酸。蜘蛛丝可以用来制作衣服，而且做出来的衣服具有类似丝绸般的柔软舒适。用蜘蛛丝制作的衣服和工艺品已经出现，但是造价比较昂贵。有位英国艺术家收集了 100 多万只马达加斯加岛雌性蜘蛛丝，用 5 年时间花费 30 万英镑用天然蜘蛛丝制成一块长 3.35 m 的布。蛛丝衣服昂贵的价格不是普通人所能承受的，这是由于蜘蛛同类相残的习性，我们不能像养殖家蚕那样去人工养殖蜘蛛。

为了让蜘蛛丝变成一种人人可以用得起的材料，科学家将天然蜘蛛丝的蛋白质基因克隆表达并植入各种生物载体如细菌、酵母、植物等进行表达并生产，获得了包含天然蜘蛛丝部分蛋白序列的原料，并将它们加工成纤维，而且转基因的蛛丝服装韧性很强，可以用洗衣机洗涤。不仅如此，在生物医学领域，蜘蛛丝不会引起免疫不良反应，可用于手术缝合线、人造肌腱，也可用于帮助神经生长和组织再生。在军事领域，由于蜘蛛丝有很强的反弹能力，可以用在防弹衣和装甲中，使其变得更加轻巧灵活。

## 6.2.3 人工制造的纳米材料

众所周知，材料总是与一定的用途联系在一起，材料的发展史就是人类应用材料，对材料进行发展革新，并开发新用途的历史。与钢铁、陶瓷等以往所有材料的发展历史都不同，纳米材料起源于诺贝尔奖得主理查德·费曼的预言和幻想。

1959 年，这位天才物理学家在加州理工学院的物理学会上发表演讲，题目是《在底部有很大空间》（*There's Plenty of Room at the Bottom*），也被翻译作《底层的丰富》。

这个演讲如今已经成为一个传奇，其内容激动人心、对未来科技影响极其深远。在演讲中，他提出"倘若我们能够按照意愿操控一个个的原子，将会出现什么奇迹？"甚至预言未来人类具有"一个原子一个原子地制造物品的可能性。"

在费曼演讲的 20 余年后，逐个操控原子的技术已经变为现实。德国科学家宾尼等在 1982 年通过使用扫描隧道显微镜，在镍金属 110 晶面上，逐个搬运单个硅原子，将硅原子排列成"IBM"字样［图 6.26（a）］。而我国科研工作者也在 1993 年利用超真空扫描隧道显微镜，将一块晶体硅（Si）表面的原子通过探针的作用逐个搬走，写出了"中国"两个字［图 6.26（b）］。

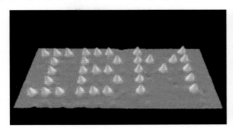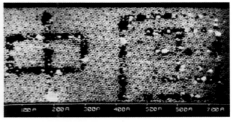

（a）单个硅原子排列成"IBM"　　　　　（b）逐个搬走原子形成的"中国"二字

图 6.26　逐个操控原子技术示例

（1）纳米与纳米材料的概念

而今，纳米科技已经迅速融入人们的生活，未来将会引起整个社会科技行业的变革。要想认识纳米材料以及纳米科技，首先要知道什么是纳米？

纳米是英文 nanometer 的简写，与厘米、分米、毫米、微米一样，属于长度单位，只不过纳米是一个极小的长度单位，通常简写为 nm。与 1 mm 等于 $10^{-3}$m 类似，1 nm 就等于 $10^{-9}$m。1 nm 具体有多长呢？不妨拿一把最为普通的尺子出来看一下，米尺的最小刻度是毫米，把 1 mm 分成 100 万份，就得到了 1 nm 的长度。与头发对比，人的头发通常直径在 0.1 mm，是 1 nm 的 10 万倍。把 1 nm 的线放在 1 根头发丝上，就相当于一个 1.75 m 的人躺在一根 175 km 粗的头发上。与红细胞对比，人体的红细胞平均长度为 7 $\mu$m，假设你是 1 nm，红细胞站在你面前，就相当于你站在 12 250 m 山峰前面，这个高度接近 1.4 个珠穆朗玛峰的高度。

自然界常见的病毒，就是尺寸处于纳米尺度的微生物，乙肝病毒约 40 nm，流感病毒约 125 nm，艾滋病毒约 100 nm，埃博拉病毒约 100 nm。所有这些病毒都很微小，我们肉眼看不到，普通的光学显微镜都无法看到，需要高分辨率的扫描电子显微镜或者透射电镜才能看到它。

纳米材料是指在三维空间（x，y，z）中至少有一维处于纳米尺寸（0.1~100 nm）

或由它们作为基本单元构成的材料,又呈现特殊性质的材料。由此可见要成为纳米材料需要两个先决条件:一是这个材料要么足够小,要么足够薄,三维中必须有一维小到薄到纳米尺寸;二是这个材料必须要呈现特殊的性质,这特殊的性质就是与宏观材料完全不同的性质。这两个条件都具备,我们才将它称作纳米材料。

（a）红细胞

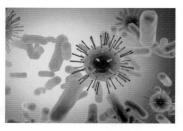
（b）冠状病毒

图 6.27　红细胞和冠状病毒

（2）纳米材料的分类

纳米材料一般按照空间维度来划分,把纳米材料分为零维纳米材料、一维纳米材料、二维纳米材料和三维纳米材料。

零维纳米材料是指空间三维尺寸均进入了纳米尺度范围的粒子（0.1~100 nm）,常见的有纳米微粒、纳米晶体、纳米团簇、量子点等,它们之间的不同之处在于各自的尺寸范围稍有区别。

一维纳米材料是指空间二维尺寸处于纳米尺度的材料,如纳米线、丝、棒、管（量子线）。纳米管是细长形状空心结构。纳米棒是实心棒状结构,一般长径比小于10。纳米纤维与纳米棒类似,但一般长径比大于10,包括纳米丝、纳米晶须等。纳米带一般长宽比大于10、宽厚比大于3,如图6.28所示。

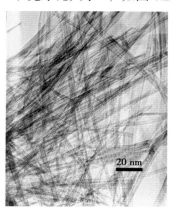
（a）$\alpha$-$MnO_2$纳米带

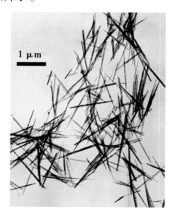
（b）$\beta$-$MnO_2$纳米棒

图 6.28　$\alpha$-$MnO_2$ 纳米带和 $\beta$-$MnO_2$ 纳米棒

二维纳米材料是指空间一维尺寸在纳米尺度的材料，如纳米片，纳米薄膜。超薄二维纳米材料是指具有片状结构，水平尺寸超过 100 nm 或几个微米甚至更大，但是厚度只有单个或几个原子厚（典型厚度小于 5 nm）的材料，比如石墨烯、二硫化钼烯等（图6.29）。

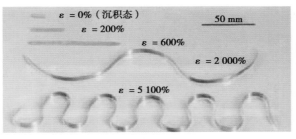
（a）纳米晶铜带

（b）单原子层石墨烯

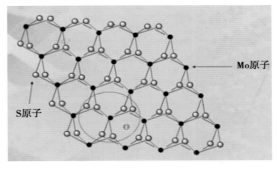
（c）二硫化钼烯

图 6.29　纳米晶铜带、单原子层石墨烯和二硫化钼烯

三维纳米材料是指内部富含纳米结构，具有纳米材料的性能，但是在三维尺度上均超过纳米范围的材料，比如纳米介孔材料、多孔材料、超薄膜、多层膜、超晶格（量子阱）等。三维纳米介孔材料是指由纳米基本单元构成的块体材料或者含有纳米通道空洞结构的材料；如纳米介孔陶瓷材料、纳米复介孔材料、纳米多孔材料（如多孔碳、分子筛）等。

（3）纳米材料的特性

既然纳米是长度单位，为什么只有纳米材料被按照尺度单列为一种材料？原因很简单，之所以没有微米材料、毫米材料是因为当材料处于微米尺度和毫米尺度时，它们与宏观的材料具有完全相同的性质，并没有呈现特殊的化学性质或者物理性质。纳米材料之所以会被单列为一种材料，是因为在纳米尺度上科学家们观察到纳米粒子具有一系列新奇的、与宏观材料截然不同的物理化学特性，比如特殊的力学、光学、电学、磁学等性质。

①特殊的热学性质。熔点显著降低、烧结温度比常规粉体显著降低和非晶纳米微粒的晶化温度低于常规粉体。如大块金块的熔点是 1 064 ℃，而直径为 2 nm 金粒子的熔点仅为 327 ℃；银金属熔点是 960.5 ℃，直径 2 nm 的银纳米粒子在低于 100 ℃开始熔化。粒径为 1.3 nm 的 $TiO_2$ 颗粒在 1 150 K 可被烧结，而平均粒径为 12 nm 的 $TiO_2$ 纳米颗粒在 750 K 开始烧结（图 6.30）。传统非晶氮化硅 1 793 K 晶化成相；纳米非晶氮化硅微粒在 1 673 K 加热 4 h，全部转变成相。

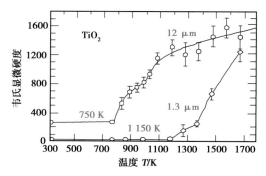

（a）$TiO_2$ 颗粒烧结温度与粒径的关系图

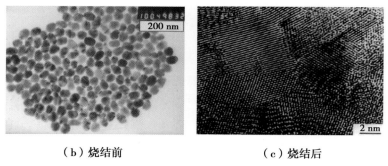

（b）烧结前　　　　　　　（c）烧结后

图 6.30　$TiO_2$ 颗粒烧结温度与粒径的关系图、烧结前和烧结后

②特殊的力学性质。有些纳米材料具有高强度、高硬度、高塑性和高韧性等。比如，陶瓷材料在通常情况下呈脆性，然而由纳米超微颗粒压制成的纳米陶瓷材料却具有良好的韧性。已有研究表明，人的牙齿之所以具有很高的强度，是因为它是由磷酸钙等纳米材料构成的。纳米晶粒状的金属要比传统的粗晶粒金属硬 3~5 倍。

**拓展阅读 5：当钻石纳米化会怎么样呢？**

　　按照摩氏硬度标准，钻石归属于 10 级，是大自然中已知的最坚硬的物质。钻石不能发生形变，如果让钻石变形，那只有一个办法，就是打碎它。但纳米化的钻石不仅具有超高的强度，还可以超大幅度地发生弹性变形。

香港城市大学 Yang Lu、Wenjun Zhang 与美国麻省理工学院的 Ming Dao、新加坡南洋理工大学的 Subra Suresh 团队合作，报道了一种具有超大弹性变形能力的单晶纳米钻石，它呈现针尖状，钻石强度达到接近其理论极限的 89~98 GPa，弹性形变达到 9%（图 6.31）。

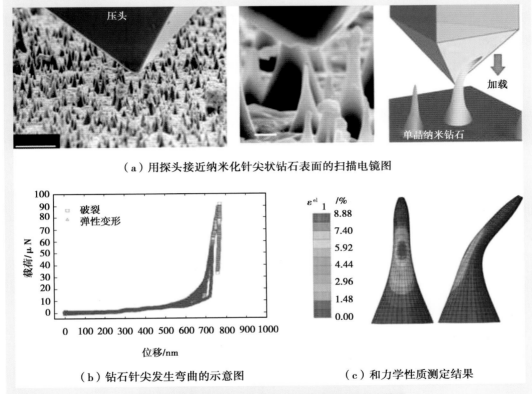

（a）用探头接近纳米化针尖状钻石表面的扫描电镜图

（b）钻石针尖发生弯曲的示意图　　　（c）和力学性质测定结果

图 6.31　用探头接近纳米化针尖状钻石表面的扫描电镜图、
钻石针尖发生弯曲的示意图和力学性质测定结果

而这种纳米化的针尖状钻石则不仅具有超高的强度，还可以超大幅度的弹性变形。结合系统的计算模拟以及表征测试，研究人员认为，这种纳米钻石的超高强度和超大弹性变形同时存在，一方面是因为小体积纳米钻石中的缺陷很少，另一方面是因为纳米钻石比体相钻石具有更加光滑的表面。

③特殊的光学性质。纳米材料的吸收光谱、光致发光和电致发光等光学性质相对于常规固体材料会发生变化。比如，纳米团簇一般具有荧光发光效应，但是因为颗粒太小，比表面积太大，非常不稳定，荧光极易猝灭。我们常见的大块金属都有颜色，例如铝和银为白色，黄金呈金黄色，颜色代表的是这些金属对可见光范围内各种颜色（波长）的

反射和吸收能力不同。但是当我们把这些金属磨碎，金属就会失去了原有的光泽，当被细分到小于光波波长的尺寸时，这些金属就只有一种颜色，那就是黑色，而且尺寸越小，颜色越黑。这是因为当可见光照射到纳米金属粉末上时，因为纳米粒子尺寸很小，远远小于光波长，不能形成反射，只能在粒子构成的迷宫里面反复折射。光波走过了很长很长的路径，光的能量逐步被遇到的每颗粒子消耗吸收，呈指数衰减。很快便消失殆尽了，再也出不来了，就这样可见光就被纳米粒子吸收了，而纳米粒子自身只能呈现黑漆漆的颜色。

无线电波与可见光都属于电磁波，既然金属纳米颗粒可以吸收可见光，那有没有什么材料可以吸收无线电波呢？答案是肯定的，金属氧化物类材料就有很好的吸波性能。比如，纳米氧化锌就对雷达发射的无线电波具有很强的吸收能力，所以可以用作隐形飞机的重要涂料，从而实现隐身功能。

与金属和金属氧化物吸波性能不同，一些半导体晶体纳米颗粒具有尺寸依赖的发光性质。尺寸在 2~10 nm 范围内或者粒径为 10~50 个原子大小，且具有良好发光效应的半导体晶体材料，通常被称作量子点。量子点是人类有史以来发现的最优秀的发光材料，具有很高的发光效率，通过简单调节粒径的大小，就可以得到几乎覆盖整个可见光的可调色域。以核 / 壳型结构的 CdS-CdSe 纳米颗粒为例，按照直径从 1.7 nm 增大到 6 nm 可以依次转变荧光发光的颜色为蓝色、绿色、黄色和橙色，平均光致发光量子产率可达 50%，发光亮度大（图 6.32）。

图 6.32　直径从 1.7 nm 到 6.0 nm 的 CdTe-CdS 纳米颗粒的光致发光效应

量子点发光材料还具有色纯度高、晶体稳定等优点，这是其他传统材料难以企及的，且不需要担心使用寿命问题。因此，量子点非常适合用作显示器的发光材料，是新一代显示与照明核心关键转化材料。目前最新型的电致发光器件就是量子点发光二极管（QLED）。以量子点为发光材料制成的显示器被称作 QLED 显示器。目前市面上的 QLED 显示器，比如三星 2019 年推出的 QLED 电视，并不是真正意义上的 QLED 显示器，只是在传统 LCD 电视的背光前加一层量子点膜增加画质和色彩表现而已。这是因为量子点发光材料分为光致发光材料和电致发光材料。LCD 使用的光致发光量子点技术成熟，其发光原理与荧光粉类似，就是有光线照到它就会发光，所以光致发光的前提是必须要有光源。真正意义上的量子点发光二极管不需要借助其他的光源，量子点自身是电致发光材料，在有电流通过时就会发光，这才是真正的自发光显示技术。

**拓展阅读 6：什么是电致发光材料？**

我们房间里日常看到的桌子、凳子、椅子和房子等物体都是不发光的，我们能够看到它是因为来自太阳或者灯的光线照射在这些物体上，这些物体反射的光线进入了我们的眼睛。而太阳和灯就属于发光体，发光体明亮且耀眼。

电致发光材料顾名思义有直流或者交流电流通过时就可以发光的材料。最传统的电致发光材料就是钨丝了，电流通过钨丝时，灯丝温度可达到 2 000 ℃以上，处于白炽状态，像烧红了的铁能发光一样而发出光来。在钨丝发光过程中大部分的电能转化为热能，只有极少能量转化为光能，所以钨丝灯能耗很高。

后来发展起来的有机电致发光器件，也就是 LED 灯泡或者 OLED 显示器背景板用的器件，是使用有机小分子化合物（如香豆素 C540、8-羟基喹啉铝等）或者有机高分子聚合物（如 PPPV、DPPPV 等）薄膜材料作为发光层，组装在金属阴极和透明阳极之间形成的（图 6.33）。这些分子可以在电流作用下，直接把电能主要转化为光能，产生热量很少，所以省电节能。

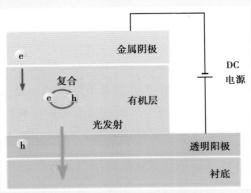

图 6.33　有机电致发光器件的结构示意图

④特殊的化学性质。指在促进参与化学反应过程中所起到的催化能力、反应能力等区别于宏观状态和分子原子状态的性质。比如，在发射卫星的火箭固体推进剂中，加入约 1% 的纳米镍，就可使其燃烧值增加 2 倍。在化学反应中，以纳米镍制成的复合

催化剂可使有机物加氢或脱氢反应的效率比传统镍催化剂提高 10 倍,以纳米铜制成的催化剂甚至能够逆转金属的氧化状态。而银纳米晶体粒子制成的最新一代的天然抗菌剂,其抗菌强度是微米银的 200 倍以上,具有广谱抗菌杀菌能力且无任何的耐药性,可以在数分钟内杀死多种对人体有害的病菌。

⑤特殊的磁学性质。指纳米微粒尺寸小到一定临界值时进入超顺磁状态,这时磁化率不再符合居里 – 外斯定律。纳米微粒尺寸高于超顺磁临界尺寸时通常呈现高的矫顽力。超微颗粒的磁性与大块材料具有显著的不同,比如,大块的纯铁矫顽力约为 80 A/m;而当颗粒尺寸减小到 $2 \times 10^{-2}$ μm 以下时,其矫顽力可增加 1 000 倍;若进一步减小其尺寸,大约小于 $6 \times 10^{-3}$ μm 时,其矫顽力反而降低到零,呈现出超顺磁性。

⑥特殊的电学性质。对不同种类的材料影响不同。比如纳米颗粒类材料的电阻高于同类粗晶类材料,而超薄二维纳米薄膜(如石墨烯等)具有超强的导电能力。比如导电的铜到纳米尺度是绝缘体,而通常绝缘的二氧化硅、晶体等,在某一纳米级界限时开始导电。另外,纳米半导体材料的介电行为和压电特性同一般的半导体材料不同,其介电常数随测量频率减少呈明显上升趋势,导致界面电荷分布发生变化而形成局部电偶极矩。

(4)纳米效应

在材料学上,把纳米材料所具有的,而传统材料所不具备的奇异或反常的物理、化学特性称为纳米效应。纳米效应主要是由于纳米材料颗粒的尺寸小、比表面积大、表面能高、表面原子所占比例大等引起的,包括小尺寸效应、表面效应、量子尺寸效应和宏观量子隧道效应等四大效应。

①小尺寸效应。纳米粒子的尺寸为 0.1~100 nm,这一尺寸小于可见光波的波长 400~800 nm,接近传导电子的德布罗意波长 0.12~0.2 nm 以及超导态的相干长度 20~1 000 nm。在这种情况下,构成粒子的结晶体的周期性边界条件被破坏,这时材料的声、光、电、磁、热力学等诸多性质均会随着粒子尺寸的减小而发生变化。这种由尺寸减小而导致的宏观物理性质的改变,从而出现新特性的变化称作小尺寸效应。比如,随着尺寸减小,纳米颗粒光吸收能力增加,成为等离子体而发生共振频移;或者由磁有序状态向磁无序状态转变;由超导相变为正常相等。

②表面效应。随着固体物质尺寸减小到纳米量级形成纳米微粒,分布于表面的原子的数量占整个纳米微粒原子数的比例会随着微粒半径而急剧增大。以一个直径为 0.1 nm 的原子为例,当它形成直径为 10 nm 的微粒时,表面原子比例约为 20%;直径为 4 nm 的微粒时,表面原子比例为 40%;直径为 1 nm 的微粒时,这一比例上升到

99%（图 6.34）。表面原子在纳米微粒中处于"裸露"或者"半裸露"状态时，有许多悬空键，形成非常强大的比表面积，比表面积越大吸附性能就越强，化学反应活性就越高，易于与其他物质发生反应。比如小到一定尺寸的金属铁纳米粒子暴露在空气中就会"自燃"，就是因为表面效应，导致铁活性增大，与氧气在常温下即可发生反应。

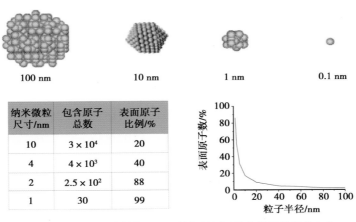

图 6.34 纳米颗粒的表面原子数与总原子数之比随粒径的变化

③量子尺寸效应。指纳米粒子尺寸下降到一定数值时，材料微观性质发生变化时产生的现象，具体是指电子能级变得分散以及分子轨道能级变得不连续，呈现量子特性的现象。由此导致纳米微粒的光、电、磁、热、催化和超导性等特性与宏观性存在着显著的差异。

量子尺寸效应与小尺寸效应都是与粒子尺寸有关的概念，但是二者的区别在于，小尺寸效应描述的是宏观物理性质的改变，而量子尺寸效应描述的是微观性质的变化。比如，由于电子能级发生分裂导致的特异的光催化性、高光学非线性及电学特性等都属于量子尺寸效应导致的。

④宏观量子隧穿效应。是纳米材料所具有的宏观的量子特性。隧穿效应是指隧穿电流效应，就是电子等微观粒子能够穿过它们本来无法通过的"墙壁"的现象。具体是类似电子这样具有波粒二象性的微观粒子，当这些微观粒子的总能量小于势垒高度时，该粒子仍能穿越这一势垒。实际上，只有势垒很薄，离子很小，粒子的能量和势垒的高度差距不很大时，我们才会观察到比较明显的量子隧穿现象。

举个例子，假如电子能量是 1 eV，势垒高度是 2 eV，能垒的厚度是 $2 \times 10^{-8}$ cm，此时电子的隧穿率为 0.51。如果能垒厚度增加到 $5 \times 10^{-8}$ cm，隧穿概率只有 0.024。在研究中，人们发现纳米材料很多宏观的物理量如金属纳米颗粒的磁通量、磁化强度等也具有隧道效应，它们可以穿越宏观系统的势阱而产生变化，故称为宏观量子隧道效应（图 6.35）。

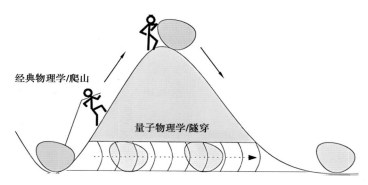

图 6.35　经典物理学能垒与微观量子隧穿效应

　　宏观量子隧道效应最重要的影响是对微纳米尺度器件性能的影响。比如，半导体集成电路（芯片）制造遵循摩尔定律逐步革新，目前英特尔制造技术的最小线宽已经接近硅半导体材料的理论极限值 10 nm，继续当电路线宽的尺寸接近电子波长时，电子就因为隧穿效应而流出器件或者短路。所以宏观量子隧穿效应是现存微电子器件进一步微型化的物理极限，也是未来新型微电子光电子器件的基础。

　　（5）纳米材料的制备方法

　　纳米材料的制备方法或者说纳米器件的结构构筑主要分为两种思路：一是"自下而上"的方法；二是"自上而下"的方法（图 6.36）。"自上而下"简而言之就是将大尺寸（微米级、厘米级）的物质通过研磨或者刻蚀等方法变得更碎、更微小，得到所需要的纳米材料。"自下而上"的方法就是费曼在演讲里提出的，从单个分子甚至原子开始组装，一个原子一个原子地制造物品，通过对细微尺寸的物体加以控制进而扩充我们获得物性的范围。

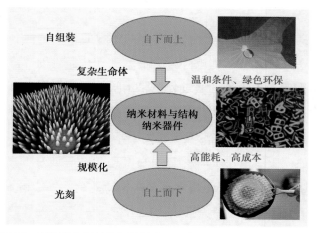

图 6.36　制备纳米材料的两种思路："自下而上"和"自上而下"

比如我们有一个直径 10 cm 金属铜块，现在需要把它制备成纳米铜离子。按照"自上而下"的方法，把它放入球磨机，在隔绝空气情况下直接磨碎，然后把处于纳米尺寸的颗粒物筛分或者在溶液中分离出来。存在的问题是，球磨属于一种物理机械的作用力，很难把颗粒物研磨得非常均匀，得到的样品也非常粗糙，比如我想得到粒径为 50 nm 的颗粒物，用球磨法却只能得到尺寸 10~500 nm 的颗粒混合物。光刻蚀是精确度比较高的一种方法，工业上常常使用光刻蚀对材料表面进行加工，以得到微纳米表面。这一过程需要用到高能激光或者昂贵的光刻胶或者光刻蚀试剂，是个高能耗高成本的过程。

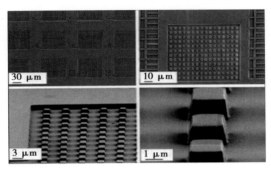

图 6.37 以光学光刻蚀法制备的微电子芯片

"自下而上"的方法又称为构筑法，这是由小极限原子或分子的集合体人工合成纳米粒子的方法。构筑法制备的前提条件就是要有原子和分子存在，让原子和分子逐渐长大成为纳米颗粒。对于直径 10 cm 的铜块来说，按照"自下而上"的方法，第一步，需要将铜块分子原子化，比如用稀硫酸直接把铜块溶解变为铜离子；第二步，将分子原子化的铜变为铜纳米颗粒。具体来说，就是如在含铜离子的溶液中加入还原剂（如硼氢化钠、水合肼等）等，让铜晶体逐步地从含铜离子的溶液中慢慢析出长大，通过控制反应时间、反应浓度等，就可以得到不同尺寸或者不同形状的纳米铜微粒。

可以看出，使用"自下而上"的方法制备纳米材料的过程是个化学反应的过程。在这一过程中，不需要人工干预，通过分子原子间的相互作用力自发地形成各种微观结构单元及其组合图案，这一过程被称作自组装过程。自组装过程，反应温和，绿色环保，更为重要的是可以得到高质量的纳米材料，如铜纳米片、纳米棒、纳米花等五花八门又性能优良的纳米结构材料。

当纳米材料被制造出来时，比如纳米颗粒，我们知道它非常小，小于尘埃，甚至小于病毒，那我们能看到它吗？显然，单个的纳米颗粒我们用肉眼是看不到的，而将一堆固体纳米颗粒放在一起就只能呈现黑色。同样，普通的光学显微镜也无法看到单个纳米颗粒，想要看到单个纳米颗粒必须要使用扫描电子显微镜，这是一种价格昂贵的仪器设备，普通扫描电子显微镜价格高达 100 万人民币，只能看到 100 nm 尺度。而想要看到微观的 10~100 nm 尺度，则需要造价高达 300 万 ~400 万元的场发射扫描电镜。如果想观察或者操作单个原子的形貌和状态，那需要更加昂贵（700 万 ~1 000 万元）的仪器设备，即透射电子显微镜或者扫描隧道显微镜。

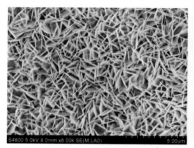
（a）"自下而上"的方法制备的
铜纳米片

（b）纳米棒

（c）纳米花

图 6.38 "自下而上"的方法制备的铜纳米片、纳米棒和纳米花。

## 6.2.4 纳米材料的应用

材料在纳米尺度时拥有了超越常规的特性，表现出超韧、超强、超硬、超导电、超活性、超渗透力等特点。在未来，纳米技术会将人类带入一个全新的时代。如果能在原子尺寸和尺度上控制纳米机器制造，那么纳米技术就将给我们带来数不尽的新产品、新工艺、新技术和潜在的利益。据专家统计，截至 2022 年底，全球范围内与纳米技术应用相关产业的产值已超过 3 万亿美元。

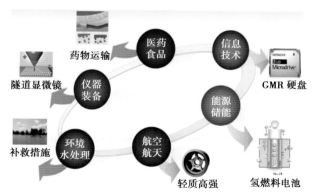

图 6.39 纳米材料的应用领域

①促进电子设备微型化。传统机械加工业的机床动作，如切割、搬动、旋转、拉伸压缩、折叠、组装等操作，目前均可在以分子、原子为尺度的纳米机器上实现，大大促进了大型电子设备的微型化。比如智能电子设备从第一代占地 150 m²、重达 30 t

且极端昂贵的庞然大物，缩小为今天我们手上拿得起来的、人人用得起的手机和笔记本电脑，就得益于微纳米加工技术的不断进步，特别是光学光刻蚀技术的进步。

②产生了纳米医学。纳米材料和纳米科技的发展为医药领域带来了全新的进步，产生了全新的学科——纳米医学。简单举个例子，比如我们生病了要吃药，把常用的药物制成纳米颗粒后，会大大提高其溶解度，从而提高药物的利用率。普通的药物进入人体后，经胃肠道消化吸收后，分布于全身组织和血液中，药效分散且易于对人体产生不必要的毒副作用。而纳米颗粒由于尺寸很小，可以只从肿瘤部位的血管中渗出，进入肿瘤组织，集中作用于肿瘤周围，实现对肿瘤的靶向治疗。如根据量子点的荧光效应、磁性纳米材料的磁效应、纳米材料的吸附作用等，能够将检测的灵敏度大幅提高，有利于疾病的早发现。

③在航空航天领域的应用。航空航天领域对轻质高强度材料的要求已经进入"为减轻每一克重量而奋斗"的时代。纳米材料的使用不仅能使飞机结构质量减轻，还可以提高飞机的各种飞行性能。比如，苏州纳米所和空中客车公司合作，以导电的纳米材料"渗入"碳纤维所制备的纳米改性碳纤维材料，能够在减轻飞机质量的同时，有效分散雷电冲击产生的影响，保证飞机的安全飞行。还可以进一步在改性材料中加入传感器件，建立智能化感知系统，为机身的维修维护提供实时检测。

④改善能源和环境问题。能源和环境问题是当前社会面临的全球性问题，纳米材料可以有助于开发新型绿色环保能源，以纳米摩擦发电机为例，它可收集各种摩擦能、风能、压力、机械振动等不易获得的微小能量转化为电能，驱动自供电鞋垫、空气净化器、可穿戴设备等。纳米材料可以有效率地解决环境污染问题，以纳米氧化钛、纳米氧化锌、纳米碳酸氧铋为例，它们具有光催化降解空气污染物或者水中污染物的能力。可以这样设想，以这些纳米材料制成涂料喷涂在马路边以及各种建筑物上，如果空气发生污染，经过阳光照射后，也可以快速得到净化。

经过近30多年的发展，纳米科技已在逐步融入我们的生活。它革新了物理、材料、化学、能源科学、生命科学、药理学与毒理学、工程学等学科对原有理论和实践的认知，为科技创新提供了推动力，成为颠覆性科技和制造技术的重要来源。当前，纳米科技已被公认为最重要、发展最快的前沿领域之一，这也标志着一个科技新纪元——纳米科技时代的开始。未来各项纳米技术将实现高度融合，会产生全新的具有各种各样优良性能的纳米汽车、纳米机器人、纳米电子设备……

化学与社会

## 6.3 面向未来的材料

人类从茹毛饮血发展到以科技为生产力的过程中，人类的智慧把越来越多来自大自然的材料转化为日益精美的服装、房屋住所、通信设备、交通工具、公路桥梁等。与此同时，剧增的人口消耗着越来越多的资源和能源，从而引起全球范围内对材料需求的不断增加，材料企业生产规模不断扩大，新材料品种层出不穷。在这个能源资源日渐紧缺的蓝色星球上，人类对材料的消耗呈现出加速化发展趋势。

当前材料的大量消耗已经引发了全球范围的环境污染和环境退化，按照这种速度的消耗，会带来什么样的后果？由二氧化碳和甲烷等温室气体不断增加导致的全球气候变暖，已成为当前人类面临的首要环境问题。全球性的气候变暖不仅影响到南极企鹅和北极熊的生存问题，更重要的是影响到全球范围内降雨和大气环流的变化，使气候反常，易造成旱涝灾害，这些都可能导致生态系统被破坏，进而引发人类自身的生存面临危机。比如，2021 年夏季极端干旱天气引发的美国加利福尼亚州创纪录的持续山火、极端洪涝灾害引发的河南郑州创历史的特大暴雨等。

这不禁引起我们每个人的深深思考，未来的材料产业到底该如何发展呢？人到底应该发展什么类型的材料，才能减少对材料的依赖、对环境的伤害，并保持良好的生活质量？问题的答案关乎着人类现在的生活方式和未来的社会发展。

### 6.3.1 材料在未来的发展趋势

①绿色、低碳。为减少温室气体的排放，"碳达标、碳中和"在 2021 年被列入国家"十四五"规划的重点工作。这是因为环境问题不仅影响中国可持续发展，也成为吞噬经济成果的恶魔。在如此严峻的形势面前，过绿色低碳的生活是我们每个人都要做的事情。低碳生活的核心就是节约材料、节约能源，进而降低温室气体的排放。所以，节约能源、节约材料、保护环境等方面就是我们未来要大规模生产和使用的材料所必须满足的前提条件。从这个角度来看，绿色、低碳就是材料在未来的发展趋势之一。具体来说就是用低碳的绿色材料来替代掉那些对环境造成严重危害的材料，并且要使用绿色低碳的原材料和生产过程来加工这些材料。

比如以火山灰、煤渣、建筑废料等制成的绿色水泥替代传统水泥、用可降解的生物材料如乳酸替代掉传统的塑料制品、从政策层面建立垃圾分类处理制度等，都属于有力推动低碳绿色材料发展的具体实施方法。

②相对减量化。此外，我们从材料学科自身的发展来看材料在未来的发展趋势。

能源环境专家瓦茨拉夫·斯米尔在《材料简史及材料未来》一书中考察了人类历史进程中出现的各种重要材料，提出了"随着科技的不断创新和发展，我们能够以更少的材料能源，更有效率地制造现有产品，同时带来价格的下降和消费量的上升。"的观点。这就是材料在未来发展的第二个趋势——材料的相对减量化发展趋势。

举例来说，比如易拉罐，1980 年工业上制造一个盛放可乐的易拉罐需要用 19 g 金属铝，2010 年制造一个同样的易拉罐只需要 12 g 金属铝，与此同时在全球范围内，我们用于制罐的铝的总量却在不断地增加，从 1980 年的 8.17 亿 t 增加到 2010 年的 11 亿 t。再比如通信设备，从早期的大哥大到今天我们每个人拿在手上的智能手机，制造单个手机所用的金属的量在不断减少，使手机价格降低，也让更多的人可以购买。尽管单个手机的金属含量在减少，但手机数量的增多也导致了全球范围内金属总体消耗量的增多。

图 6.40　材料的相对减量化发展趋势

## 6.3.2　未来极具发展潜力的几种新兴材料

未来要大规模使用的材料一定要满足绿色低碳环保的要求，满足用更少的材料来制造更多的商品的要求。也就是说，我们要发展的新型材料，一定可以在用量更少的情况下建成房子，以及生产汽车、飞机、手机等各种日常所需产品。

与此同时，这些材料的性能要满足建筑质量和生产质量的要求、满足各种电子器件和电子设备微型化的要求、满足在航空航天等极端恶劣环境（比如超高温、超高压）下应用的要求等。从这个角度来理解，在当今科学前沿研究最热门的诸多新型材料中，以下几种材料在未来具有极大的发展潜力，如 MOFs 结构材料、石墨烯材料、气凝胶材料和超材料，等等。

（1）选择分离的 MOFs 结构材料

MOFs 是英文 Metal Organic Framework 的简写，即金属有机骨架材料。从具体结构上来看，MOFs 就是金属离子基团与有机配体自组装形成的，具有周期性网络结构的多孔材料。比如，Zn 金属离子基团和对苯二甲酸有机配体中，每个 Zn 金属离子基团有 4 个可以接受电子对的配位点，把 4 个配位点看作 4 个把手。每个有机配体有 2 个能提供电子对的羧基，可以把这 2 个羧基看作两只手。把这两种基团放在一起 1 s 后，每个有机配体上的两只手就会拉着 Zn 金属离子基团上的其中 2 个把手自组装形成这样一个中间具有巨大空腔的结构（图 6.41 中，1 s 后黄色标识出来的圆球就是这个空腔）。

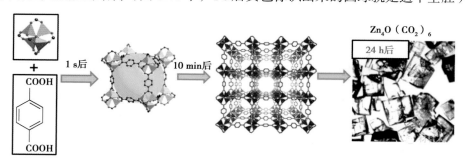

图 6.41　MOFs 结构材料形成过程示意图

这时，因为每个 Zn 金属离子基团还剩余 2 个把手，随着时间的推移，其他的有机配体会继续与 Zn 金属离子基团组装配位。比如在 10 min 后，就会形成具有周期性均匀孔道结构的材料（图 6.41 中蓝紫色通道示意图）；24 h 后，就会形成用扫描电镜可以看得到的具有周期性结构的多孔材料。

类似这样由金属粒子与有机配合物形成的中空多孔材料就是 MOFs 结构材料。通过改变有机配合物的大小，比如把对苯二甲酸变为联苯二甲酸，就可以增大孔道的尺寸；把对苯二甲酸变为丙二甲酸就可以减小孔道的大小；当然，也可以通过改变金属离子的类型来改变孔道的形状和大小。

这样，通过孔道的微观调节就可以实现物质的选择性分离。孔道大时，体积比较大的分子比如葡萄糖、蔗糖分子等可以通过，孔道减小时，只有甲烷和乙烷之类可以通过。所以，MOFs 结构材料的主要用途：单分子原子级别的选择性分离。下面从化学化工分离的重要性和 MOFs 的强大分离功能两点来解释。

①化学化工分离的重要性。对于任何一个化学反应过程，比如 A+B =C 的反应，最终的产物 C 里面都掺杂有少量的反应物 A 和 B，这时就需要将 C 从反应结果里非常干净地分离出来。对任一种从自然界中获得的物质，都是混合物，比如里面有 D、E、F 3 种物质，只有 F 物质适合用来制作塑料的，D 物质适合用来制作橡胶，E 物质适合用来盖房子，这时我们就必须把 D、E、F 3 种物质分离出来。因此，分离问题是所有化学化工产业绕不开的一个必须环节。

现在化学化工企业在工业生产中最常用的分离方法是精馏，也就是利用各种物质沸点的不同，采取在不同加热温度来将不同的化合物通过蒸发分离开来。精馏分离过程是一个高温高压的过程，能耗非常高。统计数据显示，精馏分离化学化工产品的能耗占整个世界总能耗的 10%~15%，非常不符合低碳环保生活的要求。如果用新的分离方法取代现有的工业上用的高耗能的分离过程，那么将会极大地降低整个世界化学工业生产过程的现状，促进绿色环保经济的发展。

②MOFs 的强大分离功能。MOFs 结构材料在分离过程中有非常强大的应用，我国科学家也在这个领域做出了很大贡献。$CO_2$ 是温室气体，减少它的工业排放就可以实现一定范围内的低碳环保。如何减少 $CO_2$ 的工业排放？大连化学物理研究所的杨维慎教授就开发了一种 MOFs 结构材料，杨教授用含 Zn 金属离子配体与苯并咪唑反应制得一种具有规则有序微孔结构的超分子薄膜，称其为 ZIF-7。纳米厚度的 ZIF-7 就可以实现 $CO_2$ 分子级别的高效选择分离（图 6.42）。设想一下，如果在全国所有工业废气排放出口，添加一层含有杨教授制造的这种 MOFs 材料，将 $CO_2$ 分离出来，一方面可以避免对环境造成污染，另一方面可以把 $CO_2$ 收集起来加以利用，以实现可持续发展。

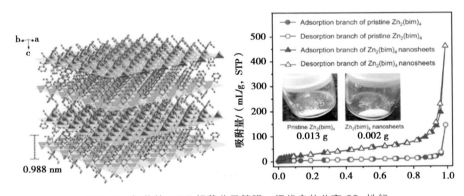

图 6.42　极薄的 ZIF-7 超薄分子筛膜，极优良的分离 $CO_2$ 性能

太原理工大学的李晋平、美国国家标准与技术研究院（NIST）的周伟以及得克萨斯大学圣安东尼奥分校的陈邦林等人合作，首次提出用 MOFs 结构材料，优先吸附乙烷，收集乙烯，从而实现乙烷/乙烯混合物分离的新思路。他们成功制备了一种全称为 $Fe_2$（$O_2$）（dobdc）的微孔 MOFs 材料，该材料中的铁—超氧位点与乙烷的相互作用更加强烈，且能够高效地吸附乙烷，成功地分离出乙烯。这种 MOFs 结构材料是迄今为止最高效的乙烷吸附剂，在工业上有极大的应用前景。这种材料如果广泛应用在工业上，会极大地降低能耗，促进绿色低碳经济的发展。

因此，MOFs 结构材料具有的优良选择分离功能，与其他多孔材料相比，MOFs 属于有机—无机杂化材料，它的孔道结构和大小可控，同时具有无机材料的刚性和有机材料的柔性特征。MOFs 结构材料作为新兴材料，在近 20 年内得到了迅速发展，是材料领域的研究热点和前沿。各种具有催化、储能、光学成像、药物载体的 MOFs 结构材料迅速被开发出来，奠定了 MOFs 结构材料在未来材料领域不可或缺的地位。

（2）超强的石墨烯功能材料

对于碳材料我们并不陌生，日常生活中我们用到很多种碳材料。比如，烧烤用的木炭，写字用的铅笔芯、炭黑做的墨水，吸附异味的活性炭，手上的钻石或者玻璃刀上的金刚石，羽毛球拍用的碳纤维等都属于碳材料。在这些碳材料中，活性炭属于结构疏松的碳骨架形成的材料，金刚石是碳原子有序的结晶体，碳纤维材料是高分子丙烯腈聚合物碳化形成的材料。这些传统碳材料，均被归属于第一、第二、第三代碳材料，早已在我们的生活中得到了广泛应用。

石墨烯是从传统石墨中分离出来的一种材料，与碳纳米管、富勒烯等归类为第四代碳材料（图 6.43）。

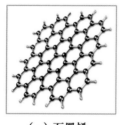 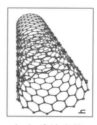 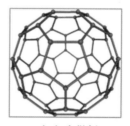

（a）石墨烯　　　　　（b）碳纳米管　　　　　（c）富勒烯

图 6.43　石墨烯、碳纳米管和富勒烯对比图

①石墨烯的定义。石墨烯材料，在严格定义中，石墨烯是由碳原子构成的，只有一层原子厚度的二维材料；通常研究中 10 层原子厚度以内的也被认为是石墨烯。

在这个定义中，最值得注意的是该材料的原子级别的厚度，也就是说单层石墨烯片层的厚度只有一个原子的厚度，也就是 0.34 nm（图 6.44）。传统物理学认为，类似石墨烯这样单原子层厚度的二维晶体在室温下是不可能稳定存在的，用物理学的术语表达就是"热力学涨落不允许二维晶体在有限温度下自由存在"。所以，石墨烯的发现完全打破了传统物理学的认知，在科学界激起了巨大波澜，有科学家甚至预言石墨烯将彻底改变 21 世纪。

②区分石墨和石墨烯。虽然分辨石墨和石墨烯不难，但是需要借助高分辨的场发射扫描电子显微镜才能区分得开来。肉眼看石墨烯，它并不好看，看起来就像你见过的很细很细的炭黑一样。

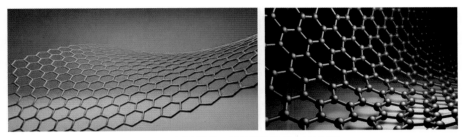

图 6.44　石墨烯是一层原子厚度的二维材料

　　在扫描电镜图中，石墨就好像是叠合在一起的、厚厚的一摞打印纸，其中每张纸就是石墨烯，每张纸与纸之间有弱黏合力，我们分不开它［图 6.45（a）］。这时，添加一些化学试剂比如浓硫酸，就可以将石墨氧化，氧化后能降低石墨烯片层之间的黏合力，层的边缘就会翘起［图 6.45（b）］。再用力（比如超声波）将其中的一张纸或者 10 张以内的纸给分散开来，就可以得到石墨烯［图 6.45（c）和（d）］。

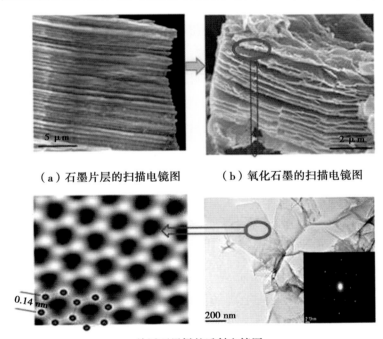

（a）石墨片层的扫描电镜图　　　　（b）氧化石墨的扫描电镜图

单层石墨烯的透射电镜图

图 6.45　石墨片层、氧化石墨的扫描电镜图和单层石墨烯的透射电镜图

　　这样用浓硫酸氧化和超声波处理剥离石墨制备石墨烯的过程，就是石墨烯的化学氧化还原制备法，是实验室制备石墨烯最常用的方法之一。

　　③石墨烯的优良性能。现有研究表明，目前发现的所有天然材料中，石墨烯是最薄、最坚硬、导电导热性能最好的一种新型纳米材料。有人甚至将其称为人类目前已知的最

强功能材料。概括来讲，石墨烯主要有以下 4 个方面的优良性能：a. 石墨烯是地球上已发现的最薄材料，用肉眼是看不见石墨烯的。另一方面，它非常致密，即使是最小的气体原子（氦原子）也无法穿透。b. 石墨烯是已发现强度最高的材料，比钻石要坚硬，是最好钢铁强度的 100 多倍。c. 石墨烯具有良好的光学性能，单层石墨烯吸收 2.3% 的可见光，即透光率为 97.7%。d. 石墨烯电导率可达 $10^6$ S/m，是室温下导电性最佳的材料，电阻率最小的材料，电子迁移率约为硅中电子迁移率的 140 倍。

石墨烯的强度到底有多大呢？这里做一个形象化的比喻，如果用单层石墨烯制作一张吊床，这张床可以承载一只 4 kg 的猫，而且是一只悬停在半空中的猫。石墨烯的电学性能到底有多优良呢？人们家里常见的有线电视机顶盒，其核心部件是调制解调器，它的功能是把数字电视机顶盒所提供的视频信号和音频信号调制成稳定的高频射频振荡信号，能够被电视机所识别，实现信号的快速识别 / 转换。如果把调制解调器中用的铜导线变为石墨烯导线，那这台调制解调器信号转换的速度会提升 100 万倍。

如果用石墨烯来制作电池，性能也会很优良。比如，美国科学家最新研制出一种超级电池，它们被称为微型石墨烯超级电容，其充电和放电速度比普通电池快 1 000 倍，在 1 min 内给手机充满电。石墨烯还被证明是制造薄膜晶体管的优选材料。2017 年法国国家科学研究院和诺基亚团队合作共同制备出了柔性石墨烯射频晶体管，截止频率高达 39 GHz，在反复弯折 1 000 个周期之后仍然可以继续稳定工作。2019 年中国科学院金属研究所沈阳材料中心首次制备出垂直结构的晶体管"硅—石墨烯—锗晶体管"，成功将石墨烯基晶体管的延迟时间缩短了 1 000 倍以上，大大降低了电子部件信号的传递和处理速度，未来将有望在太赫兹（THz）领域的高速器件中应用。

此外，石墨烯具有优异的柔韧性、良好光学透过性和热学传导性质，被公认为构建柔性电子器件与系统的最理想材料，在柔性发光显示、柔性智能传感、柔性集成电子电路方面也有优良的表现。比如，石墨烯制成的柔性 OLED 原型器件，亮度可高达 10 000 $cm^{-1}$，远高于照明和显示的实际应用要求，非常适合于柔性显示领域的应用；石墨烯可穿戴气体传感器在室温下可检测 250 ppm 的 $NO_2$ 气体，在高达上千次的弯曲后仍能保持响应。

④石墨烯现状与应用前景。用胶带从石墨中剥离石墨烯的办法属于机械剥离制备法，这种方法只能制备极少量的石墨烯（微克以下）。现在市场上售卖的、文献研究最多的石墨烯来自化学氧化还原法。该方法可以让科研工作者在实验室使用高浓度的硫酸和高功率的超声波得到数十克的石墨烯。

石墨烯发现至今 20 年过去了，数不尽的文献提出了多种研究方法和研究方向，但单层或者数层石墨烯的大面积高质量制备迄今仍然是个难题。不可否认，石墨烯未来有广阔的应用前景，这是因为高质量的石墨烯具有非同寻常的导电性能、极低的电阻率和极快的电子迁移速度、超出钢铁数十倍的强度和极好的透光性。未来如果石墨烯的大面积制备能够实现，碳基集成电路能够规模化工业化，那么"碳时代"将取代"硅时代"成为人类文明的新时代。

（3）梦幻般的超材料

"超材料"指的是一些具有人工设计的结构并呈现出天然材料所不具备的超常物理性质的复合材料，其三大主要特征是：a.超材料具有超常的物理性质（往往是自然界的材料中所不具备的）；b.超材料通常是具有新奇人工结构的复合材料；c.超材料性质往往不主要决定于构成材料的本征性质，而决定于其中的人工结构。广义的超材料包括液态自修复金属材料、热电材料、钙钛矿材料等诸多材料，狭义的超材料指的是左手材料。

①左手材料。左手材料就是由结构决定性质的一类材料，简而言之就是将常见的材料制作成特殊结构而制成的一类材料。一般包括电磁波波段、微波波段和可见光波段的左手材料。

电磁波波段的左手材料一般是由常见的金属材料，如铁、铝、金、钛等制成特殊结构材料。比如将周期性排列的金属直导线和开口谐振环制作在一张透明薄膜上，再将这层薄膜制成 3D 结构，覆盖在飞机表面就得到了左手材料（图 6.46）。可见光波段的左手材料通常是普通小分子晶体化合物结晶后形成的特殊结构材料。再比如，将透明的分子晶体分别结晶成内层六角星状的相和外层 β 相，就得到了小分子晶体左手材料（图 6.47）。

 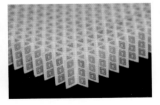 

图 6.46　左手材料谐振环及其组装结构　　　　图 6.47　分子晶体左手
材料结构

左手材料通常具有负折射率，比如我们从左向右放一根筷子到水中，从杯子外面看，筷子在水中是直的；如果把水换为左手材料，筷子就是弯曲的。左手材料最常用的功能之一是隐身性，可以实现飞机对雷达的全隐身。雷达是依靠反射电磁波来识别物体的。但是当雷达发射电磁波遇到左手材料时，会出现负的折射率，这将会使电磁波绕着左手材料的表面走，呈曲面传播（图6.48）。在使用左手材料后，电磁波就实现了无障碍通过，雷达接收不到发射回来的电磁波，就识别不到物体。左手材料还可以实现对肉眼可见物体的全隐形，比如左手材料可以被制成隐身斗篷，任何它遮盖起来的物体我们肉眼都看不到。

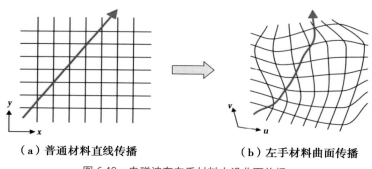

（a）普通材料直线传播　　　　（b）左手材料曲面传播

图 6.48　电磁波在左手材料中沿曲面传播

**拓展阅读7：左手材料是怎样实现隐身效果的呢？**

　　理解隐身概念，我们需要知道什么是"看到"？晚上在一间没有窗的屋子里，四周黑漆漆的，这时我们什么也看不见。然后开灯，我们看到了灯，看到房间里的桌子。我们看到灯和看到桌子是不一样的，我们看到灯是因为灯在发光，灯的光线直接进入了我们的眼睛。

　　我们看到桌子是因为来自灯的光线照射在桌子上，桌子把光线反射到我们的眼睛里。所以，我们常说"看到"了某个物品，其实就是来自该物品的光线进入了我们的眼睛。如果来自该物品的光线没有进入我们的眼睛，那自然就看不到了。所以，用材料不让光线进入我们的眼睛，也就实现隐身的效果。那左手材料具体怎样实现隐身效果呢？我们知道可见光是电磁波的一种，同样因为具有负折射率，可见光可以在左手材料中同样沿曲面传播［图6.49（a）］。以［图6.49（b）］所示为例，光源在 A 点，甲同学在 B 点，乙同学在 C 点。正常情况下，光源的光照射到甲同学、乙同学身上，甲同学能够看见光源和乙同学，乙同学也能够看见光源和甲同学。现在在甲同学身上盖上左手材料，这时光源的光直接绕过甲同学所在的 B 点周围，没有来自 B 点周围的光线反射到 C 点，所以乙同学就只能看到光源，而看不到甲同学了。

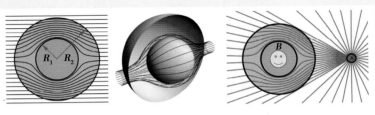

（a）可见光在左手材料中沿曲面传播　　　　（b）隐身原理

图 6.49　可见光在左手材料中沿曲面传播和隐身原理

　　左手材料的使用不仅可以实现飞机对电磁波隐形、物体对可见光的隐身技术，还可以实现大型物体的图像转换和位置转移。左手材料的隐身性能使其在军事打击上有着不可替代的作用。我国在电磁波波段左手材料的研发上处于世界领先地位，已经能够实现量产。左手材料量产的实现使得其作为飞机蒙皮材料的技术变得成熟。

　　②自修复材料。自修复是自然界中的各种生物体，从极小的细菌病毒到大型动植物体均具备的行为。比如皮肤受伤后，过段时间，伤口就会自动愈合；壁虎丢了尾巴、蝾螈断掉四肢、章鱼断了触手也可以自我修复恢复重新长成原状。可是桌子椅子断裂、汽车损毁后就再也不能恢复原状了。

　　受自然界生物受损后能够自我修复的启发，自 20 世纪 90 年代开始，科研工作者将自修复性能引入合成材料中，形成了自修复材料的概念。自修复材料就是一种可以和生物一样自我修复的人造材料，在受到损坏、损伤或者损毁时能够自我修复的一种材料。比如用针在材料上扎个孔、用刀直接把材料砍断，过了一段时间后，比如 2 h 后，或者紫外可见光照射 10 min，材料又自动恢复如初。

　　用它来造机器人，有没有让你联想到电影里那个液态的 T-1000 机器人？用自修复液态金属材料来制造的机器人，虽然不会像 T-1000 一样掉了一个胳膊还能自己长出来，但也能做到被机枪扫射电路后，依然能保持机器人的全身供电和全身电路的持续运转。

　　自修复的概念对于材料来说具有广谱性，因为几乎所有的材料在长期使用过程中都不可避免地会变旧、产生表面裂纹和内部损伤，并由此引发更加大的裂缝而发生断裂，这与"千里之堤，溃于蚁穴"是同样的道理。比如钢筋混凝土地基的裂缝会导致大楼坍塌、桥梁断裂等，如果我们使用自修复材料，就能够在裂缝出现时即进行自我修复，并可以延长其使用寿命。

　　③热电材料。热电材料是一种将废热转换成电能的功能材料，一家名为 Alphabet Energy 的公司开发出了一种热电发电机，它可被直接插入普通发电机的排气管，从而

把废热转换成可用的电力。这种发电机使用了一种相对便宜和天然的热电材料，名为黝铜矿，据称可达到 5%~10% 的能效。热电材料有望成为一种清洁能源，其推动了有效利用工业生产中的大量余热产生大量电能材料的研究，可直接起到节约能源低碳环保的作用。

科学家们已经在研究能效更高的热电材料，名为方钴矿，一种含钴的矿物。热电材料目前已经开始了小规模的应用，比如在太空飞船上，但方钴矿具备廉价和能效高的特点，可以用来包裹汽车、冰箱或任何机器的排气管。

④钙钛矿材料。钙钛矿是近年来最火爆的明星材料之一，以优良性能成功吸粉无数。钙钛矿材料是除晶体硅外，较适合用来制作太阳能电池的替代材料。钙钛矿是由特定晶体结构所定义的一种材料类别，它们可以包含任意数量的元素，用在太阳能电池中的一般是铅和锡的掺杂。

相比晶体硅，制造钙钛矿所用原材料要便宜得多，且钙钛矿能被喷涂在玻璃上，无须在超级干净且无污染的房间中精心组装。2009 年使用钙钛矿制作的太阳能电池只有 3.8% 的太阳能转化率。到了 2014 年，转化率提高到了 19.3%，接近传统晶体硅电池 20% 左右的能效。2021 年德国海姆霍兹柏林材料所（HZB）和荷兰 ECN 中心先后宣布，钙钛矿双面电池转化率已达到 30%，超过了晶硅太阳能电池效率的理论极限。科学家认为，这种材料的性能依然有很大的提升空间。

（4）轻盈的气凝胶材料

气凝胶是入选吉尼斯世界纪录的最轻的一类物质。不仅如此，气凝胶材料还保持着材料领域的其他 15 项世界纪录。比如，最低的导热系数、最低密度、最宽的密度范围、最宽的压缩模量、最小的孔径、最高的孔洞率、最低的声传播速度、最低的介电常数等。

**拓展阅读 8：气凝胶的发现**

气凝胶顾名思义为气态结构的凝胶材料，其发现与果冻有关。晶莹剔透的果冻呈现凝胶状，是大多数孩子都喜欢的食品，其中含有 80% 以上的水分，其他的才是固态物质。那问题来了，果冻呈现凝胶状是因为里面的水呢？还是因为里面的固态物质？

这个问题在 1931 年引起了美国化学家塞缪尔·基斯特勒（Samuel Kistler）教授和其同事查尔斯·勒德（Charles Learned）的争吵。塞缪尔说是因为固体，而查尔斯说是因为水。塞缪尔说他可以把水分从果冻中抽取出来，仍然让它呈现凝胶状。查尔斯说那是不可能的，凝胶不可能离开水。激烈争执到最后，谁也说服不了谁，决定打个赌。塞缪尔通过数个月的努力，成功地从果冻中去除了水分，把气体填充进去，赢了赌局。而他制得的这种材料，就是世界上第一块气态凝胶材料。

我们知道，果冻在空气中干燥就会缩成一团。这是因为在水分蒸发过程中，由于毛细管的强大作用，会导致固体组分发生收缩导致结构塌陷。这主要是因为在液体状态下水分子和水分子之间、水分子与固体结构之间均存在着很强的氢键相互作用。当水分子从液态变为气体挥发掉时，水分子会拉扯其他的水分子以及其周围的固态结构，强烈的毛细管效应使其结构变瘪变形。这就导致了生活中很多嵌入液态物质的固体结构，比如鸡蛋、黄瓜、橡胶、水果等，失去水分就会变得皱皱巴巴的。

那塞缪尔是如何做到去除果冻中的液体，同时保持其固体结构不塌陷的？实验过程中，塞缪尔意识到既然氢键作用强大，就可以用氢键相互作用力比较弱的溶剂，比如乙醇、有机分子替代掉果冻中的水分子，然后将含乙醇的果冻加压到乙醇的超临界状态下。超临界状态的流体虽具有液体的密度，但却具有气体的流动性，溶剂可以快速扩散，这样分子之间以及分子与固体结构之间就不再相互拉扯。此时，通过减压，骨架中原来液体存在的地方现在就会被气体所占据，果冻凝胶里的固态骨架就可以被完整保留下来，成为充满气体的气态凝胶状物质。

①轻质的气凝胶。气凝胶就是从凝胶而来的物质，当凝胶三维骨架所形成的孔中的液体被空气取代后就形成了气凝胶。如果要得到气凝胶，首先就要得到凝胶，比如首先制得硅酸、氧化铬、氧化锡，或者碳的液态凝胶，然后通过溶剂置换和超临界干燥，挥干液体，保留其固体支架，就成为气凝胶。工业生产的二氧化硅气凝胶中 99.8% 是空隙，充斥着空气，使得它看起来是半透明的，被称作"凝固的烟"（图 6.50）。

图 6.50　二氧化硅气凝胶材料

由于内含空隙如此之多，气凝胶材料一经面世就不断刷新着世界上最轻材料的纪录。2011 年，美国科学家以镍为材料制作出了当时世界上的最轻材料，真空中密度为 0.9 mg/cm$^3$，比空气 1 mg/cm$^3$ 的密度还要小，也是世界上比空气还要轻的固态材料[图 6.51（a）]。很快这个纪录就被英国基尔大学和德国汉堡科技大学的科学家们打破了，他们造出了密度仅为 0.2 mg/cm$^3$ 的"飞行石墨"。"飞行石墨"是由多孔碳管在微纳米尺度三维交织在一起组成的网状结构，质量很轻，但弹性却非常好，拥有极强的抗压缩能力和张力负荷，可以被压缩 95%，然后恢复到原有大小（［图 6.51（b）］。

（a）镍气凝胶　　　　　　　　（b）飞行石墨

图 6.51　轻质的气凝胶材料

追求最轻的材料，没有止境，我国科研人员也不甘落后。2013 年浙江大学高分子系的高超教授课题组，首次刷新了世界上最轻固态的纪录。他们制备出了一种密度为 0.16 mg/cm$^3$ 的超轻气凝胶"碳海绵"（石墨烯和碳纳米管）。这一密度不但低于空气的密度，也低于氦气的密度。2015 年东华大学的俞建勇院士、丁彬教授利用普通纤维膜材料，开发出了一种密度仅为 0.12 mg/cm$^3$ 的超轻、超弹的纤维气凝胶，这比碳海绵还要轻 0.04 mg/cm$^3$。2019 年俞建勇院士团队又得到了具有高压缩应力（60% 压缩应变时为 7.9 kPa），高压缩模量和高温（220 ℃）结构稳定性的弹性气凝胶互穿网络，可实现对高温烟气（通常 <200 ℃）中超细颗粒物的高效低阻过滤，经 20 次循环过滤（PM2.5）后性能稳定，具有长效使用性能。

②气凝胶材料的用途。极为轻盈的气凝胶却有着极其优良的保温隔热性能，既可以耐极端高温又可耐极端低温，而且导热率和折射率都很低。气凝胶在航空航天探测领域极其有用。自 1997 年在火星探路者号上首次使用后，气凝胶就成为宇宙飞船的标准隔热材料。近年来，气凝胶材料在各个领域的应用不断得到发展。气凝胶材质的睡袋和帐篷也是攀登珠峰和探索极其恶劣环境的南极洲、北极圈探险队所必需的日常用品。因为气凝胶具有高孔隙率、高比表面积，也可以作为结构吸附材料方面，气凝胶强力吸附剂效果优于活性炭防毒面具，可用于空气净化、动物房除臭等。此外，气凝

胶还可以用在军事方面，比如用作军用车辆外部装甲时，6 mm 厚的气凝胶能够承受 1 kg 烈性炸药爆炸，并且不变形、不损坏，且硬度、韧性均可调节，与特殊材料复合可进一步优化提升性能。

## "中国材料学之父"师昌绪院士

师昌绪（1918—2014），男，河北徐水人。中国著名材料科学家、战略科学家。1980 年当选中国科学院院士，1994 年当选中国工程院院士。1995 年当选为第三世界科学院院士。2004 年获中国金属学会冶金科技终身成就奖，2011 年荣获 2010 年国家最高科学技术奖，2015 年被评为感动中国 2014 年度人物。

20 世纪三四十年代军阀混战、日寇入侵，师昌绪立下"强国之志"，为实现实业救国梦，他大学选择了采矿冶金工程专业，1945 年大学毕业后，从事炼铜方面的技术工作。1948 年赴美国密苏里大学矿冶学院从事真空冶金研究，仅一年时间就获得了硕士学位，并获麦格劳·希尔奖。1952 年 6 月获博士学位。博士毕业后，师昌绪又继续在麻省理工学院从事博士后研究。

20 世纪 50 年代初美国政府阻挠中国留学生回国。经过艰苦斗争，师昌绪于 1955 年回到了中国。从 1957 年起，师昌绪负责中国科学院金属研究所"合金钢与高温合金研究与开发"工作，建立了钢中杂物的鉴定方法，并开展了夹杂物生成过程的研究工作。这项工作推广到全国各钢铁企业，促进了我国改进钢质量工作。为了高温合金的推广与生产，他走遍全国特殊钢厂和航空发动机厂，解决生产中出现的问题，被人们称为"材料医生"。

20 世纪 60 年代初，由于国际关系的变化，我国航空工业面临极大困难，特别是高温合金的生产制约着航空工业的发展。师昌绪根据我国缺镍少铬、又受到国际封锁的实际情况，提出了以铁基代替镍基合金的科研思路。他是中国高温合金开拓者之一，领导并开发了中国第一种铁基高温合金，研制出一种可代替喷气发动涡轮盘的铁基合金。

1964 年师昌绪主持空心涡轮叶片的研制工作，与发动机设计和制造厂合力攻关，攻克了造型、浇注、脱芯等一道道难关，于 1965 年研制出我国第一代铸造多孔空心叶片，这使我国航空发动机性能上了一个新台阶。同时，这也使我国成为继美国后第二个掌握这项尖端制造技术的国家。

国家需要什么，师昌绪就研究什么。除铁基高温合金、空心涡轮叶片外，师昌绪在真空铸造，金属腐蚀与防护，材料失效分析，Ni（镍）、Cr（铬）高合金钢的研究与推广等方面都作出了重要贡献。因为长期对国家科技发展的关心和思考，使师昌绪成为一位高瞻远瞩的战略科学家，不断推动着我国材料科学乃至整个科学事业的发展。

从"材料人"到"战略科学家"，师昌绪的每一个脚步都踏在国家最需要的地方——"使中国富强是唯一的目的，只要是对中国有好处的，我都干！"以爱国精神为鲜明底色，以过硬的科研业务能力为坚实基础，以在科技管理咨询中发挥重要作用为应尽之责，师昌绪的一生充分展现了战略科学家的特质。

▼▼▼

# 第7章 化学与环境

　　环境既是人类社会存在的基础条件，也是社会生产得以持续稳定发展的物质基础。

　　科学技术是人类发展进步的第一推动力，随着科学技术的进步，人类改造自然的能力不断提高，生产力日渐发达。然而与此同时，日益强大的生产力使之前的大自然的自净能力被打破，环境污染经历了从量变到质变的过程，并演变成一种全球性危机。如何处理好发展与环境的关系，已成为一个长期困扰世界的问题。

　　当今社会，走可持续发展道路，实现环境和经济的协调发展已成为历史所选择的必然趋势，"天更蓝、树更绿、水更清、城更美"的生活环境是全人类共同的向往。化学作为自然科学的基础学科之一，在环境保护中有着非常重要的作用，与环境保护的方方面面密不可分。

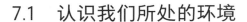

# 7.1 认识我们所处的环境

化学环境是地球上存在生命活动的物质基础。化学环境是指由土壤、水体、空气等组成因素所产生的化学性质，给生物的生活以一定作用的外界环境。

## 7.1.1 大气

大气与环境空气的概念既有联系又有区别。国际标准化组织（ISO）对大气和空气的定义分别是：大气是指环绕地球的全部空气的总和；环境空气是指人类、植物、动物和建筑物暴露于其中的室外空气。可见，"大气"与"空气"基本可以作为同义词使用，其区别仅在于"大气"所指的范围更大，"空气"所指的范围相对小些。在环境科学与工程中，主要关注与人类、生物和器物直接接触的近地层空气，因此提到"大气"时就是指"环境空气"，但习惯上仍然称作"大气"。

大气是由多种气体共同组成的混合物，其组成可以分为 3 个部分：干燥清洁的空气（干洁空气）、水蒸气和各种杂质。

（1）干洁空气

干燥清洁的空气是指大气中除去水汽、液体和固体微粒以外的整个混合气体，有时也简称干空气。其主要成分为氮、氧、氩、二氧化碳等，其容积含量占全部干洁空气的 99.996% 以上（体积）。还有少量的氢、氖、氦、氙、臭氧等。表 7.1 列出了未受污染和人为活动影响的区域上空典型的干洁空气的化学组成。

表 7.1  干洁空气的化学组成

| 成分 | 相对分子质量 | 质量分数 /% | 成分 | 相对分子质量 | 体积分数 /$10^{-6}$ |
|---|---|---|---|---|---|
| 氮（$N_2$） | 28.01 | 75.49 | 氖（Ne） | 20.18 | 18.0 |
| 氧（$O_2$） | 32.00 | 23.14 | 氦（He） | 4.00 | 5.2 |
| 氩（Ar） | 39.94 | 1.28 | 甲烷（$CH_4$） | 16.04 | 1.2 |
| 二氧化碳（$CO_2$） | 44.01 | 0.05 | 氪（Kr） | 83.80 | 0.5 |
|  |  |  | 氢（$H_2$） | 2.002 | 0.5 |
|  |  |  | 氙（Xe） | 131.30 | 0.08 |
|  |  |  | 二氧化氮（$NO_2$） | 46.05 | 0.02 |
|  |  |  | 臭氧（$O_3$） | 48.00 | 0.01~0.04 |

由于大气中存在着永不停歇的空气运动和分子扩散作用，使不同高度、不同地区的空气得以进行交换和混合，但从地面向上至 80~100 km 处（大气层），干洁空气的

各种成分的比例基本不发生变化。也就是说，在人类经常活动的范围内，可以认为地球上任意位置的干洁空气的化学组成和物理性质基本相同。

干洁空气的组成成分中对人类活动及气候现象的影响如下所述。

①氧气。氧气占大气质量的 23.1%，它是动植物生存、繁殖的必要条件。氧的主要来源是绿色植物的光合作用。有机物的呼吸和腐烂，矿物燃料的燃烧都需要消耗氧而释放出二氧化碳。

②氮气。氮气占大气质量的 75.5%，它的性质很稳定，只有极少量的氮能被微生物固定在土壤和海洋里变成有机化合物，这个过程被称为"固氮"，闪电能将大气中的氮气氧化变为二氧化氮，再通过降雨进入土壤，成为植物所需的营养成分。

③二氧化碳。大气中二氧化碳含量随地点、时间而异。人烟稠密的工业区 $CO_2$ 占大气质量的万分之五，农村则少得多。同一地区冬季多夏季少，夜间多白天少，阴天多晴天少，这是因为植物的光合作用需要消耗二氧化碳。近年来二氧化碳因具有"温室效应"而引起广泛关注，气候变化成为全球关注的环境问题。

④臭氧。臭氧是分子氧吸收短于 0.24 μm 的紫外线辐射后重新结合的产物。臭氧的产生必须有足够的气体分子密度，同时有紫外辐射，因此臭氧密度在 22~35 km 处的平流层中最大。臭氧对太阳紫外辐射有强烈的吸收作用，加热了所在高度（平流层）的大气，对平流层温度场和流场起着决定作用，同时臭氧层吸收紫外辐射，保护了地球上的生命。

（2）水蒸气

大气中的水蒸气含量平均不到 0.5%，而且随着时间、地点和气象条件等不同有较大变化，其变化范围可达 0.01%~4%。大气中的水蒸气含量虽然很少，但却是引起气象变化的最活跃因素之一，各种气象现象如云、雾、雨、雪、霜、露等都是水蒸气或其状态变化的结果。这些现象不仅会引起大气中湿度的变化，而且还会导致大气中热能的输送和交换。另外，水蒸气吸收太阳短波辐射的能力较弱，但吸收地面长波辐射的能力较强，因此对地面的夜间保温起着重要作用。

（3）杂质

大气是一个复杂的混合相，其中的杂质有气态物质和悬浮微粒两种类型。大气中的悬浮微粒有液体微粒和固体微粒，除了由水蒸气凝结成的水滴和冰晶外，主要是各种有机的或无机的固体微粒。有机微粒数量较少，主要是植物花粉、微生物、细菌、病毒等。无机微粒数量较多，主要为岩石或土壤风化后的尘粒、陨石在大气层中燃烧后产生的灰烬、火山喷发后留在空中的火山灰、海洋中浪花溅起在空中蒸发留下的盐粒，以及地面上燃料燃烧和人类活动产生的烟尘等。

大气中的各种气态杂质，也是由自然过程和人类活动产生的，主要有硫氧化物、氮氧化物、一氧化碳、二氧化碳、硫化氢、氨、甲烷、甲醛、烃蒸气、恶臭气体等。

上述各种悬浮微粒和气态物质达到一定浓度，存在一定时间就会引起大气污染，称为大气污染物。这些杂质的分布随时间、地点和气象条件变化而变化，通常是陆地多于海上，城市多于乡村，冬季多于夏季。它们的存在或直接威胁人体健康，或对辐射的吸收和散射，对云、雾和降水的形成，对大气中的各种光学现象等产生重要影响。

## 7.1.2 水体

### （1）水

水是生命之源，是地球上一切生物和人类生存必不可少的条件。地球不同于其他行星的主要特征之一，就是地球上有储量丰富的水。水在地球上分布十分广泛，全球约有 3/4 的面积被水覆盖，据估计地球表面和表面附近的总水量约 13.68 亿 $km^3$，以水体的形式存在。水体是江、河、湖、海、地下水、冰川等的总称，是被水覆盖地段的自然综合体。水体是以相对稳定的陆地为边界的天然或人工水域，也包括地下水和大气中的水汽。

水是氢和氧的化合物，化学式为 $H_2O$。水在自然界以固态、液态、气态 3 种聚集状态存在，在常温常压下为无色无味的透明液体。水在 3.98 ℃时达到最大密度（999.97 kg/m³），不像其他液体的最大密度出现在其熔点。固态水（冰）的密度（916.8 kg/m³）比液态水的密度（999.84 kg/m³）小，因此冰会漂浮在水面上，这一特殊性质对于水中的生物在严寒的冬季存活具有非常重要的意义，这也是水被称为"生命之源"的原因之一。水分子是极性的，即水分子的正负电荷中心不重合，使得水成为一种很好的溶剂。

每个水分子是由两个氢原子和一个氧原子组成，在 2 000 ℃以上，水分子可以发生化学变化分解为元素氢和氧。而在 2 000 ℃以下，随温度变化时水会发生物理状态的变化，温度上升成为气态的水蒸气，温度下降变为固态的冰。

### （2）水循环

地球上的水通过蒸发、凝结、降水、渗透和径流等作用，不断进行着循环，称为水循环。水吸收太阳能量后的蒸发和凝结是水循环的第一推动力，此外，植被作用以及在一定地形下形成的地表径流，以及在一定地质条件下形成的地下径流，构成了水循环的完整过程。地表水、地下水以及空气中的水蒸气共同形成了水循环整体的统一体。

水循环过程形成往复运动无始无终。首先水从海洋和陆地上蒸发变成大气的一部分，蒸发的水汽被气流抬升和带走，最后又以降水的形式回到海洋和陆地上。降水或被植物截留或蒸发，或沿地面流动或在土层内顺坡向下流动并形成河流；或渗入地下。停留在地表洼陷中的水，也会被蒸发，或变成径流，大部分截留或蒸腾的水分以及地表径流通过蒸发又返回大气中。渗入的水分可渗流到较深的地表层成为地下水，地下水又可以以泉等形式渗入地表水中，江河水最后流入海洋并再次蒸发成水汽进入大气中。这样，就完成了完整的水循环。水循环过程如图 7.1 所示。

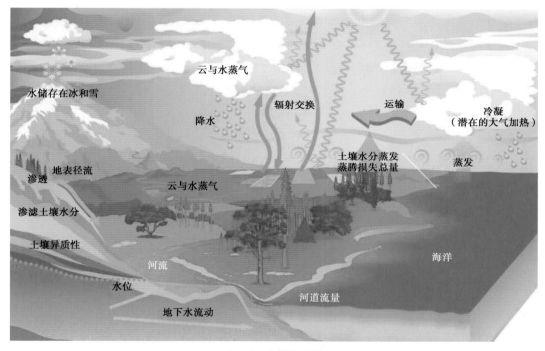

图 7.1　水循环过程

水循环由大陆的、区域的以及局部的多个层次的循环所组成。虽然在全球水循环中水的总量基本保持不变，但是在一个大陆、一个区域或一个流域内，水的分布却在不断变化着。决定地区水分循环，主要是在时间上和空间上变化的气候条件，也受地貌、地理构造、植被类型等自然地理因素影响。

水循环是一个自然过程，但人为因素对水循环的影响越来越大。水利工程、人工输水等都是人为活动影响水循环的例子。随着社会的发展，人类活动对自然水循环的影响能力日益增强，干扰了天然水循环的动态平衡，也开始出现了新的人工循环过程。

地球上的 13.68 亿 km³ 的水参加循环的周期和频率各不相同。据研究，每年全球只有 57.7 万 km³ 的水参与水循环，如果按此速度，地球上全部水量都参与一次水循环，理论上平均大约需要 2 400 年。不同形式的水参与水循环的周期各不相同，其中时间最长的是极地冰川和终年积雪，参与一次水循环的时间大概是 1 万年；时间最短的则是生物水，只需要几个小时。其他如大气水需要 8 天，河流水需要 16 天，土壤水需要 1 年，沼泽水需要 5 年，湖泊水需要 17 年，深部地下水需要 1 400 年，高山冰川需要 1 600 年。

## 7.1.3 土壤

土壤是地球陆地表面具有肥力、能生长植物的疏松表层，是人类赖以生存的陆地表面。土壤是由固相（矿物质、有机质）、液相（土壤水分）、气相（土壤空气）三相物质组成的，它们是相互联系、相互依赖、相互转化、相互作用的有机整体。

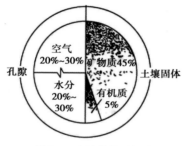

图 7.2　土壤的物质组成

从土壤组成物质来看，它是一个复杂而分散的多相物质系统。典型土壤液相、气相容积共占三相组成的 50%，其余 50% 为固相。液相、气相处于此消彼长的状态，如土壤中水的蒸发和凝结，当液相所占容积增大时，气相所占容积就减少，气相容积增大时，液相所占容积就减少，两者之间的消长幅度为 15%~35%。

（1）土壤固相

土壤固相主要是矿物质、有机质，也包括一些活的微生物。按容积计，典型的土壤中矿物质约占 45%，有机质约占 5%。按重量计，矿物质可占固相部分的 95% 以上，有机质约占 5%。

土壤矿物种类虽不太多，但其含量和组合方式复杂多样，并且可反映母质和成土因素的综合影响，土壤矿物质的粗和细，可形成不同的土壤质地。矿物质提供了除氮素以外的植物所需的大量和微量营养元素。而各种次生黏土矿物具有吸附保存呈离子态养分的能力，并表现出不同的吸收性、保蓄性、黏性、膨胀性和收缩性。所以土壤矿物组成和土壤的理化特性、土壤肥力有着密切关系。

固相中的土壤有机质是指土壤中的各种含碳有机化合物，土壤有机质是土壤重要的组成物质，其中包括动植物残体、微生物体和这些生物残体的不同分解阶段的产物，以及由分解产物合成的腐殖质等。进入土壤的有机物质，按其化学组成可分为下列几类：

①碳水化合物。碳水化合物是土壤有机质的重要组成部分，是土壤微生物的主要能源之一，又是形成土壤结构的良好胶结剂，因此，碳水化合物对土壤肥力有一定的影响。碳水化合物包括各种糖类、淀粉、纤维素、半纤维素等，占植物组成的 80%，占土壤有机质的 15%~27%。简单糖类、淀粉等易溶于水，在土壤中含量甚微。纤维素、木质素易被黏土矿物吸附和与腐殖质结合，或者与金属离子相结合，降低生物的降解作用，因而具有一定的稳定性。

②含氮化合物。氮是植物生长所必需的营养元素之一，是构成蛋白质的主要成分。土壤中的植物残体，土壤动物和微生物均含有相当多的蛋白质。据估算，在地球表面生物圈中的 $1913.17 \times 10^{15}$ g 氮中，47.04% 的氮存在于海底的有机氮中，39.72% 存在于土壤有机氮化合物中，5.23% 以无机氮存在于海洋中，7.32% 以无机氮存在于土壤中，0.64% 的氮存在于陆地上的动植物体中，0.05% 存在于海洋中的动植物体中。可见，土壤中的有机氮化合物不仅是植物氮素营养的主要供给源之一，也是地球生物圈中氮元素循环的一个重要环节。

③木质素。木质素是植物木质部的主要组成部分，属于芳香族的高分子化合物，化学结构相当复杂，含有苯环、羟基、甲氧基和酚羟基等功能团，木质素在植物残体中含量为 10%~30%，是有机化合物中最难分解的一种物质，但可被真菌分解。木质素随植物残体进入土壤，成为土壤有机质。

④含磷、含硫化合物。磷和硫是植物生长所必需的营养元素。土壤有机质也是磷、硫的主要补给源。土壤中有机磷化合物主要有肌醇磷酸盐、核酸和磷脂，其中以肌醇磷酸盐含量最高，而核酸和磷脂只占很少一部分。

土壤中约有 90% 以上的硫以有机态存在。硫可分为两类，一类是与氧结合的硫化物；另一类是与碳结合的硫化物。在绝大多数土壤的表土中，这两类硫化物几乎占土壤总硫量的一半左右。此外，土壤硫含量中还包括一小部分的无机硫酸盐。

⑤脂肪、蜡质、单宁、树脂。这类物质十分复杂，脂肪为高级脂肪酸与甘油所组成的脂类；蜡质是高级脂肪酸和高级一元醇所组成的脂；单宁是由葡萄糖和没食子酸结合而成；树脂是一种极其复杂的有机酸。这类物质都不溶于水。除脂肪较易分解外，一般在土壤中很难分解。

（2）土壤流动相

土壤中的空气和水分属于流动相，具有此消彼长的关系，它们的比例和运动变化对于土壤的肥力有很大影响。水分不足时植物会缺水枯萎，水分过多时会造成土壤通气不佳，土温下降和缺氧，土壤肥力会显著下降。土壤空气影响土壤微生物的活动，对于植物生长也有很重要的作用。只有在通气良好的情况下，土壤微生物活动才会旺盛，植物根系才能发育良好。总结起来，土壤肥力取决于水、气、热三者的相互配合。

## 7.2 罪魁祸首——主要的环境污染物

环境污染是指因某种物质或能量的介入，使环境质量恶化的现象。能够引起环境污染的物质被称为污染物，如二氧化硫等有害气体，铅、铬、镉、汞等重金属等，这种污染属于化学污染。污染物质对环境的污染有一个从量变到质变的发展过程，当某种造成污染物质的浓度或其总量超过环境的自净能力，就会产生危害，造成环境污染。

能量的介入也会使环境质量恶化，如热污染、噪声污染、电磁辐射污染、光污染等，这些类型的污染属于物理性污染。由于物质的排放造成化学污染的现象是人类社会所面临的主要污染类型，化学污染在污染控制、环境修复等方面与物理污染相比也面临更大难度和更多挑战。

随着环境问题研究的深入，出现了环境污染化学这门新兴的化学分支学科，其范畴还没有公认的明确界限。一般可分为大气污染化学、水污染化学、土壤污染化学、生态污染化学等部分，分别研究大气、水体、土壤和生态系统等不同领域中的污染化学问题。

### 7.2.1 大气污染物

大气污染物是指由于人类活动或自然过程排入大气的并对人和环境产生有害影响的物质。大气污染物的种类很多，按其存在的物理状态可概括为两大类：气溶胶状态污染物（颗粒态污染物）和气体状态污染物。

（1）气溶胶态污染物

在大气污染中，气溶胶是指沉降速度可以忽略的微小固体粒子、液体粒子或它们在气体介质中的悬浮体系。人为排放的气溶胶态污染物主要来源于燃料燃烧、矿石冶炼、工业生产、交通工具等领域。

在我国的环境空气质量标准中，还根据气溶胶颗粒的大小，将其分为总悬浮颗粒物（total suspended particles）、可吸入颗粒物（inhalable particles）和细颗粒物（fine particulate matter）。总悬浮颗粒物（TSP）：指能悬浮在空气中，空气动力学当量直径 ≤ 100 μm 的颗粒物。可吸入颗粒物（PM₁₀）：指悬浮在空气中，空气动力学当量直径 ≤ 10 μm 的颗粒物。

细颗粒物（PM₂.₅）：指环境空气中空气动力学当量直径 ≤ 2.5 μm 的颗粒物。与较粗大的颗粒物相比，PM₂.₅ 粒径小，表面积大，活性强，易附带有毒、有害物质（例如重金属、微生物等），且在大气中的停留时间长、输送距离远，因而对人体健康和大气环境质量的影响更大。

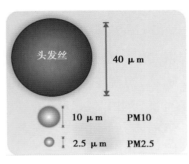

图 7.3　颗粒物的粒径对比

（2）气体状态污染物

气体状态污染物是在大气中以气体分子状态存在的污染物，简称气态污染物。气态污染物的种类很多，总体上可以分为 5 大类：以二氧化硫为主的含硫化合物、以一氧化氮和二氧化氮为主的含氮化合物、以二氧化碳为代表的碳氧化物、有机化合物及卤素化合物。

①硫氧化物：大气污染物中硫氧化物主要是 $SO_2$，它是目前大气污染物中数量较大、影响范围较广的一种气态污染物。大气中的 $SO_2$ 来源很广，几乎所有工业企业都可能产生。$SO_2$ 主要来自化石燃料的燃烧过程，以及硫化物矿石的熔烧、冶炼等热过程。火力发电厂、有色金属冶炼厂、硫酸厂、炼油厂以及所有烧煤或油的工业炉窑等都可能排放 $SO_2$ 烟气。燃煤烟气的排放是当前产生 $SO_2$ 污染物最重要的来源之一。硫酸烟雾系大气中的 $SO_2$ 等硫氧化物，在有水雾、含有重金属的悬浮颗粒物或氮氧化物存在时，发生一系列化学反应而生成的硫酸雾或硫酸盐气溶胶。硫酸烟雾引起的刺激作用和生理反应等危害，要比 $SO_2$ 气体大得多。

②氮氧化物：氮和氧的化合物形式很多，有 $N_2O$、$NO$、$NO_2$、$N_2O_3$、$N_2O_4$ 和 $N_2O_5$，总体用氮氧化物（$NO_x$）表示。其中污染大气的主要是 $NO$、$NO_2$。$NO$ 毒性不太大，

但进入大气后可被缓慢地氧化成 $NO_2$，当大气中有 $O_3$ 等强氧化剂存在时，或在催化剂作用下，其氧化速度会加快。$NO_2$ 的毒性约为 NO 的 5 倍。当 $NO_2$ 参与大气中的光化学反应，形成光化学烟雾后，其毒性更强。人类活动产生的 $NO_x$，主要来自各种炉窑、机动车和柴油机的排气，其次是硝酸生产、硝化过程、炸药生产及金属表面处理等过程，其中由燃料燃烧产生的 $NO_x$ 约占 83%。

③碳氧化物：CO 和 $CO_2$ 是各种大气污染物中发生量最大的一类污染物，主要来自化石燃料燃烧。CO 有毒，是一种窒息性气体，进入大气后，由于大气的扩散稀释作用和氧化作用，一般不会造成危害。但在城市冬季采暖季节或在交通繁忙的十字路口，当气象条件不利于气体扩散稀释时，CO 的浓度有可能累积达到危害人体健康的水平。

$CO_2$ 是无毒气体，但当其在大气中的浓度过高时，会使氧气含量相对减小，对人体便会产生不良影响。$CO_2$ 是温室气体，地球上 $CO_2$ 浓度的增加，引起了温室效应，近年来全球气候变暖的趋势日益显著，迫使各国政府开始采取措施控制二氧化碳排放。

④有机化合物：大气中的有机化合物以气态形式存在，称为挥发性有机物（VOC），其成分一般是 $C_1$~$C_{10}$ 化合物，VOC 不完全相同于严格意义上的碳氢化合物，因为它除含有碳和氢原子外，还常含有氧、氮和硫的原子。

甲烷被认为是一种非活性烃而排在 VOC 之外，所以人们总以非甲烷烃类（NMHC）的形式来报道环境中烃的浓度。特别是多环芳烃类（PAH）中的苯并 [a] 芘（B [a] P）是强致癌物质，因而作为大气受 PAH 污染的依据。VOC 是光化学氧化剂臭氧和过氧乙酰硝酸酯（PAN）的主要贡献者，也是温室效应的贡献者之一，所以必须加以控制。VOC 主要来自机动车和燃料燃烧排气，以及石油炼制和有机化工生产等。

⑤卤素化合物：氟（F）与氟化氢（HF）、氯（Cl）与氯化氢（HCl）等是大气污染物中卤素化合物主要成分，它们都有较强的刺激性、很大的毒性和腐蚀性。卤素化合物一般是在工业生产中排放出来的，如氯碱厂液氯生产排出的废气中，就含有 20% ~ 50% 的氯气。氯在潮湿的大气中，容易形成溶胶状的盐酸雾粒子，这种酸雾有较强的腐蚀性。冶金工业中电解铝和炼钢、化学工业中生产磷肥和含氟塑料时都会排放出大量的氟化氢和其他氟化物。人类在工业生产中和生活中大量使用氟氯烃，逃逸的氟氯烃气体正在破坏我们赖以生存的臭氧层。

**拓展阅读 1：伦敦大烟雾**

伦敦大烟雾（Great Smog of London），是由工业污染和高压天气条件共同造成的致命烟雾，在 1952 年连续 5 天（12 月 5 日至 9 日）覆盖伦敦市。

烟和雾的结合使这座城市几乎陷入停顿，并造成数千人死亡。

伦敦大烟雾事件的污染源主要是当时伦敦地区冬日里燃煤取暖，燃烧后排出的二氧化硫 $SO_2$ 混入黑烟，在冬天遇到冷空气，因为产生了放射冷却现象，就是地面附近的气温比上空的空气的气温高，地面的空气被封闭而不能流动，出现了污染物质不能消散的最差气象条件，污染物停滞在地面，充斥了整个盆地。当时最大 $SO_2$ 浓度达到了 1.9 mg/m³，黑烟浓度约 1.5 mg/m³。在大烟雾前日的 12 月 3 日的日死亡人数是 300 人，4 日达到了 400 人，5 到 8 日是最严重的污染期间，日平均死亡人数是 900 人。整个黑烟事件死亡的人数在 4 000 人以上。死亡的人群主要是高龄人群，死亡原因主要是慢性支气管炎发作、肺炎等。

因为伦敦大烟雾污染事件，全球各大城市才开始进行大气监测，煤炭取暖在欧美才会逐渐被其他方式取代。燃煤烟雾也因此被冠名为"伦敦型烟雾"。

**拓展阅读 2：洛杉矶光化学烟雾**

1943 年的洛杉矶光化学烟雾事件是 20 世纪严重的环境污染事件，被列为世界八大公害之一。由于洛杉矶独特的地形和气象条件，汽车和工业排出的废气在阳光紫外线的照射下生成剧毒光化学烟雾，对人体、建筑物、动植物等造成了巨大伤害。

洛杉矶是美国西部太平洋沿岸的一个海滨城市，自 1936 年洛杉矶开发石油以来，特别是第二次世界大战后，其军工企业和航空航天业迅速发展，并成为美国西部重要的海港。大量工厂和人口的涌入让这座城市成为汽车数量最多的地区。

1943 年 7 月 8 日拂晓时分，灰色的烟雾袭击了洛杉矶，瞬间吞噬了矗立的高楼与街边的汽车，吸入的物质导致人们眼睛红肿、喉咙嘶哑、脸上烧灼般的刺痛。这是洛杉矶有史以来第一次遭到光化学烟雾的攻击，至今尚未完全结束。1955 年 9 月洛杉矶发生最严重的光化学烟雾事件，仅两天内因呼吸系统衰竭死亡的 65 岁以上的老人超过 400 人。

机动车与工业尾气，即汽油蒸气在阳光的持续照射下发生化学反应产生臭氧、醛类以及其他烟雾成分，是毒烟雾的肇因。洛杉矶三面环山、一面向海的独特地理状态，使得雾霾难以吹散、长期驻守。加之加州的充足光照又导致强烈紫外线，光化学反应一触即发，会将毒物向空气中持续释放。同时，该地区常年逆温层的存在，使得污染物无法垂直扩散，而这部分空气被人体直接吸入后，可引起呼吸系统衰竭导致死亡。

## 7.2.2　水体污染物

能造成水体的水质、底质、生物质等质量恶化从而形成水体污染的各种物质均可能成为水体污染物（图7.4）。从环境保护角度出发，可以认为任何物质若以不恰当数量、浓度、速率、排放方式排入水体，均可造成水体污染，因而就可能成为水体污染物。所以水体污染物包括的范围非常广泛，在第一届联合国人类环境会议上提出的28类环境主要污染物中，有10类是水体污染物。另外，在自然物质和人工合成物质中，都有一些对人体或生物体有毒、有害的物质，如 Hg、Cr、As、Cd、酚、氰化物等，均已被确认为水体污染物。

图7.4　水体污染物

由于水体污染物种类众多，我们可以用不同方法、标准或根据不同的角度将其分成不同的类型。如根据水体污染物的化学性质，可分为有机污染物和无机污染物；按污染物的生物毒性，可分为有毒污染物和无毒污染物。水体污染物种类繁多，难以用单一污染物的数量来表征水体受污染的程度，目前通过水污染指标来表示，水污染指标是表征水体污染物和水体受污染程度的重要依据。

（1）生化需氧量

生化需氧量（BOD）表示在有氧条件下，好氧微生物氧化分解单位体积水中有机物所消耗的游离氧的数量，常用单位为 mg/L。这是一种间接表示水被有机污染物污染程度的指标，首先是借助微生物来表示，但也不是直接用微生物，而是通过微生物代谢作用所消耗的溶解氧量来表示。

一般有机物在微生物新陈代谢作用下，其降解过程可分为两个阶段：第一阶段是有机物转化为 $CO_2$、$NH_3$ 和 $H_2O$ 的过程；第二阶段则是 $NH_3$ 进一步在亚硝化细菌和硝化细菌的作用下，转化为亚硝酸盐和硝酸盐的过程，即所谓硝化过程。

因为 $NH_3$ 已是无机物，所以污水的生化需氧量一般仅指有机物在第一阶段生化反应所需要的氧量。微生物对有机物的降解活动与温度有关，一般适宜的温度为 15~30 ℃。所以在测定生化需氧量时必须规定一个标准温度，一般以 20 ℃作为测定的标准温度。

在 20 ℃的测定条件（氧充足、不搅动）下，一般有机物 20 天才能基本完成第一阶段的氧化分解过程（完成全过程的 99%）。即是说，测定第一阶段的全部生化需氧量，需要 20 天，测定结果称为 $BOD_{20}$，这个测量周期在实际工作中被认为过长难以做到。为此又规定了一个标准时间，一般以 5 日作为测定 BOD 的标准时间，而称之为五日生化需氧量，以 $BOD_5$ 表示之。$BOD_5$ 一般约为 $BOD_{20}$ 的 70%。

（2）化学需氧量

用强氧化剂——重铬酸钾在酸性条件下的将有机物全部氧化为 $H_2O$ 和 $CO_2$ 时所测出的耗氧量称为化学需氧量（COD）。

由于重铬酸钾对有机物的氧化比较完全，加之 COD 能够比较精确地表示有机物含量，而且测定需时较短，不受水质限制，因此多作为工业废水的污染指标。重铬酸钾对低碳直链化合物的氧化率可达 80%~90%，其缺点是不能像 BOD 那样表示出微生物氧化的有机物量，而直接从卫生方面说明问题。此外，如果存在还原物质也会消耗一定量重铬酸钾，因此 COD 值也存在一定的误差。

也可以用另一种氧化剂——高锰酸钾将有机物加以氧化，高锰酸钾的氧化性低于重铬酸钾，因此测出的耗氧量较 COD 低，称为高锰酸钾指数，以 $COD_{Mn}$ 表示。

一般来说，对于同一水样 $COD > BOD_{20} > BOD_5 > COD_{Mn}$。成分比较固定的污水，

其 BOD 值与 COD 值之间能够保持一定的相关关系。而 BOD/COD 比值可作为衡量污水是否适宜于采用生物处理法进行处理（即可生化性）的一项指标，其值越高，污水的可生化性越强。COD 与 BOD$_5$ 值之差可以大致地表示不能为微生物所降解的有机物量。

（3）悬浮物

悬浮物（SS）也是水体污染的基本指标之一。它指的是污水中呈固体状的不溶解物质，如泥土等颗粒状悬浮物，SS 是无毒害物质，但存在于水中降低了光的穿透能力，减少了水的光合作用，故影响水体的自净作用，从而危害水体功能。悬浮物会淤塞排水道，窒息底栖生物，破坏鱼类的产卵地。悬浮小颗粒物会堵塞鱼类的鳃，使之呼吸困难，导致其死亡。悬浮固体物会降低水质，增加净化水的难度和成本。悬浮物含量高时还会使水中植物因为见不到阳光而难以生长或死亡。

悬浮物通过滤纸法测定，过滤后滤膜或滤纸上留下来的物质即为悬浮固体，单位为 mg/L。

（4）有毒物质

有毒物质是指其达到一定浓度后，对人体健康、水生生物的生长造成危害的物质。由于这类物质的危害较大，因此有毒物质含量是污水排放、水体监测和污水处理中的重要水质指标。有毒物质中非重金属的氰化物和砷化物及重金属中的汞、镉、铬、铅，是国际上公认的六大毒物。

（5）pH 值

自然水体须保持天然酸碱性才能保证水体发挥正常功能。pH 值是反映水体酸碱性强弱的重要指标，它的测定和控制，对保护水生生物的生长和水体自净功能都有重要的实际意义，测定和控制污水的 pH 值对维护污水处理设施的正常运行，防止污水处理及输送设备的腐蚀也有重要意义。

（6）大肠菌群数

由于水致传染病的病菌和病毒直接检测困难，因此以大肠菌群作为间接指标。大肠菌群数是指单位体积水中所含大肠菌群的数目，单位为个 /L，是常用的细菌学指标。大肠菌群包括大肠杆菌等几种大量存在于大肠中的细菌，在一般情况下属非致病菌。如在水中检测出大肠菌群，表明水被粪便所污染。

（7）植物营养物

N、P、K、S 元素及其化合物是植物必需的物质，称为植物营养元素，但过多的营养物质进入天然水体，导致藻类大量繁殖，引起富营养化，产生"水华"或"水花"，藻类数量过大消耗溶解氧，使水体发黑恶臭，影响水体功能。一般总磷超过 20 $mg/m^3$ 或无机氮超过 300 $mg/m^3$，即可认为水体处于富营养化状态。植物营养物质测定指标为 TN、TP、$NH_4^+$、$NO_3^-$、$NO_2^-$、$H_2PO_4^-$、$HPO_4^{2-}$ 等。

**拓展阅读 3：青岛浒苔与水体富营养化**

　　夏季到青岛看草原，这些年成了一句流行语，但沿海城市何来草原？这自然是一句调侃的段子：每年 6 月底 7 月初，绿潮大面积入侵青岛近海，潮间带浒苔密被，黄金海岸化身青葱"草原"。自 2007 年以来，我国黄海的局部海域连年暴发大规模绿潮，影响范围最大时达 6 万 $km^2$，累计覆盖面积 200 $km^2$，约为青岛市区面积的 2 倍。绿潮规模之大位居世界首位。

　　形成绿潮的藻类主要由绿藻门石莼目石莼科的石莼属和浒苔属、刚毛藻目刚毛藻科的刚毛藻属和硬毛藻属等大型定生绿藻组成。作为水体富营养化的产物，我国绿潮藻类的优势种浒苔生长速度快、产量巨大，浒苔绿潮暴发给海洋带来了严重的生态灾难。

　　营养成分、水温和光照强度是绿潮暴发的关键因素，单纯针对某一方面的治理往往很难起到理想的效果，防治绿潮需要根据其产生原因开展针对性的综合治理，这将是一个长期且十分艰巨的环境保护任务。

## 7.2.3　固体废弃物

固体废物（solid waste）指在生产、生活和其他活动中产生的丧失原有利用价值或者虽未丧失利用价值但被抛弃或者放弃的固态、半固态和置于容器中的气态的物品、物质以及法律、行政法规规定纳入固体废物管理的物品、物质。

废物具有相对性，一种过程的废物，往往可以成为另一种过程的原料，所以有人说固体废物是"被错待了的原料"或"放错了地方的资源"，"废物"不废，更不应该"弃"，而应该加以利用。固体废弃物的处置处理应遵循减量化、无害化、资源化的原则。

固体废物按其化学组成可分为有机废物和无机废物，按其形态可分为固体（块状、粒状、粉状）和泥状的废物，按其来源可分为工业废物、矿业废物、城市垃圾、农业废物和放射性废物等；按其危害特性可分为有害有毒废物和一般废物。

《中华人民共和国固体废物污染环境防治法》从固体废物管理的需要出发，将固体废物分为垃圾、工业固体废物和危险废物三大类。

（1）城市垃圾

城市垃圾是在城市日常生活中或者为城市日常生活提供服务的活动中产生的固体废物以及法律、行政法规规定视为城市生活垃圾的固体废弃物。城市垃圾包括生活垃圾、城建渣土、商业固体废物、粪便等，影响城市垃圾成分的主要因素有居民生活水平、生活习惯、季节、气候等。随着经济水平的提高，城市垃圾数量日益增加，已成为近年来困扰城市的难题。

（2）工业固体废物

工业固体废物指在工业、交通等生产过程中产生的固体废物，是来自各工业生产部门的生产、加工过程以及流通过程中产生的废渣、粉尘、碎屑、污泥，以及在采矿过程中产生的废石、尾矿等。

（3）危险废物

我国《固体废物污染环境防治法》中将危险废物规定为"列入国家危险废物名录或者根据国家规定的危险废物鉴别标准和鉴别方法认定的具有危险特性的废物"。这类废物泛指除放射性废物以外，具有毒性、易燃性、反应性、腐蚀性、爆炸性、传染性、浸出毒性和感染性，因而可能对人类的生活环境产生危害的固体废物。这类固体废物的数量占一般固体废物量的 1.5% ~2.0%，其中大约一半为化学工业固体废物。国家制定并发布《危险废物名录》进行危险废物管理。

## 7.2.4  环境污染物的迁移和转化

污染物进入环境后，会发生迁移和转化，并通过这种迁移和转化与其他环境要素和物质发生化学的和物理的，或物理化学的作用。迁移是指污染物在环境中发生空间位置和范围的变化，这种变化往往伴随着污染物在环境中浓度的变化。污染物迁移的方式主要有以下几种：物理迁移、化学迁移和生物迁移。化学迁移通常包含着物理迁移，而生物迁移又都包含着化学迁移和物理迁移。物理迁移就是污染物在环境中的机械运动，如随水流、气流的运动和扩散，在重力作用下的沉降等，如图 7.5 所示。化学迁移是指污染物经过化学过程发生的迁移，包括溶解、离解、氧化还原、水解、络合、螯合、化学沉淀、生物降解等。生物迁移是指污染物通过有机体的吸收、新陈代谢、生育、死亡等生理过程实现的迁移。有的污染物（如一些重金属元素、有机氯等稳定的有机化合物）一旦被生物吸收，就很难排出生物体外，这些物质会在生物体内积累，并通过食物链进一步富集，使生物体中该污染物的含量达到物理环境的数百倍、数千倍甚至数百万倍，这种现象称为生物富集。

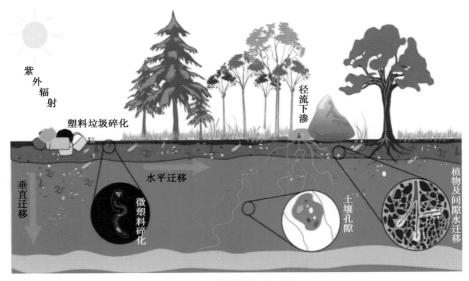

图 7.5　塑料垃圾的迁移

　　污染物的转化是指污染物在环境中经过物理、化学或生物的作用改变其存在形态或转变为另外不同物质的过程。污染物的转化必然伴随着其迁移。污染物的转化可分为物理转化、化学转化和生物化学转化。物理转化包括污染物的相变、渗透、吸附、放射性衰变等。化学转化则以光化学反应、氧化还原反应及水解反应和络合反应最为常见。生物化学转化就是生物代谢反应。

　　污染物在环境中的迁移和转化受其本身的物理化学性质和它所处的环境条件的影响，其迁移的速率、范围和转化的快慢、产物以及迁移转化的主导形式等都有不同的规律。

# 7.3　污染治理——环境工程中的化学方法

　　环境工程是近代以来在环境污染不断加剧以及污染控制日益迫切的形势下发展起来的。其任务是通过工程技术措施控制环境污染，改善环境质量，保护和合理利用自然资源，保持良好的生态平衡，以保障人类社会的可持续性发展。环境工程中的基本方法是采用各种技术与手段，将污染物分离去除、回收利用，或将其转化为无害物质，使环境得到保护或净化，改善环境质量。

环境工程中的化学技术是指向污染物或被污染的环境介质中投加某种化学物质，利用化学反应来分离、回收其中的某类污染物或使其转化为无害物质。常用的化学技术包括中和法、混凝法、氧化还原法、吸收法、燃烧法、热解法、催化净化法等。化学方法速度快、效率高、针对性强，在环境工程技术中具有重要的意义，使用十分广泛。

### 7.3.1 中和法

酸碱中和反应又称为酸碱反应。根据酸碱质子理论，凡是能给出质子（$H^+$）的物质就是酸，能接受质子的物质就是碱。酸碱反应的实质是质子的转移（得失）。可以用如下简化的反应式来表示：

$$H^+（aq）+OH^-（aq）\xlongequal{\quad\quad} H_2O$$

中和反应既是一种基本的化学反应，也是一种重要的化学反应。在环境工程中，也常应用中和反应进行酸性和碱性污染物治理。酸性废水一般可考虑采用中和法进行治理。酸性废水主要来自钢铁厂、化工厂、矿山等，酸性废水除含有酸外，还可能含有各种有害物质或重金属及其盐类。酸性废水若直接排放，将会腐蚀管道，损坏农作物，伤害鱼类等水生物，危害人体健康。因此，酸性废水必须处理达到排放标准后才能排放，或回收利用。

采用中和法治理酸性废水，可以使用的碱性物质有碱性废水（废液）、廉价易得的碱性药剂（如石灰、石灰石）、碱性废渣（如电石渣、碱渣等）。中和反应的方式有投药中和和过滤中和两种。投药中和法设备简单，将碱性物质直接投放入酸性废水中发生反应。过滤中和法以石灰石、大理石、白云石等碱性物质作滤料，让酸性废水通过滤层，使废水得到中和治理。过滤中和法一般适用于处理少量含酸浓度低的酸性废水，对含有大量悬浮物、油、重金属盐的废水不适用。

一些工艺过程如冶金、金属加工、石油化工、化纤、电镀等会产生碱性废水，碱性废水也可以采用酸性物质中和进行治理。可以使用的酸性物质包括含酸废水、烟道气（含 $CO_2$、$SO_2$、$H_2S$）等含酸废物和酸性药剂。可供选择的酸性药剂包括硫酸、盐酸等。其中硫酸广泛易得，价格较低，应用最广。

### 7.3.2　混凝法

混凝过程是向水中投加某些药剂（混凝剂），使水中难以沉降的颗粒相互聚积成大的絮凝体，直至能自然沉淀或通过过滤分离。化学混凝法主要用于去除废水中的细微悬浮物和胶体物质，这些颗粒能在水中长期保持分散状态，具有稳定性，即使长时间静置也不能自然沉降，是造成水浊度的主要原因，不能通过物理沉淀法去除。

胶体微粒在水中保持稳定性的主要原因有 3 个：①微粒的布朗运动；②胶体颗粒间的静电斥力；③颗粒表面的溶剂化作用（水化作用）。混凝过程的目的就是破坏胶体微粒的稳定性，使之凝聚去除。在混凝过程中为了使水中悬浮微粒或胶体颗粒变成易于去除的大絮凝体而向水中投加的主要化学药剂称为混凝剂。常用的混凝剂主要有无机金属盐类和高分子聚合物两大类。无机盐类混凝剂目前应用最广泛的是铝盐和铁盐。铝盐中主要有硫酸铝、明矾和聚合氯化铝（$\left[ Al_2 \left( OH \right)_n Cl_{(6-n)} \right]_m$）3 种。铁盐混凝剂主要有硫酸亚铁、三氯化铁和聚合硫酸铁 3 种。有机合成高分子混凝剂大多数是高聚合度的水溶性有机高分子聚合物，或其共聚物，如聚丙烯酰胺（PAM）。

图 7.6　混凝沉淀的效果对比

当单用混凝剂不能取得良好效果时，可投加某些辅助药剂提高混凝效果。这种辅助药剂被称为助凝剂。助凝剂可用以调节或改善混凝的条件，例如当原水的酸度过高时可投加石灰或碳酸氢钠等；当采用硫酸亚铁作混凝剂时可加氯气将亚铁 $Fe^{2+}$ 氧化成三价铁离子 $Fe^{3+}$ 等。助凝剂也可用以改善絮凝体的结构，利用高分子助凝剂的强烈吸附架桥作用，可使细小松散的絮凝体变得粗大而紧密。

化学混凝的工艺设备包括混凝剂的配制和投加设备、混合设备和反应设备。典型的混凝处理流程如图 7.7 所示。

化学混凝法具有污染物去除率高、操作简单、处理费用低等许多优点，在工业废水如造纸、含油、染料及生活污水处理中有广泛的应用，已成为废水处理中普遍采用的方法之一。

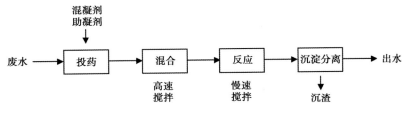

图 7.7　典型的混凝工艺流程

### 7.3.3　氧化还原法

在化学反应中，如果发生电子的转移，则参与反应的物质所含元素将发生化合价的改变，这种反应称为氧化还原反应。污染物经化学氧化还原处理，可将有机、无机有毒有害物质转变成无毒无害的新物质，这种方法称为氧化还原法。

根据有毒有害物质在反应过程中是被氧化还是被还原，氧化还原法可分为氧化法和还原法两大类。常用的氧化剂有空气中的氧、纯氧、臭氧、氯气、过氧化氢、次氯酸钠等；常用的还原剂有硫酸亚铁、亚硫酸盐、氯化亚铁、铁屑、锌粉等。

（1）氧化法

在水污染控制工程中，向废水中投加氧化剂，氧化废水中的有毒有害物质，使其转变为无毒无害或毒性小的新物质，氧化法主要用于处理废水中的 $CN^-$、$S^{2-}$、$Fe^{2+}$、$Mn^{2+}$ 等离子，以及造成的色度、嗅、味、BOD 及 COD 的有机物，还可用于消灭导致生物污染的致病微生物。根据氧化剂的不同，有空气氧化法、氯氧化法、臭氧氧化法等。

氯氧化法常用来处理含氰废水，国内外比较成熟的工艺是碱性氯氧化法，其基本原理是：

在碱性条件下：　　　　$CN^- + ClO^- + H_2O \longrightarrow CNCl + 2OH^-$

$$CNCl + 2OH^- \longrightarrow CNO^- + Cl^- + H_2O$$

上述处理方法的缺陷是虽然氰酸盐毒性低，仅为氰的千分之一。但 $CNO^-$ 易水解生成氨气（$NH_3$），造成二次污染。因此，需将 $CNO^-$ 进一步氧化成 $N_2$ 和 $CO_2$，消除氰酸盐对环境的污染。进一步氧化的反应式如下：

$$2NaCNO + 2HOCl + H_2O == 2CO_2\uparrow + N_2\uparrow + 2NaCl + 2H_2O$$

（2）还原法

还原法可用于处理一些特殊的废水。化学还原法常用的还原剂有 $SO_2$、硫化钠、硫化氢、硫代硫酸钠、亚硫酸钠、硫酸亚铁、$NaBH_4$ 或甲醛等。为了避免废水的附加污染及从经济上考虑，常用铁作为基本的金属还原剂，未作用的可溶性二价铁处理后可用空气氧化为三价铁离子使之沉淀。

还原法可用于重金属离子的去除，目前含铬废水的处理，常用硫酸亚铁和亚硫酸盐还原处理，目的均是使高毒性的六价铬被还原为三价铬。以硫酸亚铁还原处理含铬废水为例，亚铁离子起还原作用，在酸性条件下，废水中的六价铬主要以重铬酸根离子的形式存在，还原反应式为：

$$H_2Cr_2O_7 + 6H_2SO_4 + 6FeSO_4 \longrightarrow Cr_2(SO_4)_3 + 3Fe_2(SO_4)_3 + 7H_2O$$

上述反应中，$Cr^{6+}$ 被还原成 $Cr^{3+}$，$Fe^{2+}$ 被氧化成 $Fe^{3+}$，为了进一步控制 Cr 污染，需再用中和沉淀法将 $Cr^{3+}$ 沉淀。沉淀的污染物是铬氢氧化物和铁氢氧化物的混合物，作为危险废物处置。

## 7.3.4　吸收净化法

（1）概述

吸收法可用于气态污染物的控制。吸收净化法是使混合气体与吸收液接触，利用吸收液对混合气体各组分溶解能力的不同，使污染物组分被选择性吸收，从而使气体得以净化的方法。参与吸收过程的吸收剂和被吸收的吸收质分别为液相和气相，并发生两相传质过程，若吸收过程不发生化学反应，单纯依靠气体溶于液体的过程称为物理吸收，例如用水吸收氯化氢气体的过程，就是物理吸收；若气体吸收质与吸收剂或吸收剂某些活性组分发生化学反应的过程，称为化学吸收，例如用碱液吸收废气中二氧化硫就属于化学吸收。

在大气污染控制中，所净化的废气往往量很大，但含有气态污染物的浓度很低，单纯利用物理吸收法净化，多数达不到国家或地方所规定的排放标准。因此，在实际净化废气工程中，多采用化学吸收法。

化学吸收是伴有显著化学反应的吸收过程，被吸收的气体吸收质与吸收剂中一种组分或多个组分发生化学反应。例如，用各种酸溶液吸收 $NH_3$，用碱溶液吸收 $SO_2$、$CO_2$、$H_2S$ 等。化学吸收过程净化气态污染物，其吸收速率和能达到的净化效率都明显高于物理吸收，特别是对于低浓度废气，所以在净化有害的气态污染物时，多用化学吸收法。

（2）典型工艺

石灰（石灰石）—石膏法是最早实现工业化应用的烟气脱硫技术，到现在已有 30 多年的运行经验，占据了烟气脱硫市场最大的市场份额。由于其技术成熟、运行状况

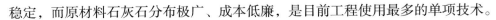

稳定，而原材料石灰石分布极广、成本低廉，是目前工程使用最多的单项技术。

石灰（石灰石）—石膏法的反应原理：

吸收，在吸收塔内发生的主要反应为：

$$Ca(OH)_2 + SO_2 \longrightarrow CaSO_3 \cdot H_2O + H_2O$$

$$CaCO_3 + SO_2 + H_2O \longrightarrow CaSO_3 \cdot H_2O + CO_2$$

$$CaSO_3 \cdot H_2O + SO_2 + H_2O \longrightarrow Ca(HSO_3)_2$$

氧化，吸收塔内生成的亚硫酸钙和亚硫酸氢钙在氧化塔内氧化为硫酸钙，其反应为：

$$2CaSO_3 \cdot H_2O + O_2 + 2H_2O \longrightarrow 2CaSO_4 \cdot 2H_2O$$

$$2Ca(HSO_3)_2 + O_2 + 2H_2O \longrightarrow 2CaSO_4 \cdot 2H_2O + 2SO_2 \uparrow$$

在现代的烟气脱硫工艺中，烟气用含亚硫酸钙和硫酸钙的石灰石/石灰浆液洗涤，$SO_2$ 与浆液中的碱性物质发生化学反应生成亚硫酸盐和硫酸盐，新鲜石灰石或石灰浆液不断加入脱硫液的循环回路。浆液中的固体（包括燃煤飞灰）连续地从浆液中分离出来并排往沉淀池处置，如图 7.8 所示。

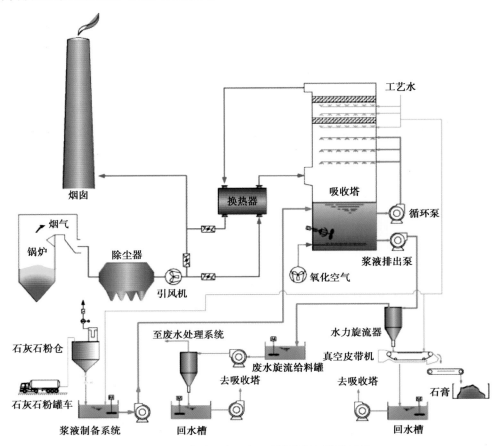

图 7.8　石灰（石灰石）—石膏法烟气脱硫工艺

### 7.3.5  燃烧法

燃烧法是通过热氧化作用将废气、废液或固体废物中的可燃有害成分转化为无害物或易于进一步处理和回收的物质的方法；燃烧法的工艺简单，操作方便，可回收废弃物中的热能，在污染治理中被广泛采用。根据所处理污染物的形态不同，燃烧法大体可分为气体燃烧、湿式燃烧及固体焚烧 3 类。

（1）气体燃烧

气体燃烧时，混合气体中可燃成分浓度超过某一数值，则燃烧产生的热量可以引燃周围的可燃气体，使燃烧持续进行，这个浓度称为燃烧浓度下限，也就是爆炸浓度下限。气体燃烧的方式大致可分为 3 种类型：当可燃性气体浓度高于爆炸下限时，燃烧放热可使燃烧温度达 1 100 ℃以上，对这样的气体可用明火点燃即能继续维持燃烧，这类燃烧称为直接燃烧。工业废气中可燃成分浓度一般低于爆炸浓度下限，燃烧放热达不到 600 ℃，因此不能用明火点燃，需要使用辅助燃料助燃或将废气预热到 600 ℃以上，才可进行燃烧反应，这类燃烧称为热力燃烧。如果废气中可燃成分的浓度低于爆炸下限，但在催化剂参与下，废气被预热至 200~400 ℃便能进行持续燃烧。这类燃烧称为催化燃烧。

（2）湿式燃烧

水处理污泥或一些高浓度废水中的有机成分，包括溶解的、悬浮的及其他还原性无机物，可以在液态下加温加压，并压入压缩空气，使上述物质利用空气中的氧气进行氧化去除，从而改变污泥的结构与成分，使脱水性能大大提高，这种方法就是湿式燃烧法或称为湿式氧化法。

（3）固体焚烧

经有效地脱水或干燥的污泥、工业废渣及城市垃圾等固体废弃物可以利用焚烧法进行处理。焚烧的目的是使可燃性废弃物和空气中的氧反应引起燃烧，将废弃物转换成燃烧气体和减量（或减容）为稳定的固体残渣，使运输中和后处置得到最大限度的简化。焚烧所需的热量，依靠固体废物本身含有的有机物燃烧发热量或补充适当的燃料。垃圾焚烧在环境保护工程实践中已成为主流的处置方式之一，国内外多个城市建成了具有相当规模的垃圾焚烧厂。

### 7.3.6　热解法

固体废物热解是指在缺氧条件下，使可燃性固体废物在高温下分解，最终成为可燃气、油、固形炭的形式的过程。固体废物中所蕴藏的热量以上述物质的形式贮留起来，成为便于贮藏、运输的有价值的燃料。城市固体废物、污泥、工业废物如塑料、树脂、橡胶以及农业废料、人畜粪便等各种固体废物都可以用热解方法处理，并从中回收燃料。

固体废物热解是一个复杂、连续的化学反应过程，在反应中包含着复杂的有机物断键、异构化等化学反应。在热解过程中，其中间产物存在两种变化趋势：一方面由大分子变成小分子直至气体的裂解过程，而另一方面又由小分子聚合成较大分子的聚合过程。热解过程的总反应方程式可以表示为：

$$有机固体废物 \xrightarrow{加热} 高分子有机液体（焦油和芳香烃）+ 低分子有机液体$$
$$+ 多种有机酸和芳香烃 + 炭渣$$
$$+CH_4+H_2O+H_2+CO+CO_2+NH_3+H_2S+HCN$$

由上述总反应方程式可知，热解产物包括气、液、固 3 种形式，具体有以下成分：

① C1-5 的烃类、氢和 CO——气态。

② C5-25 的烃类、乙酸、丙酮、甲醇等——液态。

③含纯碳和聚合高分子的含碳物——固态。

气态热解产物可以回收利用作为具有较高价值的可燃气体产品。固体废物热解后，减容量大，残余炭渣较少。这些炭渣化学性质稳定，含 C 量高有一定热值，一般可用作燃料添加剂或道路路基材料、混凝土骨料、制砖材料。纤维类废物（木屑、纸）热解后的残渣，还可经简单活化制成中低级活性炭，用于要求不高的污水处理等。

### 7.3.7　催化净化法

化学反应速度因加入某种物质而改变，而被加入物质的数量和性质，在反应终了时不变的作用称为催化作用。其机理可简单表示为：设有反应 $A+B \longrightarrow AB$，当受催化剂 $\sigma$ 的作用时，$\sigma$ 作为中间反应物之一参与反应过程，即 $A+\sigma=\sigma A$，$\sigma A+B \longrightarrow AB+\sigma$，最终产物仍为 AB 则恢复到初始的化学状态。显然，催化剂的存在改变了反应历程，反应历程的改变又加速了整个反应过程。

催化净化广泛应用于环境工程中各种污染物的治理，在气态污染物控制中更为常见。气体催化净化是指含有污染物的气体通过催化剂床层的催化反应，使其中的污染物转化为无害或易于处理与回收利用物质的净化方法。催化转化方法对不同浓度的污染物都有较高的转化率，无须使污染物与主气流分离，避免了其他方法可能产生的二次污染，并使操作过程简化。催化净化法在大气污染控制中得到了较多应用，如 $SO_2$ 催化转化为 $SO_3$ 并用水吸收制备成硫酸加以回收利用，以控制硫氧化物污染。催化净化法的缺点是催化剂价格较高，且污染气体预热需消耗一定能量。

催化净化所用的催化剂通常由主活性物质、载体和助催化剂组成。主活性物质可以单独对反应产生催化作用，由于催化作用一般发生在主活性物质的表面 20~30 nm 内，因而主活性物质一般附着在载体上以节省用量。载体通常是惰性物质，常用的载体有：活性氧化铝、硅胶、活性炭、硅藻土、分子筛、陶瓷、耐热金属等。助催化剂本身无催化性能，但它的少量加入可以改善催化剂的性能。

在固定源氮氧化物污染控制中，选择性催化还原工艺（SCR）是一种工程上较为成熟可靠的工艺，该工艺可应用于电厂、工业锅炉、内燃机、化工厂和冶炼厂等含 $NO_x$ 废气净化中。在催化剂（如钛、钒）作用下，还原剂将 $NO_x$ 还原成 $N_2$ 和 $H_2O$。一般用氨作还原剂，$NO_x$ 还原率可达 90% 以上。选择性催化还原工艺可以使 $NO_x$ 与氨之间的化学反应在较低温度下（180~600 ℃）进行，并且可以获得较高的还原剂利用率。

环境工程中其他的典型催化净化工艺列于表 7.2。

表 7.2　典型的催化净化工艺

| 用途 | 主要活性物质 | 载体 |
|---|---|---|
| 有色冶炼烟气制酸硫酸厂尾气回收制硫酸等 $SO_2 \longrightarrow SO_3$ | $V_2O_5$ 含量 6%~12% | $SiO_2$ |
| 硝酸生产及化工等工艺尾气 $NO_x \longrightarrow N_2$ | Pt、Pd 含量 0.5% $CuCrO_2$ | $Al_2O_3$- $SiO_2$ $Al_2O_3$-MgO |
| 碳氢化合物的净化 $C_mH_n \longrightarrow CO_2+H_2O$ | CuO、$Cr_2O_3$、$Mn_2O_3$ 稀土金属氧化物 | Ni、NiO、$Al_2O_3$ $Al_2O_3$ |
| 汽车尾气净化 | Pt（0.1%） 碱土、稀土和过渡金属氧化物 | 硅铝小球、蜂窝陶瓷 $\alpha$ -$Al_2O_3$、$\gamma$ -$Al_2O_3$ |

**拓展阅读 4：光催化技术及其应用**

光催化剂又称光触媒，是一种以二氧化钛（$TiO_2$）为代表的具有光催化功能的半导体材料的总称。

光催化剂在光的照射下，表面会产生类似光合作用的光催化反应，产生出氧化能力较强的自由氢氧基和活性氧，具有很强的光氧化还原性能，可氧化分解各种有机化合物和部分无机物，能破坏细菌的细胞膜和病毒的蛋白质从而杀灭细菌，并将有机污染物分解成无污染的水和二氧化碳，被广泛应用到空气净化、水净化、自净化、杀菌消臭、防污防雾等领域。

二氧化钛光催化作为环境净化功能材料，主要是因为二氧化钛产生的氧自由基能破坏有机气体分子的能量键，使有机气体成为单一的气体分子，可以加快有机物质、气体的分解，将空气中甲醛、苯等有害物质分解为二氧化碳和水，从而净化空气。利用二氧化钛光催化技术也可降解水中有机污染物，特别是当水中有机污染物浓度很高或用其他方法难以处理时，光催化的净化效果是非常明显的。

光催化技术由于不消耗地球能源、不使用有害的化学药品，仅利用太阳光的光能等就可将环境污染物在低浓度状态下清除净化，并且还可作为抗菌剂、防霉剂应用，因而是一项具有广泛应用前景的环境净化技术。

## 7.4 化学工业与环境保护——发展与环保并不矛盾

化学工业是国民经济的支柱产业之一，其发展与国民经济各个部门的发展都具有非常密切的关系，人们的衣食住行用和医疗健康等无不直接或间接与化学工业有关，化学工业在现代社会经济体系中具有基础性地位。2019 年 3 月 11 日，国际化工协会联合会（ICCA）在其发布的有关化学工业对全球经济贡献的分析报告中指出，化学工业几乎涉及所有的生产性行业，通过直接、间接和诱发影响估计为全球国内生产总值（GDP）做出了 5.7 万亿美元（全球 GDP 的 7%）的贡献，并在全球范围内提供了 1.20 亿个工作岗位，使其成为全球第五大制造业行业。

化学工业的基本生产过程是对环境中的各种资源进行化学处理和转化加工，其特点是产品多样化、原料路线多样化和生产工艺多样化。其生产特点决定了化学工业是环境污染较为严重的行业，但不能因此而闻化工"色变"，否定化学工业的地位和偏废其发展，通过污染综合治理和化工技术本身的发展进步，化学工业与环境保护完全可以实现协调发展。

## 7.4.1　化学工业污染物的来源

化工生产过程中涉及多种多样的生产工艺，牵涉各种类型的原材料和产品，产生的污染物种类复杂，总结起来化工工艺产生污染物的来源主要有下述方面。

（1）化学反应不完全

所有的化工生产工艺都有相应的转化率，原材料不能 100% 地转化为产品。转化率随着反应条件和原料纯度的不同而变化。余下的低浓度或成分不纯的物料以及工艺副产品常作为废弃物排出而进入自然环境，排放后便会造成环境污染。化工生产中的"三废"（废气、废水、废渣），实际上主要是生产过程中流失的原料、中间体、副产品。如氮肥工业利用氨气与硫酸的中和反应制取硫酸铵时，虽然反应过程比较简单，技术也比较成熟，但 260 kg 氨和 750 kg 硫酸，生产的硫酸铵只有 1 000 kg，还有约 1% 的原料不能有效反应而向环境逸散，形成污染排放。对"三废"的有效处理和充分利用，既可以实现资源集约化利用并创造经济效益，又可以减少环境污染。

（2）副反应

化工工艺是一个复杂的过程，其中发生的化学反应往往不止一个，在进行主反应的同时，也常伴随一些副反应，产生一些副产品。在生产中，副反应会使产率降低，原料消耗增加，同时也会给产品中引入杂质。这些副产品如不加以回收利用，以废料形式排出也会形成环境污染。

（3）"跑、冒、滴、漏"

化工生产中的各种物料在储存、运输以及生成过程中，由于设备、管道等封闭不严密，往往会造成化工原料、中间产物、产品等的泄漏，化学工程上称为"跑、冒、滴、漏"现象。这一现象不仅造成了经济上的损失，同时形成了污染排放，甚至会带来难以预料的后果。

（4）原料不纯

所有的化工原料都含有杂质。在化工工艺主反应中，这些杂质不参与化学反应，最终被排放，一些杂质为有毒有害物质，直接排放将会造成环境污染。有些杂质还会参与反应或形成副反应，使产品纯度降低，其中的杂质可形成污染排放。有些杂质参加的反应过程也会产生"三废"排放。例如氯碱工业电解食盐溶液制取氯气、氢气和烧碱，反应只能利用食盐中的氯化钠，其余占原料约 10% 的杂质则进入工艺废水，成为污染源。

（5）能源消费

化学工业是各经济行业中的能源消费大户，化工生产中大量消费煤、石油、天然气等传统化石能源。相关数据表明化学工业的能源消费在全社会能源消费中的占比可达18%。大量化石能源的消费导致的烟气（尾气）排放也是化学工业污染物的主要来源之一。

化学工业排放出的废物，以3种形态存在，即废水、废气和废渣，总称为化工"三废"。有关资料表明化学工业年排放的废水、废气、废渣分别占我国工业"三废"排放总量的20%、5%、8%，其造成的环境污染量大、面广，是环境保护工作中的重点领域。

## 7.4.2　化学工业污染的特点

（1）毒性大，有刺激性或腐蚀性

在化工工艺排出的废弃物中，有些是有毒或剧毒物质，如废水中所含的氰、酚、砷、汞、镉和铅及无机酸、碱类等带有刺激性、腐蚀性的物质，此类物质对生物或微生物有毒性或剧毒性，许多是环境保护中所言的"三致"（致癌、致畸、致突变）物质；废气中含有刺激性和腐蚀性气体很多，如二氧化硫、氮氧化物、氯气、氟化氢等，能直接损害人体健康，腐蚀金属、建筑物，污染土壤等。

（2）种类多，危害大

化工生产排出的污染物种类繁多，除氰、酚、砷、汞、镉、铅等有毒有害物质外，还有各种有机酸、醇、醛、酮、酯、醚和环氧化合物以及粉尘、烟气和酸雾等悬浮粒子。这些污染物对环境、对生物、对人体都有很大危害。例如污染物进入水体会增加水中酸碱度或大量消耗水中的溶解氧，或造成水体富营养化，使水体遭到破坏。

（3）污染后恢复困难

受化工污染物污染的环境系统，即使减少或停止污染物的排放，要恢复到原来的状态也需要很长时间，甚至具有不可逆转性。例如对于能被生物吸收的重金属污染物质，即使停止排放后也很难消除污染，这在环境保护中被称为守恒性物质。再如被难降解农药污染的土壤，自净过程需要数百年以上的时间。

尽管化学工业的污染排放具有上述特征，但近年来化工企业集中化、规模化发展，工艺技术不断革新，在提高企业经济效益的同时为更加严格的化工环境保护创造了条件。

### 7.4.3　化工清洁生产

清洁生产（Cleaner Production）是将预防和治理污染贯穿于整个工业生产过程和产品的消费使用过程中，尽量使之不产生或少产生废物，以期对人类和环境不产生或产生最小的危害，清洁生产的概念由联合国环境规划署工业与环境规划行动中心（UNEP EC/PAC）提出，它表述了原材料生产—产品—消费使用的全过程的污染防治途径。

环境保护成为时代主流，化学工艺也在积极变革，倡导清洁生产，实现产业发展与环境保护的协调统一。化学工业清洁生产的内容有下述几个方面。

①清洁的生产过程：尽量少用或不用有毒有害的原材料，选用少废、无废的新工艺和新技术，改善、强化生产操作和控制技术，完善生产管理提高物料的回收利用率和循环利用率；开发、采用新的催化剂和各种化学助剂，使之有利于提高物料回收率、降低消耗、减少和防止污染；改进装置和设备，或采用新装置、新设备，防止"跑冒滴漏"，尽量减少污染；开发和采用闭路循环工艺技术，其核心在于将生产工艺过程中产生的污染物最大限度地加以回收利用和循环利用，以最大限度地减少生产过程中排出的三废数量。

②清洁的产品：产品设计应考虑节约原材料和能源，少用昂贵、短缺及有毒有害的原料，改变产品品种结构，使之达到高质量、低消耗、少（或无）污染；产品在消费使用过程中和使用后，不会对人体健康和生态环境产生不良影响；产品的包装安全、合理，在使用后易于回收、重复使用和再生，产品的使用功能和寿命合理。

③清洁的能源：开发和利用各种清洁能源，合理利用常规能源，大力发展化工节能，尽量做到高效率、低消耗；开发和实现能源清洁的后处理（如烟气治理）；有效处理和综合利用能源生产和消费过程中不可避免排出的副产物或废弃物，使之减少或消除对人类和环境的危害；研究开发和利用低耗、节能、高效的三废治理技术，强化管理，使最后必须排放的污染物对环境的污染及对人类的危害达到许可范围或最低限度。

清洁生产从狭义上讲，是一种具体的技术（方法），它包括节能、降耗、节水、安全、无污染等内容；从广义上讲，是一种包括哲学、经济学、环境科学、企业管理学、生产工艺学等方面的综合科学，是实现经济可持续发展的一种全新模式。

### 7.4.4　绿色化工

绿色化工是指在化工产品生产过程中，从工艺源头上运用环保的理念，推行源头消减、进行生产过程的优化集成，废物再利用与资源化，从而降低了成本与消耗，减少废弃物的排放和毒性，减少产品全生命周期对环境的不良影响。绿色化工以元素经济性和零排放作为两个终极目标，即所有化学成分能够完全被利用，及产生的所有废物都能够变成资源重新利用。绿色化工的兴起，使化学工业环境污染的治理由先污染后治理模式转向源头治理。

绿色化工一般有狭义和广义两个层次：狭义的绿色化工是建立在绿色化学之上的化学工业，在其基础上创新的技术为绿色技术、环境友好技术、环境安全技术或洁净技术，由此生产的产品为绿色化工产品、环境友好产品和环境安全产品。核心是利用化学原理从反应源头上消除化工生产中产生的对环境的污染，其产品的使用也不会造成二次污染。因此无论是从科学观点、环境观点及经济观点上看，它都符合经济可持续发展的要求。广义的绿色化工所要求的可持续发展，不仅指利用绿色化工来减少或消除对环境的污染，更包含了化工企业对健康、安全、环境以及社会的全方位负责的态度，同时极大地降低了治理环境污染的社会成本，增加了社会财富积累。

长期以来污染一直是困扰化学工业的致命问题，它阻碍着化学工业的健康发展，绿色化工是实现化工行业可持续发展的必然趋势。绿色化工是防止环境污染的终极方法，可从源头上解决污染问题。近年来研究和开发的防治污染的洁净煤技术、绿色生物化工技术、矿产资源高效利用的绿色技术、精细化学品的绿色合成技术、生态农业的绿色技术等促使污染物的零排放取得了长足的发展和进步，这对环境保护及社会的可持续发展具有重要的推动意义。

**拓展阅读 5：绿色化工经典案例。**

中国石化石油化工科学研究院开发的己内酰胺绿色生产技术，通过单釜连续淤浆床与钛硅分子筛集成用于环己酮氨肟化合成环己酮肟，非晶态合金催化剂与磁稳定床集成用于己内酰胺加氢精制工艺。工艺实施后，使装置投资下降了 70%、生产成本下降了 10%、元素利用率由 60% 提高到 90% 及以上，三废排放量是原有技术排放量的 1/200，产生了重大经济效益和社会效益。己内酰胺绿色生产技术的开发，践行了绿色化学的理念，是绿色化工的成功范例。

我国最大的 MDI 生产企业万华化学以区域大循环的思路，开发出了符合绿色化工原则的 MDI 生产工艺：将 MDI 生产过程中产生的废盐水处理后作为氯碱生产原料；氯碱生成过程中副产成本极低的 $H_2$，循环之后用于生成苯胺；副产盐酸分别用作 PVC 及环氧丙烷的原料，延伸产业链；引进吸收了 HCl 氧化工艺，将低附加值 HCl 提升至高附加值 $Cl_2$；将炉渣、灰渣经过再加工处理生产水泥和砌块等建材，也是通过绿色化工实现循环经济的成功典型。

### 开辟了地球科学新领域的刘东生院士

2002 年 4 月 12 日，中国科学院院士、中国科学院地质与地球物理研究所研究员刘东生与美国哥伦比亚大学教授华莱士·布洛克一起，在美国洛杉矶被泰勒奖执行委员会授予 2002 年度"泰勒环境奖"，成为获此殊荣的首位中国大陆科学家。"泰勒环境奖"是环境科学领域的最高奖，有"环境科学的诺贝尔奖"之称。

刘东生提出的"新风成说"平息了 170 多年黄土成因之争，揭开了黄土形成之谜。

刘东生被学界尊称为"黄土之父"，因为他从事地球科学研究近七十载，创立了黄土学，他带领中国第四纪研究跻身于世界领先行列，并在环境医学、环境地球化学、环境考古学、高山科考和极地科考等领域做了大量开创性工作，为科学事业做出了卓越贡献。

20 世纪 60 年代，刘东生把研究全球环境变化的视野从黄土高原拓展到青藏高原，致力于青藏高原隆起与东亚环境演化的研究，将固体岩石圈的演化同地球表层圈的演化结合起来，开辟了地球科学的一个新领域。纵观全球环境变化科学，从 20 世纪上半叶的 4 次冰期学说，到 20 世纪 60 年代的多旋回理论，再到 80 年代的全球变化研究，90 年代的地球系统理论，刘东生在这 3 次大的理论突破中都做出了重要贡献：对多旋回理论，他是主要的奠基人；对全球变化理论，他是国际对比标准的建立者；对于地球系统理论，他开辟了一个新的领域，为地球系统科学研究提供了成功范例。

在几十年的科研生涯中，刘东生始终保持着高昂的工作热情，从来不觉得研究黄土是一件枯燥的事情，在他眼里，黄土是像生命一样的宝物，恰如他在接受记者采访时所说："黄土地是我们世世代代休养生息的地方，它是一个巨大的地质文献库，隐含着地球环境变化的各种信息，它像一把钥匙，能够解开无数的谜。"

回顾刘东生的一生，从环境医学、环境地球化学、环境考古学到高山科考和极地科考等，这些领域都有他的辛勤付出，为后人留下了宝贵的研究成果和精神财富。2004 年 2 月 20 日，刘东生获得 2003 年度国家最高科学技术奖。

# 第8章 化学与文物保护

　　道德经里有这样一句话："万物并作，吾以观复。"世间万物的轮回，可通过某种特殊的事物反复见证。长久以来，能够论证历史变迁，推演岁月沧海桑田的载体便是文物。文物具有重要的历史价值、艺术价值、科学价值和特殊的商品价值，是自然界和人类文明遗留下来的珍贵财富。

　　对历史遗留物采取的一系列防止其受到损害的措施被称为文物保护，广义的"文物保护"则泛指"文物工作"。我国的文物工作贯彻"保护为主、抢救第一、合理利用、加强管理"的方针。在科技日益发达的当代，将科技手段融入文物保护，是文物保护人员要面对和思考的问题。

　　化学基本原理植根于各类材质文物的保护技术中，在文物保护领域有着重要的指导地位。以化学为代表的自然科学新方法与新技术，极大地丰富了文物保护的手段，为文物保护研究提供了广阔的发展空间。

## 8.1 文物的腐蚀与损害

    文物腐蚀及损害过程不仅是一个化学过程，除去人为因素的破坏，还有细菌侵蚀、虫蛀等生物作用，或如变形、开裂等机械因素等。但文物与化学物质作用是文物发生腐蚀和损害的一个重要因素。

    关于文物腐蚀过程的化学，一个最熟悉的例子是铁器的腐蚀，这个过程涉及一个众所周知的电池反应：

正极：$0.5O_2 + H_2O + 2e \longrightarrow 2OH^-$

负极：$Fe - 2e \longrightarrow Fe^{2+}$

    另一个容易理解的例子是在某些古墓壁画中常可见到其上有一种白膜覆盖，研究发现这种损害的发生是由于渗入壁画中溶解有二氧化碳的水可缓慢溶解碳酸钙形成碳酸氢钙经蒸发干燥后又沉淀出碳酸钙凝结在壁画表面。

    对于纸质文物，酸性环境是有害的，因为纸张在中性或偏碱性时，其耐久性、耐折性等机械性能及抗霉性和化学稳定性都比较好，但空气中的氮氧化合物、二氧化硫等都是酸性气体，它们易使纸质文物的酸性增大，从而对文物造成损害。

    国内外的大量研究表明，环境因素是引起文物劣化损害的主要原因，包括温湿度、光辐射、有害气体等。其中，文物保存环境的湿度波动和各种有害气体的存在对文物的损害作用尤为明显。

图 8.1 被腐蚀的大足石刻

**拓展阅读 1：出土文物腐蚀严重，科学保护刻不容缓**

四川省是国家文物局 "馆藏文物腐蚀损失调查" 项目的试点省份，其在完成青铜、石质类文物腐蚀损失试点调查的基础上，对部分漆木器和骨角质文物也进行了统计。范围包括历年来四川地区出土的船棺、独木棺、木胎容器、木俑、木质器具、各种胎质的漆器、象牙、獠牙、骨质器具、卜甲等。

调查结果显示保存下来的漆木质类文物数量已不到出土总数的一半，广汉三星堆出土的珍贵象牙制品目前已所剩无几……部分文物在出土时有很大部分已腐朽、毁坏、残损，有的甚至仅剩痕迹或轮廓。受保存条件和保护技术的制约，出土时保存情况稍好的文物，在不太长的时间内，也有部分因腐蚀而荡然无存。

由于保护方法的落后和不科学所造成的文物损失，毫不逊于人为的盗掘和走私。文物保护科学是一门新兴的、横跨文理工等多门学科的边缘科学，也是一门综合性科学，内容多，涉及面广，除了需要文物保护领域的专家学者努力，还需要其他部门、其他学科的专家关注和社会参与。

## 8.2 $^{14}$C 断代法

文物断代，即辨别文物的年代，是文物保护工作的前提和必然步骤。确定了文物年代，才可将其置于当时的时空环境中进行研究，正确发挥文物的价值。在文物的断代研究中，除了由于作伪而造成的一些文物年代混乱，需要鉴定辨别外，还有大量文物本身并无纪年，需要鉴定，判明年代。

进行文物断代时，一些情况下人们可以从文物上直接取样、鉴定，但不是所有的文物都可以进行检测。例如在墓葬考古中，金属陪葬品一般难以精确测定年代，但同一陵墓中的其他文物，如棺椁、木炭等，一般可以假设是在同一时间入土的。这种情况下，棺椁或木炭测出来的年代就可以反映出陪葬品的年代，因为这些文物之间存在直接功能性关系。基于此，1950 年，美国芝加哥大学教授 W. F. Libby 创立了 $^{14}$C 断代法，并因创立该法而获得了诺贝尔化学奖。该方法建立在活的有机体中 $^{14}$C/$^{12}$C 之比保持恒定，而死的有机体中 $^{14}$C 的含量由于衰变而逐渐减少这一基础上。

碳是组成生物有机体的必要元素，生物在存活期间通过呼吸、进食等方式与其周围的自然环境不断交换碳元素，并维持一定的平衡。因此，它体内的 $^{14}C$ 占比与周围的大气或海洋的是一致的。生物死亡后会停止摄入 $^{14}C$，其放射性碳物质与周围环境的交换就会停止，因而其中的 $^{14}C$ 含量就按照放射性衰变规律逐渐减少，导致 $^{14}C/^{12}C$ 比值降低。通过这一比值和已知的 $^{14}C$ 半衰期得知的 $^{14}C$ 减少量（样本越老 $^{14}C$ 就越少），最后就可以推得此生物的死亡时间。$^{14}C$ 的半衰期为（5 730±40）年。$^{14}C$ 的衰变过程，在地球上任何地方都一样，与所处的经纬度高度等地理位置无关，也不受外界普通物理作用（如压力、温度等）的影响，也不受所接触的物体化学成分影响。也就是说生物体死亡后，经过 5 730 年左右，其体内的 $^{14}C$ 就会减少为原来的一半。由此，可以根据其衰变规律计算出生物与大气停止交换的年代，也就是生物死亡时的绝对年代，再根据直接功能性关系断定文物年代，这就是 $^{14}C$ 断代法的基本原理（图8.2）。

我国文物考古工作者应用 $^{14}C$ 断代法，取得了许多重大成就，其中有些成果甚至改变了原来的观点。如河套人、峙峪人、资阳人和山顶洞人等，原来认为其活动年代为 5 万年或 5 万年以上，但应用 $^{14}C$ 断代法证明其均在 4 万年以内，甚至山顶洞人可晚到 1 万多年，这一研究结果表明旧石器晚期文化变迁和进展速度比考古工作者想象的要快。再如，在汉代冶铁遗址中曾发现有煤的使用，这一发现使一些考古工作者认为在汉代时就已将煤用于冶铁，但后来从铁器中 $^{14}C$ 的鉴定结果推断，我国在宋代才开始将煤炭用于冶铁，尽管汉代冶铁遗址中发现有煤，但并未用于炼铁。以上两个例子都表明了化学应用于考古学，对文物考古工作的重大贡献。

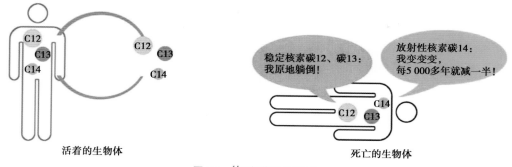

图 8.2 $^{14}C$ 断代法的原理

## 拓展阅读 2：$^{14}C$ 测定的加速质谱分析法

$^{14}C$ 测定方法分为常规 $^{14}C$ 测定法和加速器质谱分析法两种。W. F. Libby 创立 $^{14}C$ 断代法时采用的就是常规测定法，这种方法通过测定 $^{14}C$ 衰变时的放射性来进行定量。1950 年以来，常规测定法在全球有了显著进展，但它的局

限性也很明显，即必须使用大量的样品和较长的测量时间。于是，加速器质谱分析法测定技术发展了起来。

加速器质谱分析是指加速器与质谱分析相结合的一种核分析技术。将待测样品在加速器的离子源中电离，随后将离子束引出并加速，再借助电荷态、荷质比、能量和原子序数的选择，鉴别被加速的离子并加以记录，以实现同位素比值的测定。

加速器质谱分析法具有明显的独特优点。

一是样品用量少，只需 1~5 mg 样品即可，如一小片织物、骨屑、古陶瓷器表面或气孔中的微量碳粉都可测量；而常规方法则需 1~5 g 样品，相差 3 个数量级。

二是灵敏度高，其测量同位素比值的灵敏度可达 $10^{-15}$ 至 $10^{-16}$；而常规方法则与之相差 5~7 个数量级。

三是测量时间短，测量现代碳若要达到 1% 的精度，只需 10~20 min；而常规方法却需 12~20 h。

正是由于加速器质谱碳分析法具有上述优点，自其问世以来，一直为考古学家、古人类学家和地质学家所重视，并得到了广泛应用。

## 8.3　文物保护中的化学方法

### 8.3.1　木制文物的保护

出土木制文物的损坏，主要是在长期处于水的过饱和状态下，树脂组分的流失和腐坏，若将其自然干燥，由于急剧收缩而造成开裂、皱缩和变形。木质文物的保存方法主要有下述 3 种。

（1）矾法

1850 年在丹麦的 Funen 岛发现了大量的木制文物，当时丹麦国立博物馆用了钾明矾（$Al_2(SO_4)_3 \cdot 3K_2SO_4 \cdot 24H_2O$）处理，现在称为矾法。其操作是在矾中加 5% 的水，加热到 92~95 ℃，将木制文物浸渍其中。当矾充分渗入后，取出冷却到室温，矾在木材中结晶。这样，即使木材干燥也不会引起变形，能长期保存。为了防止矾的潮解，可在木材表面涂一层亚麻籽油。由于此方法简单，不需要特殊设备，因此有的国家现在还使用。

（2）醇－醚法

醇－醚法是1951年由丹麦国立博物馆的 B. B. Christensen 提出。他发现木制文物在干燥过程中会收缩，造成开裂、皱缩和变形，水的表面张力是 72.75 dyn/cm（20 ℃），乙醚的表面张力是 72.75 dyn/cm（1dyn=10-5N），若预先将所含的水用乙醚置换，就能防止木材干燥变形。但由于乙醚与水不能相互混溶，所以必须通过某种中间试剂，如甲醇、乙醇、叔丁醇等先将水置换出来，再用乙醚取代出该中间试剂，最后进行真空干燥。此法处理的木制文物，呈易脆的海绵状。为了补强，可填充蜡、天然的或合成的树脂。其中以达玛树脂用得较多，故此法又称醇－醚－达玛树脂法。

（3）聚乙二醇法

聚乙二醇法（PEG 浸渍法）是1952年由瑞典的 R.Moren，B.Centerwall 等人提出，首先用于从海中打捞出的木制军舰 Wasa 号的保护处理。其操作是先用 5% 的 PEG-1500 溶液处理，然后逐步分级提高浓度，再进一步换成 PEG-4000。为了 Wasa 号的保护处理，1968年瑞典又特制出了添加杀菌剂、防腐剂及表面活性剂的 PEG。图8.3所示为成功修复的金沙遗址商代木耜。

图8.3　成功修复的金沙遗址商代木耜

用 PEG 浸渍法处理过的木制文物，由于所含饱和水分全部被 PEG-4000 置换，材质变得硬而脆，比重也增大。为此，现在又提出了一种改进的方法——PEG 限量浸渍法。

此法是用 50%（重量比）左右的 PEG-4000 叔丁醇溶液来浸渍木制文物，再经真空冻结干燥除去溶剂。用此法处理的木制文物，因保留了一定体积的空隙，不仅材质轻，而且对周围环境湿度的变化有一定的缓和能力。

拓展阅读3：出土竹简的保护

考古出土的竹简和想象中的很是不同，实际上十分柔软，像面条一样，所以要用细线绑缚到长玻璃条上，再浸在水中，防止干缩变形损坏。水盆里的东

252

西研究起来总是不如拿在手中方便，所以文物工作者希望将饱水的、软的竹简脱水成干燥的、硬的竹简。竹简出土后遇到空气颜色变深，最后变成棕黑色，字迹难以辨认，故而须在脱水保护前先进行脱色处理。

竹简的变色与其成分有关。竹木材的主要成分包括纤维素（及半纤维素）和木质素，纤维素属于多糖，它在饱水环境中的降解导致竹简变软；而木质素可以将其大致看成几类复杂的多元酚，自然容易变色。变色的原因首先是氧化，支链氧化出的共轭羰基或是酚氧化形成的醌，都会改变共轭体系，但是这种氧化导致的变色相对有限。多元酚体系在环境中呈现棕色甚至黑色，主要是与三价铁离子络合形成了深色的配合物，如蓝黑墨水的显色就是靠没食子酸与三价铁形成的深蓝色配合物。木材中木质素含量要高于竹材，故而木质简牍变色就比竹简严重。那么想把深色的竹简处理回浅色，就需要使多元酚的氧化及络合过程逆向进行，保护试剂自然需要有适当的还原性以及与三价铁的络合能力。

在以往的工作中，常用草酸等试剂给竹简脱色，有时也会使用硼氢化钠。这些试剂或是还原性足够强，能够把易氧化的基团以及三价铁还原，或是易与铁离子络合，从而同酚羟基竞争。但这些试剂使用起来多少有些问题，比如草酸，草酸和铁配合物具有一定光敏性，配合物逐渐分解后，简牍的颜色就会回到深褐色。而使用硼氢化钠时，氢气逸出太快，会导致竹材表面的墨迹脱落。

其实令人满意的保护试剂往往并不复杂，抗坏血酸（维生素 C）就是其中较为常见的一种。抗坏血酸的稳定构象实际是个内酯式的多羟基环状烯醇，而多元酚也可以看成一种多羟基的环状烯醇，结构相似，配位性能也相对合适。抗坏血酸既有很好的还原性，又能够与三价铁离子进行较好的络合作用，没有气味，反应温和，廉价易得。试用以后，即使是黑褐色的木简也能够在一天内恢复到正常的浅褐色，经过长期观察，效果十分稳定。当然，抗坏血酸呈弱酸性，氧化产物又可以视作一种糖，这种糖容易滋生微生物，所以实际操作时要在溶液中加入杀菌剂，并且将抗坏血酸和其共轭碱一起使用，配成缓冲溶液后 pH 值能够维持稳定。

文物保护工作需要的化学知识通常不会太复杂，最需要的是集成相关知识，理解其中基本的化学原理，达到解决复杂实际问题的目的。

### 8.3.2　金属文物的保护

金属制的出土遗物，以铁器和青铜器的数量较多，保存处理最为重要。

（1）铁器的保护处理

铁制品的保护处理方法，一般分为3步：第一步是清除表面锈块及附着物；第二步是根除诱发生锈因素的前处理；第三步是用合成树脂或蜡等成膜物浸渍，进行强化保护处理。

除去氯化物等盐类的前处理方法有：①用蒸馏水洗涤和抽提；②用化学或电化学等方法脱盐；③在特殊情况下经高温（800 ℃）加热后，用 $K_2CO_3$ 或 $Na_2CO_3$ 饱和溶液沸煮脱盐。

关于表面成膜物，欧洲等国用蜡，日本则采用合成树脂，其操作是在减压（20~40）× 133.3 Pa 下用丙烯酸树脂浸渍成膜，隔绝外界的空气和水。

（2）青铜器的保护处理

青铜器的保护处理，主要是防止青铜病，即抑制粉状锈碱式氯化铜［$CuCl_2 \cdot 3Cu(OH)_2$］的生成或使其稳定化。目前已采用的方法有：①控制青铜器的保存环境，要求湿度在 70% 以下，最好是维持在 40%~50%；②用化学或电化学等方法除去氯化物；③用碳酸氢三钠（$NaHCO_3 \cdot Na_2CO_3 \cdot 2H_2O$）溶液长时间浸泡，直到铜器表面的颜色变成绿色为止；④用氧化银浆（$Ag_2O$）处理，使表面生成氧化银保护膜；⑤用苯并三唑固定铜和铜锈，抑制腐蚀的进行，并进一步再用含有苯并三唑的硝化纤维喷漆进行表面喷涂强化处理。

近年来开始试用的方法为辉光放电法，它是利用在氢气、甲烷、氮气和氨气的混合气体中进行辉光放电，还原覆盖在新出土金属文物上的块状锈，除去腐蚀层中氯离子。

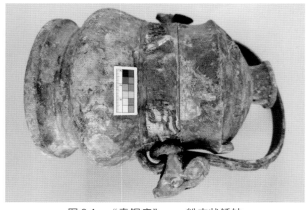

图 8.4　"青铜病"——粉末状锈蚀

### 8.3.3　海底遗物的保护

海底遗物的处理，需分为脱盐和保护两步进行，具体如下所述。

（1）脱盐处理

①金属遗物。

a.铁制品：用2%的氢氧化钠溶液，每2个月换一次，浸泡1年。

b.铜制品：用5%的碳酸氢三钠溶液，每2个月换一次，浸泡6个月。

c.铅、锡等制品：用2%的碳酸氢三钠溶液浸泡3个月。

②有机遗物。用自来水浸泡。自来水浸泡是最简单的脱盐方法，但要注意，木制品应用硼砂∶硼酸（3∶7）混合剂作防腐处理。皮革制品较脆弱，长期水洗和浸泡会变成胶状物，应避免长期浸泡，必要时采用渐进式浸泡及专门的脱盐溶液。

③陶器、瓷器。用自来水洗涤。

图 8.5　南海沉船中的中国古瓷器

（2）保护处理

①金属遗物。脱盐后的遗物，由于经过碱的长期浸泡而造成了碱的渗入，因此先要作脱碱处理，即用自来水清洗后用纯水浸泡。再迅速脱水干燥和除去锈块和附着物，最后做表面处理；铁器用丹宁酸配合润滑脂；铜和黄铜制品用苯并三唑配合丙烯酸系涂料。

②有机质遗物。

a.皮革类：脱盐后，用以氨水调节 pH 值为 8 的 4% 甲醛水溶液浸泡一昼夜，再用橄榄油的乳状液渗透，解展整形。

b.木材类：木制船具则用不同浓度的 PEG-4000 溶液（20%、40%、60%）依次分段浸渍处理，变黑了的表面，用三氯乙烯清洗，再调整到原木制船具的颜色。

c.纤维类：用自来水充分清洗、脱盐后，用溶剂（甲醇）置换法脱水，风干保存，也可用水溶性丙烯酸树脂喷涂补强。

**化 学 与 社 会**

③需要特殊处理的遗物。木制工艺品：脱盐后从低浓度到 100% 分阶段用特丁醇浸泡，当水被 100% 的特丁醇置换后，用冻结干燥法进行处理。古文书用甲醛处理或冻结真空干燥处理或请裱画师作复原处理保存。

### 8.3.4 其他文物的保护

文物的种类繁多，材质各异，没有统一的保护处理方法，通常是根据出土时的具体情况，按它们的材质及形态来决定相应的保护处理方法。

对于文物的自身补强，现在多数情况下是使用合成树脂。陶器、瓷器等经干燥后，用丙烯酸系合成树脂很容易进行强化处理。漆器及漆制佛像表面上的裂缝，可用高黏度的丙烯酸乳胶修补。防止壁画的剥落，可用 3%~6% 的甲基丙烯酸甲酯溶液涂刷粘接。古寺庙中佛像的补强（如防止地震损坏等），可用以环氧树脂为黏接剂的 FRP（纤维增强塑料）进行填充处理，为了减轻质量，可以混填中空的玻璃小球。

对于石质遗物整体的强化保护处理，现在世界各国普遍采用的方法是进行有机硅水解物的渗入处理，它能在风化了的石质表面及石缝间生成硅石，这种硅石具有良好的黏接性和耐热性。

对于出土的古代丝织物（如马王堆汉墓中出土的印花敷彩丝织物），我国采用的是自行研究的丝胶喷涂加固保护处理法，其操作是从生蚕丝中提取丝胶，用 30% 的乙醇蒸馏水配制成含胶量 1% 的溶液对丝织物进行喷涂，其加固和保色的效果都很好。

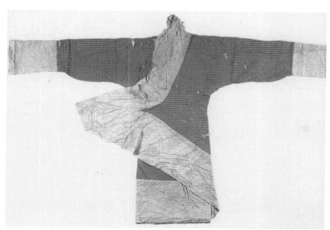

图 8.6　保护成功的马王堆汉墓印花敷彩丝织物

化学在文物考古中有着广泛的应用，以上只是其中一些方面的简单介绍。但从其中我们应该认识到化学及其他自然科学正在与考古学融合发展，这正如化学与其他自然科学、其他社会科学融合发展一样。今后，随着化学及其他科学技术的发展，必将有更多、更新、更有效的保护处理方法出现，使人类几千年的文化遗产得到更好的保护、流传百世。

**拓展阅读 4：牙科材料与文物保护**

首都博物馆藏有一件嘉靖青花大缸，表面可见许多铜钉，铜缝处有少量白色的勾缝灰。取样分析得知灰中含有大量的锌和氯，推测原先粉剂为氧化锌，液剂为氯化锌。将氧化锌调成膏状，按一定比例滴入氯化锌饱和溶液，膏剂迅速发热膨胀，可以揉捏塑形，冷却后固化成硬块。从检测结果推测，缸缝的白灰可能是近代西方的修复师使用的牙科黏固填充材料。从这一角度来看，修复文物和补牙的材料其实没有本质差别，只要便于使用，就能大行其道。牙科黏固材料从最早的氧化锌体系，发展到磷酸锌、聚丙烯酸锌、复合树脂等体系，而牙科工具也早已成为文物保护工作中的常用工具。

# 8.4　经典案例——秦始皇兵马俑的文物保护

兵马俑，即秦始皇兵马俑，也简称秦兵马俑或秦俑，位于今陕西省西安市临潼区秦始皇陵以东 1.5 km 处的兵马俑坑内。兵马俑是古代墓葬雕塑的一个类别。古代实行人殉，奴隶是奴隶主生前的附属品，奴隶主死后奴隶要作为殉葬品为奴隶主陪葬。兵马俑即是用陶土制成兵马（战车、战马、士兵）形状的殉葬品。

（1）兵马俑的发现

1974 年 3 月 11 日，一次为了缓解旱情的打井，却打出了一个双目圆睁、唇上有须的陶质人头，随之而来的是大规模的发掘，所有的人都被这恢宏的景象震惊了。近 8 000 件真人真马般大小、通体彩绘的兵马俑在秦始皇陵陪葬坑内沉默了 2 000 多年。1987 年，秦始皇陵及兵马俑坑被联合国教科文组织批准列入《世界遗产名录》，并被誉为"世界第八大奇迹"。先后已有 200 多位国家领导人参观访问，成为中国古代辉煌文明的一张金字名片。

但秦始皇兵马俑坑曾受人为破坏、坑体进水、地下环境等影响，秦俑出土时大多数俑已没有彩绘，极少数俑保存有局部彩绘；在出土过程中，有的彩绘还直接脱离了俑体，而与土块黏连在了一起；最后剩下来与俑体仍连为一体的彩绘，如保护措施不到位，很快就会出现卷起、龟裂、起泡、脱落等现象。在最初的发掘中，兵马俑出土之后，环境变化会导致仅存的颜色也会在短短几分钟内脱落。人们在惊叹之余，甚至连拍照片的时间都没有，只留给我们印象中兵马俑"灰头土脸"的样子。

（2）兵马俑的保护

秦俑被发现后，彩绘的保护工作成为重点和难点。秦俑彩绘之所以难以保护，与其特殊的层次结构、所用材料的特性以及出土时的保存状况有关。目前的分析确定了彩釉颜料的物质组成，明确底层的主要成分为中国生漆；查明彩绘损坏的主要原因是颜料颗粒之间及彩绘各层次之间黏附力很微弱，特别是底层生漆对失水非常敏感，彩绘的各层黏附力丧失，材料老化，特别是底层大漆层对失水非常敏感，出土后，环境变化使得漆层失水，引起漆层剧烈收缩、开裂、起翘，在干燥过程中底层收缩卷曲，造成整个彩绘层脱落。

为了解决这一问题，我国考古界投入大量人力、物力进行研究，全面、系统地揭示了彩绘的层次结构、物质组成、彩绘工艺以及损坏机理。基于此，确定了两套行之有效的保护处理方法：一是抗皱缩剂和加固剂联合处理法，即 PEG-200 和 PU 联合处理法；二是单体渗透，电子束辐照聚合加固保护法。1999 年，首次采用 PEG-200 和 PU 和联合处理法保护了整体彩绘陶俑。随后，该项技术被应用于全国多处考古出土的彩绘陶俑的保护处理。

运用这项技术，对兵马俑二号坑跪射武士俑成功进行了彩绘保护，使其重现了当年秦兵马俑的原貌。该彩绘保护工作也为人们研究秦代彩绘工艺、服饰颜色、颜料成分等提供了珍贵的资料。如在对彩绘颜料的化学分析和研究时，专家们发现了一种名为硅酸铜钡的紫色颜料，将该颜料用于几件百戏俑彩绘保护，效果良好。二号俑坑彩绘跪射武士俑的清理出土与保护成功，在学术研究上具有十分重要的意义。

彩绘保护的成功，标志着秦兵马俑保护的最重要问题得以解决。同时，在兵马俑的防霉、防风化与修复、秦俑小气候研究与环境监测以及土遗址的保护等方面，也取得了许多成绩。文物保护是一项长期事业，从彩绘保护成功那一刻起，秦俑保护才走上了科学之路。

（a）出土时彩绘破坏后的兵马俑

（b）保护成功的兵马俑二号坑彩
　　绘跪射武士俑

图 8.7　出土时彩绘破坏后的兵马俑和保护成功的兵马俑二号坑彩绘跪射武士俑

### 敦煌文物保护专家李最雄

　　李最雄（1941—2019），男，甘肃兰州人，文物保护专家，历任敦煌研究院保护所所长、敦煌研究院副院长、敦煌研究院研究员、中国敦煌石窟保护研究基金会理事长等职。

　　李最雄 1964 年从西北师大化学系毕业后，分配至甘肃省博物馆从事文物保护工作，1985 年 1 月他带着对文物保护工作的执着与热爱，离开了体弱的爱人和需要父爱的儿女，放弃了大城市优渥的工作、生活环境，只身前往敦煌莫高窟，在艰苦的环境下，一待就是 20 余年，并将全部精力与热情都投入了文物保护事业。

　　李最雄始终牢记文物保护工作的重要性和紧迫性，自 1985 年担任敦煌研究院保护研究所领导职务以后，他带领所内科研人员积极探索科学保护的路子，在古遗址的保护、石窟环境监测与研究、防沙治沙、石窟崖体裂隙灌浆、风化崖面防风化加固材料、壁画病害的研究、治理、修复及中美、中日合作保护研究项目上，做了大量的、可行的工作。李最雄探索研究的"现代科技 + 传统材料"保护技术，在保护好敦煌莫高窟的基础上，发展到对多处石窟、壁画和土遗址的保护，为我国文物保护，文化传承事业做出了不可磨灭的贡献。

　　李最雄是我国第一个文物保护领域的博士，也是古代壁画和土遗址科技保护的开拓者和奠基人。他将毕生精力都贡献于丝绸之路石窟壁画颜料稳定性及变色、沙砾岩石刻风化机理及防风化加固材料、砂砾岩石窟岩体裂隙灌浆材料、古代建筑土遗址保护加固等研究，在石窟寺和土遗址病害机理及防风化加固研究、古代壁画空鼓加固等领域取得了开拓性的成就，为我国的文物保护事业做出了重大贡献，所取得的大量创新成果对国际同行有极重要的指导及参考作用。

# 参考文献

［1］赵玉芬. 化学进化与生命起源［J］. 科学中国人，2004，17（6）：16-20.

［2］李宝山. 人体中的非酶促协同化学反应［J］. 大学化学，1996，11（5）：32-34.

［3］邱文元，邓文叶，蔡艳桥，等. 第 21 和第 22 种氨基酸［J］. 化学通报，2003，66（51）：1-5.

［4］方明建，郑旭煦. 化学与社会［M］. 武汉：华中科技大学出版社，2009.

［5］唐玉海，张雯. 化学与人类文明［M］. 北京：化学工业出版社，2020.

［6］BARNETT R. Obesity［J］. Lancet，2017，389（10069）：591.

［7］THAISS, CHRISTOPH A, ZEEVI, D, et al. Transkingdom Control of Microbiota Diurnal Oscillations Promotes Metabolic Homeostasis［J］. Cell, 2014, 159（3）：514-529.

［8］MARCINKEVICIUS E, SHIRASU-HIZA M. Message in a Biota：Gut Microbes Signal to the Circadian Clock［J］. Cell host & microbe, 2015, 17（5）：541-543.

［9］KRAUS W E, BHAPKAR M, HUFFMAN K M, et al. 2 years of calorie restriction and cardiometabolic risk （CALERIE）：exploratory outcomes of a multicentre, phase 2, randomised controlled trial［J］. The Lancet Diabetes & Endocrinology, 2019, 7（9）：673-683.

［10］MOHAMMADI-SARTANG M, BELLISSIMO N, TOTOSY D, et al. The effect of daily fortified yogurt consumption on weight loss in adults with metabolic syndrome：a 10-week randomized controlled trial［J］. Nutr Metab Cardiovasc Dis, 2018, 28（6）：565-574.

［11］LEBLANC E S, PATNODE C D, WEBBER E M, et al. Behavioral and Pharmacotherapy Weight Loss Interventions to Prevent Obesity-Related Morbidity and Mortality in Adults Updated Evidence Report and Systematic Review for the US Preventive Services Task Force［J］. JAMA: the Journal of the American Medical Association, 2018, 320（11）：1172-1191.

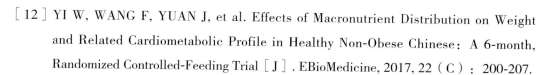
［12］YI W, WANG F, YUAN J, et al. Effects of Macronutrient Distribution on Weight and Related Cardiometabolic Profile in Healthy Non-Obese Chinese：A 6-month, Randomized Controlled-Feeding Trial［J］. EBioMedicine, 2017, 22（C）：200-207.

［13］ADRIANA R V, STMÓNICA, AZALIA A N, et al. Differential Effect of Sucrose and Fructose in Combination with a High Fat Diet on Intestinal Microbiota and Kidney Oxidative Stress［J］. Nutrients, 2017, 9（4）：393.

［14］HIERONIMUS B, MEDICI V, BREMER A A, et al. Synergistic effects of fructose and glucose on lipoprotein risk factors for cardiovascular disease in young adults［J］. Metabolism：Clinical and Experimental, 2020（112）：154356.

［15］BIAN X, CHI L, BEI G, et al. Gut Microbiome Response to Sucralose and Its Potential Role in Inducing Liver Inflammation in Mice［J］. Frontiers in Physiology, 2017, 24（8）：487.

［16］NGUYEN S G, KIM J, GUEVARRA R B, et al. Laminarin favorably modulates gut microbiota in mice fed a high-fat diet［J］. Food & Function, 2016（10）：1039. C6FO000929H.

［17］DONG J L, ZHU Y Y, MA Y L, et al. Oat products modulate the gut microbiota and produce anti-obesity effects in obese rats［J］. Journal of Functional Foods, 2016（25）：408-420.

［18］POUTANEN K S, PIERRE D, ALFRUN E, et al. A review of the characteristics of dietary fibers relevant to appetite and energy intake outcomes in human intervention trials［J］. American Journal of Clinical Nutrition, 2017, 106（3）：747-754.

［19］SINGH V, YEOH B S, CHASSAING B, et al. Dysregulated Microbial Fermentation of Soluble Fiber Induces Cholestatic Liver Cancer［J］. Cell, 2018, 175（3）：679-694.

［20］JAN M, DAVID M, CHIH-JUNG C, et al. Anti-obesogenic and antidiabetic effects of plants and mushrooms［J］. Nature Reviews Endocrinology volume, 2017, 13：149-160.

［21］BIN Z, YUAN L, KAVEH H, et al. Worldwide trends in diabetes since 1980：a pooled analysis of 751 population-based studies with 4.4 million participants［J］. Lancet, 2016, 389（10068）：1513-1530.

［22］WOLF K, POPP A, SCHNEIDER A, et al. Association Between Long-term Exposure to Air Pollution and Biomarkers Related to Insulin Resistance, Subclinical Inflammation, and Adipokines［J］. Diabetes, 2016, 66（10）：2725.

［23］ 胡安平，周庆华. 世界上最大的天然气田——北方 - 南帕斯气田［J］. 天然气地球科学，2006（6）：753-759.

［24］ 陈晓婷. 直接甲醇燃料电池非均匀性流道设计与电池性能优化研究［D］. 长沙：湖南大学，2019.

［25］ 吴书龙. 新能源汽车电池技术浅析（一）［J］. 汽车维修与保养，2017（5）：94-96.

［26］ SONG Y S, SITTI M. STRIDE：A Highly Maneuverable and Non-Tethered Water Strider Robot［C］. 2007 IEEE International Conference on Robotics and Automation，980-984.

［27］ KENJI S. Bio-inspired water strider robots with microfabricated functional surfaces［M］. Biomimetics Learning from Nature. InTech, 2010.

［28］ ZHANG X, ZHAO J, ZHU Q, et al. Bioinspired Aquatic Microrobot Capable of Walking on Water Surface Like a Water Strider［J］. ACS Applied Materials & Interfaces, 2011, 3（7）：2630-2636.

［29］ 张世豪. 仿生水黾机器人建模及性能研究［D］. 杭州：浙江大学，2017.

［30］ KOH J S, YANG E, JUNG G P, et al. Jumping on water：Surface tension-dominated jumping of waterstriders and robotic insects［J］. Science, 2015, 349（6247）：517-521.

［31］ 王田苗，孟偲，裴葆青，等. 仿壁虎机器人研究综述［J］. 机器人，2007，29（3）：290-297.

［32］ QU L, DAI L, STONE M, et al. Carbon nanotube arrays with strong shear binding-on and easy normal lifting-off［J］. Science, 322（5899）：238-242.

［33］ 穆正知. 基于典型蝶翅的仿生功能表面设计制造及性能研究［D］. 长春：吉林大学，2019.

［34］ HUANG J, WANG X, WANG Z L. Controlled replication of butterfly wings for achieving tunable photonic properties［J］. Nano Letters, 2006, 6（10）：2325-2331.

［35］ 赵赫威，郭林. 仿贝壳珍珠母层状复合材料的制备及应用［J］. 科学通报，2017，62（6）：576-589.

［36］ JOHN H, HAUSNER H. Influence of oxygen partial-pressure on the wetting behavior in the system Al/Al$_2$O$_3$［J］. Journal of Material Science Letters, 1986, 5（5）：549-551.

［37］MUNCH E, LAUNEY M E, ALSEM D H, et al. Tough, bio-inspired hybrid materials ［J］. Science, 2008, 322（5907）: 1516-1520.

［38］瓦茨拉夫·斯米尔.材料简史及材料未来: 材料减量化新趋势［M］.潘爱华, 李丽, 译.北京: 中国工信出版集团, 电子工业出版社, 2015.

［39］YUAN P, LI Y, BAN Y, et al. Metal-organic framework nanosheets as building blocks for molecular sieving membranes［J］. Science, 2014, 346（6215）: 1356-1359.

［40］E. W.小科克兰, P.科图诺夫, C. S.保尔, 等.使用 ITQ-55 分离和储存流体.埃克森美孚研究工程公司.中国国家知识产权局, 专利号 CN201580032830.5.

［41］LI L, LIN R B, KRISHNA R, et al. Ethane/ethylene separation in a metal-organic framework with iron-peroxo sites［J］. Science. 2018, 362（6413）: 443-446.

［42］LIU C, MA W, CHEN M, et al. A vertical silicon-graphene-germanium transistor［J］. Nature Communications, 2019, 10（1）: 4873-4879.

［43］KISTLER S S. Coherent expanded aerogels and jellies［J］. Nature, 1931, 127（3）: 741-741.

［44］LIU Y, YANG M, PANG K, et al. Environmentally stable macroscopic graphene film with specific electrical conductivity exceeding metals［J］. Carbon, 2020, 156（2）: 205-211.

［45］LI Y, CAO L, YIN X, et al. Semi-Interpenetrating Polymer Network Biomimetic Structure Enables Superelastic and Thermostable Nanofibrous Aerogels for Cascade Filtration of PM2.5［J］. Advanced Functional Materials. 2020, 30: 1910426.

［46］杨志峰, 刘静玲.环境科学概论［M］.北京: 高等教育出版社, 2004.

［47］苏琴, 吴连成.环境工程概论［M］.北京: 国防工业出版社, 2004.

［48］苏多杰, 李诸平.环境科学概论［M］.西宁: 青海人民出版社, 2001.

［49］吴义生.环境科学概论［M］.北京: 当代世界出版社, 1999.

［50］卢昌义.现代环境科学概论［M］.2 版.厦门: 厦门大学出版社, 2014.

［51］郭春梅.环境工程概论［M］.青岛: 中国石油大学出版社, 2018.

［52］郝吉明, 马广大.大气污染控制工程［M］.2 版.北京: 高等教育出版社, 2002.

［53］蒋文举.大气污染控制工程［M］.北京: 高等教育出版社, 2006.

［54］蒋展鹏.环境工程学［M］.2 版.北京: 高等教育出版社, 2005.

［55］高廷耀, 顾国维, 周琪.水污染控制工程［M］.4 版.北京: 高等教育出版社, 2015.

［56］邵秘华.环境化学［M］.大连：大连海事大学出版社，2009.

［57］杨智宽，韦进宝.污染控制化学［M］.武汉：武汉大学出版社，1998.

［58］宁平.固体废物处理与处置［M］.北京：高等教育出版社，2007.

［59］张吉，黄希，胡东波.文物保护领域中的化学［J］.大学化学，2017，32（9）：35-40.

［60］周明哲.浅谈化学在文物保护中的应用［J］.青岛职业技术学院学报，2016，29（5）：60-61.

［61］韩雪峰，李明琴.绿色化学与文物保护［J］.廊坊师范学院学报（自然科学版），2012，12（2）：46-48.

［62］张军，蔡玲，高翔，等.对秦兵马俑彩绘保护技术的思考与建议［J］.文物保护与考古科学，2007，19（1）：51-56.

［63］秦俑彩绘保护技术研究课题组.秦始皇兵马俑漆底彩绘保护技术研究［J］.中国生漆，2006（2）：14-22.

［64］娄珀瑜，冉鸣，彭蜀晋.文物保护研究中的化学问题［J］.化学教育，2005（7）：1-4.

［65］王哲勤.化学与文物保护［J］.吉林广播电视大学学报，2000（4）：43-44.

# 化学元素周期表

**图例：** 非金属元素 | 金属元素 | 过渡元素 | 稀有气体元素

说明：
- 92 U —— 原子序数
- 铀 —— 元素名称，注*的是人造元素
- $5f^36d^17s^2$ —— 价层电子排布，括号指向可能的电子排布
- 238.0 —— 相对原子质量（加括号的数据为该放射性元素半衰期最长同位素的质量数）

| 周期 | I A 1 | II A 2 | III B 3 | IV B 4 | V B 5 | VI B 6 | VII B 7 | | VIII | | I B 11 | II B 12 | III A 13 | IV A 14 | V A 15 | VI A 16 | VII A 17 | 0 18 |
|---|---|---|---|---|---|---|---|---|---|---|---|---|---|---|---|---|---|
| 1 | 1 H 氢 $1s^1$ 1.008 | | | | | | | | | | | | | | | | | 2 He 氦 $1s^2$ 4.003 |
| 2 | 3 Li 锂 $2s^1$ 6.941 | 4 Be 铍 $2s^2$ 9.012 | | | | | | | | | | | 5 B 硼 $2s^22p^1$ 10.81 | 6 C 碳 $2s^22p^2$ 12.01 | 7 N 氮 $2s^22p^3$ 14.01 | 8 O 氧 $2s^22p^4$ 16.00 | 9 F 氟 $2s^22p^5$ 19.00 | 10 Ne 氖 $2s^22p^6$ 20.18 |
| 3 | 11 Na 钠 $3s^1$ 22.99 | 12 Mg 镁 $3s^2$ 24.31 | | | | | | | | | | | 13 Al 铝 $3s^23p^1$ 26.98 | 14 Si 硅 $3s^23p^2$ 28.09 | 15 P 磷 $3s^23p^3$ 30.97 | 16 S 硫 $3s^23p^4$ 32.06 | 17 Cl 氯 $3s^23p^5$ 35.45 | 18 Ar 氩 $3s^23p^6$ 39.95 |
| 4 | 19 K 钾 $4s^1$ 39.10 | 20 Ca 钙 $4s^2$ 40.08 | 21 Sc 钪 $3d^14s^2$ 44.96 | 22 Ti 钛 $3d^24s^2$ 47.87 | 23 V 钒 $3d^34s^2$ 50.94 | 24 Cr 铬 $3d^54s^1$ 52.00 | 25 Mn 锰 $3d^54s^2$ 54.94 | 26 Fe 铁 $3d^64s^2$ 55.85 | 27 Co 钴 $3d^74s^2$ 58.93 | 28 Ni 镍 $3d^84s^2$ 58.69 | 29 Cu 铜 $3d^{10}4s^1$ 63.55 | 30 Zn 锌 $3d^{10}4s^2$ 65.38 | 31 Ga 镓 $4s^24p^1$ 69.72 | 32 Ge 锗 $4s^24p^2$ 72.63 | 33 As 砷 $4s^24p^3$ 74.92 | 34 Se 硒 $4s^24p^4$ 78.96 | 35 Br 溴 $4s^24p^5$ 79.90 | 36 Kr 氪 $4s^24p^6$ 83.80 |
| 5 | 37 Rb 铷 $5s^1$ 85.47 | 38 Sr 锶 $5s^2$ 87.62 | 39 Y 钇 $4d^15s^2$ 88.91 | 40 Zr 锆 $4d^25s^2$ 91.22 | 41 Nb 铌 $4d^45s^1$ 92.91 | 42 Mo 钼 $4d^55s^1$ 95.96 | 43 Tc 锝 $4d^55s^2$ [98] | 44 Ru 钌 $4d^75s^1$ 101.1 | 45 Rh 铑 $4d^85s^1$ 102.9 | 46 Pd 钯 $4d^{10}$ 106.4 | 47 Ag 银 $4d^{10}5s^1$ 107.9 | 48 Cd 镉 $4d^{10}5s^2$ 112.4 | 49 In 铟 $5s^25p^1$ 114.8 | 50 Sn 锡 $5s^25p^2$ 118.7 | 51 Sb 锑 $5s^25p^3$ 121.8 | 52 Te 碲 $5s^25p^4$ 127.6 | 53 I 碘 $5s^25p^5$ 126.9 | 54 Xe 氙 $5s^25p^6$ 131.3 |
| 6 | 55 Cs 铯 $6s^1$ 132.9 | 56 Ba 钡 $6s^2$ 137.3 | 57~71 La~Lu 镧系 | 72 Hf 铪 $5d^26s^2$ 178.5 | 73 Ta 钽 $5d^36s^2$ 180.9 | 74 W 钨 $5d^46s^2$ 183.8 | 75 Re 铼 $5d^56s^2$ 186.2 | 76 Os 锇 $5d^66s^2$ 190.2 | 77 Ir 铱 $5d^76s^2$ 192.2 | 78 Pt 铂 $5d^96s^1$ 195.1 | 79 Au 金 $5d^{10}6s^1$ 197.0 | 80 Hg 汞 $5d^{10}6s^2$ 200.6 | 81 Tl 铊 $6s^26p^1$ 204.4 | 82 Pb 铅 $6s^26p^2$ 207.2 | 83 Bi 铋 $6s^26p^3$ 209.0 | 84 Po 钋 $6s^26p^4$ [209] | 85 At 砹 $6s^26p^5$ [210] | 86 Rn 氡 $6s^26p^6$ [222] |
| 7 | 87 Fr 钫 $7s^1$ [223] | 88 Ra 镭 $7s^2$ [226] | 89~103 Ac~Lr 锕系 | 104 Rf 𬬻* $(6d^27s^2)$ [265] | 105 Db 𬭊* $(6d^37s^2)$ [268] | 106 Sg 𬭳* [271] | 107 Bh 𬭛* [270] | 108 Hs 𬭶* [277] | 109 Mt 鿏* [276] | 110 Ds 𫟼* [281] | 111 Rg 𬬭* [280] | 112 Cn 鿔* [285] | 113 Nh 鿭* [284] | 114 Fl 𫓧* [289] | 115 Mc 镆* [288] | 116 Lv 𫟷* [293] | 117 Ts 鿬* [294] | 118 Og 𫠣* [294] |

**镧系**

| 57 La 镧 $5d^16s^2$ 138.9 | 58 Ce 铈 $4f^15d^16s^2$ 140.1 | 59 Pr 镨 $4f^36s^2$ 140.9 | 60 Nd 钕 $4f^46s^2$ 144.2 | 61 Pm 钷* $4f^56s^2$ [145] | 62 Sm 钐 $4f^66s^2$ 150.4 | 63 Eu 铕 $4f^76s^2$ 152.0 | 64 Gd 钆 $4f^75d^16s^2$ 157.3 | 65 Tb 铽 $4f^96s^2$ 158.9 | 66 Dy 镝 $4f^{10}6s^2$ 162.5 | 67 Ho 钬 $4f^{11}6s^2$ 164.9 | 68 Er 铒 $4f^{12}6s^2$ 167.3 | 69 Tm 铥 $4f^{13}6s^2$ 168.9 | 70 Yb 镱 $4f^{14}6s^2$ 173.1 | 71 Lu 镥 $4f^{14}5d^16s^2$ 175.0 |
|---|---|---|---|---|---|---|---|---|---|---|---|---|---|---|

**锕系**

| 89 Ac 锕 $6d^17s^2$ [227] | 90 Th 钍 $6d^27s^2$ 232.0 | 91 Pa 镤 $5f^26d^17s^2$ 231.0 | 92 U 铀 $5f^36d^17s^2$ 238.0 | 93 Np 镎 $5f^46d^17s^2$ [237] | 94 Pu 钚 $5f^67s^2$ [244] | 95 Am 镅* $5f^77s^2$ [243] | 96 Cm 锔 $5f^76d^17s^2$ [247] | 97 Bk 锫* $5f^97s^2$ [247] | 98 Cf 锎* $5f^{10}7s^2$ [251] | 99 Es 锿* $5f^{11}7s^2$ [252] | 100 Fm 镄* $5f^{12}7s^2$ [257] | 101 Md 钔* $(5f^{13}7s^2)$ [258] | 102 No 锘* $(5f^{14}7s^2)$ [259] | 103 Lr 铹* $(5f^{14}6d^17s^2)$ [262] |
|---|---|---|---|---|---|---|---|---|---|---|---|---|---|---|

电子层 K L M N O P Q